高职高专规划教材

陕西省高等职业院校"专业综合改革试点"项目教学成果

JIANZHU
SHIN
SHEJI
ZHITU
YU
CAD

U0376866

张英杰　主编

陈　丹　副主编

建筑室内设计制图与CAD

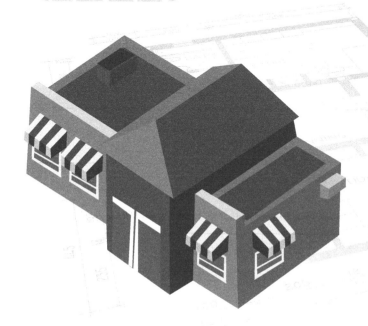

化学工业出版社

·北京·

本书根据建筑室内设计制图与 CAD 课程特点和性质，系统地介绍了制图的基础知识、几何作图、投影基本知识、CAD 软件基础、建筑室内设计 CAD 绘图、室内家具 CAD 绘图、室内装饰 CAD 施工图绘制及综合实训案例等内容。

本书根据教育部高职高专建筑室内设计制图与 CAD 课程整合的最新要求及室内装饰设计的特点和性质，紧扣教学培养目标，内容结构合理，图文并茂，通俗易懂，力求以直观的图表和丰富的实例帮助学生加深知识的理解，突出实践能力和职业技能的培养。

本书为高职高专室内艺术设计、建筑室内设计、建筑装饰工程技术等专业的教材，也可以作为建筑设计类、环境艺术设计等相关专业及室内装饰企业工程管理人员和技术人员培训参考教材。

图书在版编目（CIP）数据

建筑室内设计制图与 CAD/张英杰主编．—北京：化学工业出版社，2016.5（2024.1 重印）
高职高专规划教材
ISBN 978-7-122-26408-4

Ⅰ.①建… Ⅱ.①张… Ⅲ.①室内装饰设计-计算机辅助设计-AutoCAD 软件-高等职业教育-教材 Ⅳ.①TU238-39

中国版本图书馆 CIP 数据核字（2016）第 040853 号

责任编辑：王文峡　　　　　　　　　　　　　文字编辑：云　雷
责任校对：宋　玮　　　　　　　　　　　　　装帧设计：史利平

出版发行：化学工业出版社（北京市东城区青年湖南街 13 号　邮政编码 100011）
印　　装：涿州市般润文化传播有限公司
787mm×1092mm　1/16　印张 18¾　字数 464 千字　2024 年 1 月北京第 1 版第 6 次印刷

购书咨询：010-64518888　　　　　　　　　　售后服务：010-64518899
网　　址：http://www.cip.com.cn
凡购买本书，如有缺损质量问题，本社销售中心负责调换。

定　价：49.80 元

编写人员

主　编　张英杰

副主编　陈　丹

参　编　杨　雪　曹轩峰　陈　佳

前 言

　　随着生活水平的不断提高，人们对生活、工作和娱乐等空间环境的要求也越来越高，从而带动促进了室内装饰行业的迅猛发展。建筑室内设计涉及的造型结构、整体布局、材料构造以及施工制作等都需要在图纸上详尽地表达出来，以此作为施工或制作的依据。如何准确规范地表达设计思想，是室内设计师必须要掌握的基本技能。为适应我国室内装饰行业的快速发展，结合设计制图软件的最新发展与高职高专室内设计技术专业人才培养的需要，编写组在广泛收集资料并进行深入调研的基础上编写了本教材。

　　本书根据教育部高职高专建筑室内设计制图与 CAD 课程的最新要求及室内装饰设计的特点和性质，总结了实际工作和教学中的经验，紧扣高职建筑室内设计专业的教学培养目标编写而成。全书主要内容包括制图的基础知识、几何作图、投影基本知识、CAD 软件基础、室内设计 CAD 绘图、室内家具 CAD 绘图、室内装饰 CAD 施工图绘制及综合实训案例等内容。

　　本书紧紧围绕建筑室内设计技能人才的培养目标，凝练省级专业综合改革试点项目教学成果，将室内设计 CAD 的知识、技能与制图基本知识充分结合，将传统教学内容予以精选，着力补充了 CAD 制图软件的最新成果，注意理论教学与实践教学的搭配比例，大量采用案例、实例，从而使学生在实践中了解室内设计 CAD 制图全过程。可以作为装饰企业、高等职业院校、培训机构以及个人学习不可多得的专业书籍。

　　本书由杨凌职业技术学院张英杰任主编并负责统稿，杨凌职业技术学院陈丹任副主编，其中第 1 章由张英杰编写，第 2 章及附录由陈丹编写，第 3 章由辽宁林业职业技术学院杨雪编写，第 4 章由杨凌职业技术学院曹轩峰编写，第 5 章及第 6 章由杨凌职业技术学院陈佳编写。

　　本书的编写与出版，承蒙化学工业出版社、杨凌职业技术学院、辽宁林业职业技术学院等单位领导和同仁的筹划与指导，编者在此一并向他们表示衷心的感谢。

　　由于水平有限，书中难免存在疏漏与不妥之处，敬请有关专家、学者和各界人士不吝指正。

编者

2016 年 3 月

目 录

3 室内装饰施工图绘制 /129

4 家具设计图的绘制 /210

5 室内装饰施工图综合实训 /246

6 图纸输出的方法与技巧 /273

附录 /284

参考文献 /290

1

制 图 基 础

学 习 目 标

知识目标

1. 掌握制图基本知识和国家标准规定。

2. 熟悉投影的基本原理，掌握点、直线、平面及几何体的投影特性。

3. 掌握几何作图的基本原理。

4. 掌握工程图样的规定画法。

5. 掌握轴测图的形成与画法。

6. 掌握透视的基本原理。

技能目标

1. 能够熟练使用制图工具进行几何图形的作图。

2. 能够正确标注图形的几何尺寸。

3. 能够熟练作出点、直线、平面及几何体的三面投影图。

4. 能够正确绘制组合体的三视图。

5. 能够熟练绘制轴测图。

6. 能够正确绘制室内空间的透视图。

本章重点

制图的基本知识；绘图工具的使用；常用的几何作图方法；点、直线、平面及几何体的投影特性；工程图样的规定画法；轴测图的画法；透视图的画法。

随着 AutoCAD、3Ds Max、Photoshop 等辅助设计软件不断更新换代，功能日益强大，无论是在设计领域，还是在生产、管理等领域，运用这些软件进行计算机绘图已经成为制图的一种主流。尽管趋势如此，手工绘图作为制图的一种方式与途径，仍具有不可替代的作用，学习手工绘图依然是有必要的。

为了保证手工绘图质量，提高手工绘图速度，必须了解常用绘图工具及其特点，掌握正确的使用方法。

1.1
制图的基本规格和技能

工程制图作为一种表达和交流设计思想的"设计语言"，必须具有表达的统一性，清晰简明，提高制图效率。因此每个设计人员在绘制工程图时，必须熟悉制图的相关国家标准规定，掌握制图工具的使用方法，熟悉几何作图法。

1.1.1　绘图工具、用品及其使用

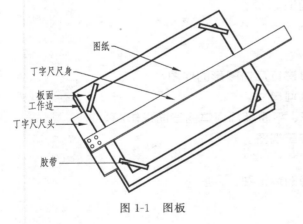

图 1-1　图板

1.1.1.1　图板

图板是绘图的操作台面，是用来固定图纸和作为丁字尺的导边，因而其板面应平坦、光滑而有弹性，板边平直，四边角为直角。图板大小有 0 号、1 号、2 号等不同的规格，可根据图纸的大小来选定。图纸应固定在图板的左下角，但下方要留有存放丁字尺的位置（如图1-1）。

1.1.1.2　丁字尺

丁字尺用于画水平线，可分为尺头和尺身两部分，在尺身上标有刻度，通常有 50cm、60cm、70cm、80cm、90cm、100cm 的长短之分。使用时左手握住尺头，右手按住尺身，紧靠图板的左侧面工作边上下滑动［如图 1-2 (a)］，画水平线时应左手按住尺身，右手画线［如图 1-2 (b)］。丁字尺在不用时应挂在墙上或者平放，否则易变形。

1.1.1.3　三角板

三角板应和丁字尺相互配合使用，可用来画垂直线及 15°、30°、45°、60°、75° 等角度的倾斜线，每幅两块（45°和60°），画垂直线时应左手按住丁字尺尺身和三角板，右手画线（如图 1-3）。

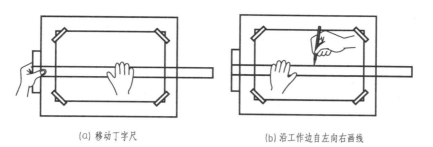

(a) 移动丁字尺   (b) 沿工作边自左向右画线

图 1-2　丁字尺使用

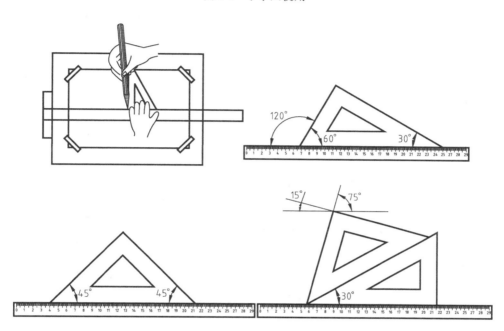

图 1-3　三角板的使用

1.1.1.4　比例尺

比例尺是用来按比例量取尺寸的工具，常用的有两种：一种外形像直尺，上面有三种刻度，称比例直尺；另一种呈三棱形，又称三棱尺，上面有六种不同的比例刻度，单位为"m"。在实际绘图中可灵活选用。比如：1∶100 的比例刻度，同样也可以量取 1∶10、1∶1000 的比例（如图 1-4）。

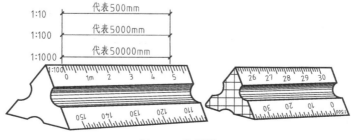

图 1-4　比例尺

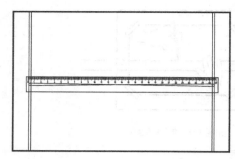

图 1-5 一字尺

1.1.1.5 一字尺

一字尺也称平行尺，可用来量取尺寸或在两端用绳子和滑轮固定在图板上作丁字尺使用，使用起来比丁字尺还要方便，不过上下滑动时要用力平衡（如图 1-5）。

1.1.1.6 圆规

圆规是用来画圆和弧线的工具，也可当作分规用以量取尺寸和等分线段。圆规附有三种插腿（铅腿、针腿、鸟嘴），一个用来画大圆的延长杆，另外还有圆规与针管笔相连的圆规附件。其使用方法如图 1-6 所示。

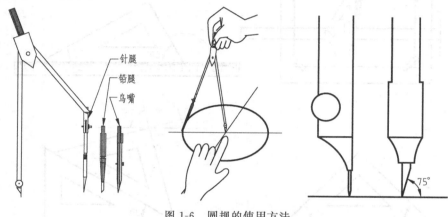

针腿
铅腿
鸟嘴

图 1-6 圆规的使用方法

1.1.1.7 铅笔

铅笔通常是用来画底稿用的，但也可以用来描线，铅笔有"B"和"H"之分，B 可分为 B、2B、3B、4B……，B 数越高表示铅越软，色越深，铅也越粗；H 可分为 HB、H、2H、3H 等，H 前数值越大，表示铅笔的硬度越高，色也就越浅。画底稿常用 H 或 2H。铅笔的削法和画线方法如图 1-7 所示。

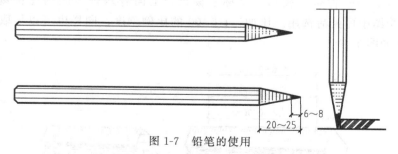

图 1-7 铅笔的使用

1.1.1.8 针管笔

针管笔是用来绘制图线的主要工具，型号有 0.1～2.0mm 不同粗细的针管，可用来画不同粗细的图线，常用的有 0.3mm、0.6mm、0.9mm，分别用来代表细、中、粗三种线型。针管笔的针管易堵塞，因而在使用后要用清水把墨冲洗干净，盖上笔帽，针管笔及其结构如图 1-8 所示。

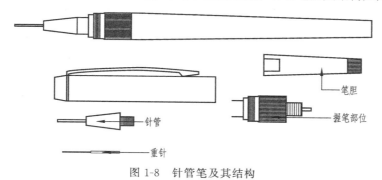

图 1-8　针管笔及其结构

1.1.1.9　制图模板

制图模板主要是用来画各种标准图例和符号的，它分为建筑模板、家具模板、方形模板、图形模板等多种形式。并且在其上面都有一定的比例，使用时只要大小比例合适，就可直接套用，可大大提高制图的速度和质量，如图 1-9 所示。

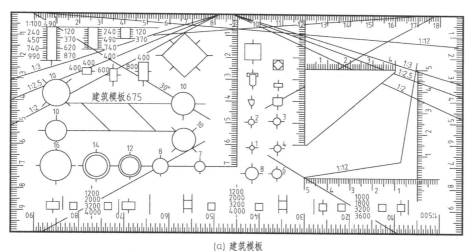

(a) 建筑模板

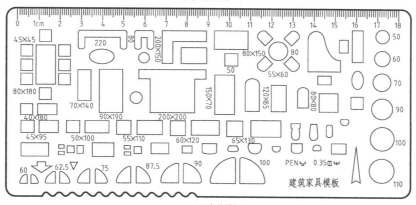

(b) 家具模板

图 1-9　制图模板

图 1-10　曲线板

1.1.1.10　曲线板

曲线板主要是用来画一些光滑曲线的，在制图中是一种比较常用的工具，其形式和种类也有很多，在使用时，由于曲线形状各异，而曲线板所具有的形状也是有限的，因而往往要把一条曲线分成几段，多次使用曲线板完成绘制。使用时首先要得出曲线上若干个点，然后徒手用铅笔轻轻画出曲线大致形状，最后用曲线板分段完成，曲线板画线时至少要对齐三个点，如图 1-10 所示。

1.1.1.11　其他工具

在绘图中，还会用到很多工具，如擦图线用的擦图片、量取尺寸和等分线段的分规、画小圆的点规、用来绘制图线的中性笔和油性笔以及专门用来绘图的绘图机、与电脑相连的全自动绘图机等工具，在绘图中要灵活运用，就能起到事半功倍的效果。绘图最忌讳的就是不用工具而徒手画，不符合要求。

1.1.2　制图国家标准的基本规定

为了提高制图的质量提高工作效率，以保证施工、管理和存档的要求，国家住建部会同有关部门共同对《房屋建筑制图统一标准》等六项标准进行了修订，批准颁布了《房屋建筑制图统一标准》（GB/T 50001—2010）、《总制图标准》（GB/T 50103—2010）、《建筑制图标准》（GB/T 50104—2010）、《建筑结构制图标准》（GB/T 50105—2010）、《建筑给水排水制图标准》（GB/T 50106—2010）和《暖通空调制图标准》（GB/T 50114—2010），这些都统称为国家制图标准，简称为"国标"。它是建筑室内设计人员和工程技术人员必须认真学习，严格遵守和执行的标准，否则会给施工或交流带来诸多的不便，甚至是不可估量的损失。

1.1.2.1　图纸

在制图中为了便于归类、存档和保存，国标就对图纸的幅面大小规格和格式做了统一规定，如表 1-1。

表 1-1　图纸幅面及图框尺寸　　　　　　　　　　　　　单位：mm

基本幅面尺寸	A0	A1	A2	A3	A4
$b \times L$	841×1189	594×841	420×594	297×420	210×297
c			10		5
a			25		

在表 1-1 中，基本单位为毫米（mm），在制图中都是以毫米为基本单位，b 表示图纸幅面短边，L 表示图纸幅面长边，b 边不得加长，L 边可延长，但必须遵照《房屋建筑制图统一标准》。图纸 A1 幅面为 A0 幅面的对裁、A2 幅面为 A1 幅面的对裁，其他依次类推，表中符号的意义和图纸的用法如图 1-11、图 1-12 所示。

一般情况下 A0～A3 图纸宜横式使用，在同一项工程的图纸中，不宜多于两种幅面。

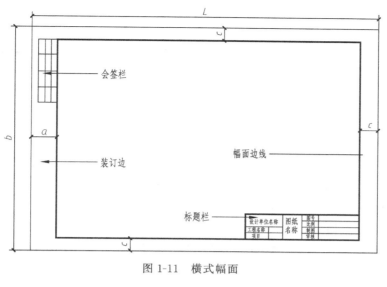

图 1-11 横式幅面

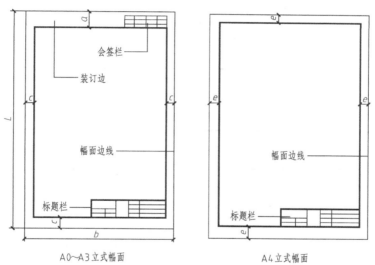

A0~A3立式幅面   A4立式幅面

图 1-12 图纸的布局

1.1.2.2 图框及标题栏

"国标"中规定，在图纸的规定位置必须出现工程项目名称、设计单位、图制、图号及设计审核人员等内容，这些内容集中在一个表格里，称之为标题栏（简称图标）和会签栏。涉外工程要在内容下加译文，单位名称要有"中华人民共和国"字样。图标是每一个图纸中都必须有的，而会签栏则可根据需要而定，其尺寸大小和内容如图 1-13～图 1-15 所示。

设计单位名称	图纸	绘图		图号	
				比例	
工程名称	名称	审核		设计	
项目				校对	

30(40)

240

图 1-13 标题栏（适用于 A0、A1、A2 图纸）

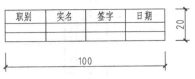

图 1-14　标题栏（适用于 A3、A4 图纸）　　　　　　图 1-15　会签栏

1.1.2.3　图线的线型、线宽及用途

为了使工程图样清晰、明了、美观且易读，国标中规定把图线分成若干种类和粗、中、细三种线宽，它们分别代表了不同的意义和用途。

(1) 线宽　线宽即线的粗细程度。国标中规定了三种线宽，即粗 (b)、中 ($1/2b$)、细 ($1/4b$)，b 为基本线宽，线宽 b 系列从 0.18～2.0 共 8 个级别，常用组合如表 1-2 所示。

表 1-2　常用线宽组

线宽比	线 宽 组					
b	2.0	1.4	1.0	0.7	0.5	0.25
$1/2b$	1.0	0.7	0.5	0.35	0.25	0.18
$1/4b$	0.5	0.35	0.25	0.15		

(2) 图线的名称、线型、线宽及用途　如表 1-3 所示。

表 1-3　图线的名称、线型、线宽及用途

名称	线型	线宽		用　途
实线	粗		b	主要可见轮廓线；图控线；平、立、顶、剖面图的外轮廓线；截面轮廓线
	中		$1/2b$	可见轮廓线；门、窗、家具和突出部分（檐口、窗台、台阶）的外轮廓线等
	细		$1/4b$	可见轮廓线；尺寸线、尺寸界线、剖面线及引出线；图中的次要线条（如粉刷线）
虚线	粗		b	常见一些专业制图里面；地下管道等
	中		$1/2b$	不可见轮廓线
	细		$1/4b$	不可见轮廓线、图例线等
点划线	粗		b	结构平面图中梁、柱和木桁架的辅助位置线；吊车轨道等
	中		$1/2b$	常用在有关专业制图里面
	细		$1/4b$	中心线；对称线；定位轴线等
双点划线	粗		b	常用在有关专业制图中
	中		$1/2b$	常用在有关专业制图中
	细		$1/4b$	假想轮廓线、成型前原始轮廓线
折断线	细		$1/4b$	断开的界面
波浪线	细		$1/4b$	构造层次的局部界线或断界线

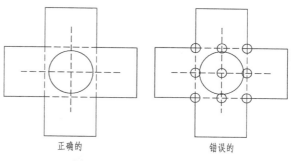

（3）图线的交、接画法 如图 1-16
所示。

1）两直线端点相接，接点要齐。

2）两线相切，相切处不应加粗。

3）直线与虚线相接、相交，应是虚
线的线段与直线相接、相交。

4）两虚线相接、相交也应是虚线的
线段相接、相交。

5）画圆的中心线应该出头，中点线
的线段与圆相交，虚线圆与中心线相交
处不应有空隙。

正确的　　　　　错误的

图 1-16　图线的交、接画法

1.1.2.4　字体

在工程图样里面，主要是以图形为主，但文字也是不可缺少的一部分，它起到说明和解
释的作用。文字主要包括汉字、数字和拉丁字母。书写要从左到右横向书写，标点符号要
正确。

（1）汉字　汉字应采用简化的长仿宋体，其字长和字宽的比例应为 3：2，书写要横平
竖直、起落分明、填满方格、结构匀称，为了书写的整齐，一般要先打格再书写。具体写法
如图 1-17 所示。

（2）拉丁字母和数字　拉丁字母和数字有一般字体和窄字体之分，其中数字又包含阿拉
伯数字和罗马数字，它们又可写成直体字和斜体字。具体写法如图 1-18 所示。

图 1-17　工程字体写法示例

图 1-18　字母及数字的书写示例

1.1.2.5　比例

在制图过程中，一般不能也不可能将一个物体按实际大小绘制在图纸上，而需要对物体
的实际大小进行放大或缩小，这种放大或缩小的程度便是比例，其公式为：

比例＝图上尺寸/实际尺寸

而在制图中，一般都是已知实际尺寸和比例而求图上尺寸，公式为：

$$图上尺寸＝实际尺寸×比例$$

比例的确定一般要根据图纸大小和绘制对象的大小而定，国家制图标准对常用的比例作了相应的规定，见表1-4。

表 1-4　图样比例

常用比例	1:1　1:2　1:5　1:10　1:20　1:50　1:100　1:150
	1:200　1:500　1:1000　1:2000　1:5000　1:10000
可用比例	1:3　1:4　1:6　1:15　1:25　1:30　1:40　1:60
	1:80　1:250　1:300　1:400　1:600

比例一般应注写在标题栏中的比例一栏内。在同一张图样上的各图形一般采用相同的比例绘制；比例宜注写在图名的右侧，比例的字高宜比图名的字高小一号或二号，字的基准线应取平，如图1-19所示。

图 1-19　比例的标准

1.1.2.6　尺寸标注

为了说明图形各部分的大小、相互位置关系等信息，需要对图形各个部分进行必要的尺寸标注，以作为施工与生产的依据。

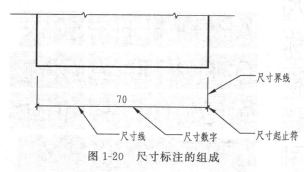

图 1-20　尺寸标注的组成

除建筑制图或室内设计制图中的标高标注以米（m）为单位外，国标规定图样上尺寸一律以毫米为单位，图纸上不必注出"毫米"或"mm"字样。

（1）基本规则　完整的尺寸一般由尺寸界线、尺寸线、尺寸起止符和尺寸数字四部分组成，如图1-20所示。

1）尺寸界线　尺寸界线应用细实线绘制，一般应与被注长度垂直，其一端应离开图样轮廓线不小于2mm，另一端宜超出尺寸线2~3mm，图样轮廓线可用作尺寸界线。

2）尺寸线　尺寸线应用细实线绘制，并与被注长度平行，图样本身的任何图线均不得用作尺寸线。

3）尺寸数字　无论是室内设计图样，还是家具图样，尺寸数字均指物体的实际尺寸，与绘图比例无关。尺寸数字一般应依据其方向注写在靠近尺寸线的上方中部，如图1-21（a）所示，对于靠近竖直方向向左或向右30°的尽量不标注尺寸，当无法避免时可按图1-21（b）的形式注写。任何图线不得穿交尺寸数字，当不能避免时，必须将此图线断开。如没有足够的注写位置，最外边的尺寸数字可注写在尺寸界线的外侧中间，相邻的尺寸数字可错开注写，如图1-22所示。

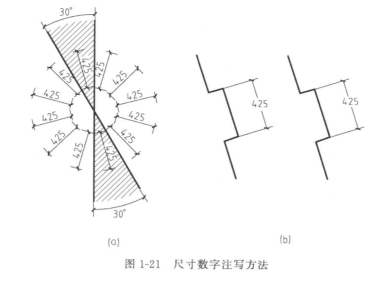

(a)   (b)

图 1-21   尺寸数字注写方法

图 1-22   尺寸数字错开注写

4）起止符号 尺寸线上的起止符号，可采用与尺寸界线顺时针方向转45°左右的短线表示；当相邻尺寸界线的间隔很小时，也可采用小圆点；半径、直径、角度及弧长的尺寸起止符号宜用箭头表示，如图1-23所示。

（2）直线尺寸标注 尺寸宜标注在图样轮廓以外不宜与图线文字及符号等相交。

互相平行的尺寸线，应从被注写的图样轮廓线由近向远整齐排列，较小尺寸应离轮廓线较近，较大尺寸应离轮廓线较远，如图1-24所示。

图样轮廓线以外的尺寸界线距图样最外轮廓之间的距离不宜小于10mm，平行排列的尺寸线的间距，宜为7～10mm，并应保持一致。

（3）角度标注 角度的尺寸线，应以圆弧表示。该圆弧的圆心应是该角的顶点，角的两条边为尺寸界线。起止符号应以箭头表示，如没有足够位置画箭头，可用圆点代替。角度数字应按水平方向注写，如图1-25所示。

图 1-23   箭头起止符号

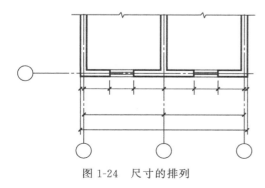

图 1-24   尺寸的排列

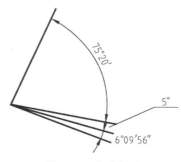

图 1-25   角度标注

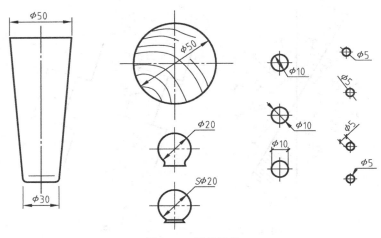

图 1-26　圆的标注

（4）圆、圆弧及球的标注　标注直径时，应在尺寸数字前面加注直径符号"ϕ"；标注半径时，应在尺寸数字前面加注半径符号"R"。表示直径的尺寸线要通过圆心，箭头指到圆周上；表示半径的尺寸线要由圆心引出，箭头指到圆弧上，如图 1-26 所示。若圆弧半径过大，无法标出圆心位置时，应按图 1-27 的形式标注，不需要标出圆心位置时，可按图 1-27 的形式标注。

【注意】　一般大于半圆的圆或圆弧标注"ϕ"；小于、等于半圆的圆弧标注"R"。

标注球面的直径或半径尺寸时，应在符号"ϕ"和"R"前面再加注符号"S"表示球面。

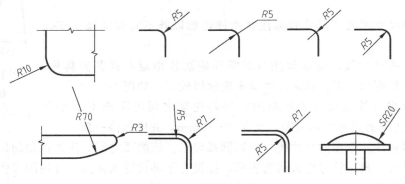

图 1-27　圆弧的标注

1.1.2.7　建材图例

为了绘图、识图的方便，国标对几种常用建筑材料进行了大致的符号化，如图 1-28 所示。

1.1.3　几何作图

根据已知条件作出所需要的几何图形称之为几何作图。掌握基本的几何作图方法可提高

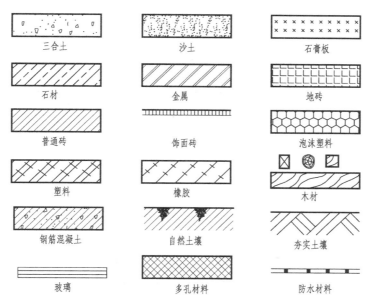

图1-28 常见的建材图例

制图效率和质量，特别是对提高制图的精确度是非常重要的。下面简单介绍几种基本的几何作图方法。

1.1.3.1 等分

（1）二等分直线段　已知直线段 AB，求作其二等分直线。如图1-29所示，分别以两端点 A、B 为圆心，以定长为半径画圆弧，分别相交于 C、D 两点，连接 CD 即为所求直线。

（2）任意等分直线段　任意等分一条直线段，主要是根据平行线等分线段原理来进行，这里以五等分直线段 AB 为例。如图1-30所示，主要步骤如下：

1）过端点 A 作直线 AC，与已知线段 AB 成任意锐角；

2）用分规在 AC 上以任意相等长度截得 1、2、3、4、5 各分点；

3）连接 $5B$，并通过 4、3、2、1 各点作 $5B$ 的平行线，在 AB 上即得 $4'$、$3'$、$2'$、$1'$各点即为所求等分点。

图1-29 二等分直线段

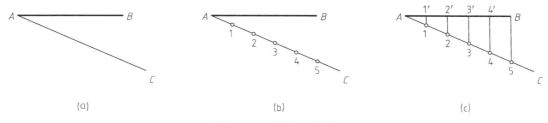

(a)　(b)　(c)

图1-30 五等分直线段

（3）任意等分平行线间距　在室内设计制图中，经常会碰到等分两平行线间距，以作有节奏变化的造型，其作图过程如图1-31所示。

1）将刻度尺上的 0 点放在直线 CD 上，摆动刻度尺，使所需等分的刻度（如 7 等分）落到直线 AB 上，记下 1、2、3、4……各点；

2）过各分点作 AB 或 CD 的平行线，即得所求等分间距平行线。

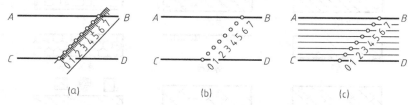

图 1-31　任意等分平行线间距

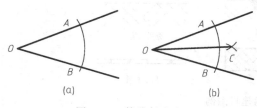

图 1-32　等分任意角

（4）角度等分　如图 1-32 所示为等分任意角度的方法。

1）以角顶点 O 为圆心，任意长度为半径，作圆弧，交两边于 A、B 两点；

2）分别以 A、B 点为圆心，同一长度为半径作圆弧，相交于 C 点，连接 OC，即得角度等分线。

1.1.3.2　绘制正多边形

（1）等边三角形、正方形与正六边形　等边三角形、正方形与正六边形可用丁字尺配合三角板直接画出。如图 1-33 所示。

1）等边三角形　如图 1-33（a）所示，分别过定长直线段两端分别画 60°斜线，相交即得等边三角形。

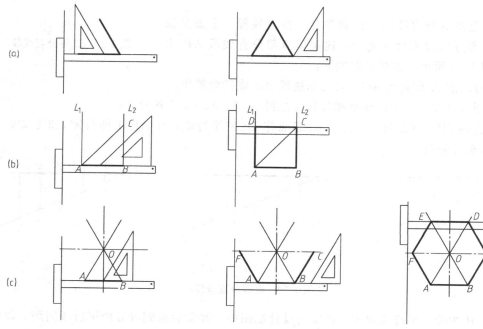

图 1-33　丁字尺、三角板作正多边形

2）正方形　如图 1-33（b）所示，分别过 A、B 两点作 AB 的垂直线 L_1、L_2，过 A 点作 45° 斜线，与 L_2 交于 C 点，AC 即为所求正方形的对角线；过 C 点作 AB 的平行线，交 L_1 于 D 点，即得正方形 $ABCD$。

3）正六边形　如图 1-33（c）所示，已知边长，作正六边形。

① 过两端点 A、B，分别作 60° 斜线，相交于 O 点，即为正六边形中心点，过 O 点作正交点画线；

② 过两端点 A、B 分别作反向 60° 斜线，交水平中心线于 C、F 点；

③ 以点 C、F 为端点，作斜线交对角线于 D、E 两点，连接 DE，即得正六边形 $ABCDEF$。

（2）正多边形

这里讲的正多边形主要指边数大于 5（包括 5 在内）的正多边形，下面介绍圆内接正五边形与一般正多边形的一种近似画法。

1）正五边形　如图 1-34 所示为圆内接正五边形的画法。

① 作 OB 的垂直平分线交 OB 于点 P；

② 以 P 为圆心，PC 长为半径画圆弧交直线 AB 于点 H；

③ CH 即为五边形的边长，等分圆周得五等分点 C、E、F、G、K；

④ 连接各等分点，即为正五边形。

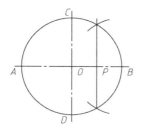 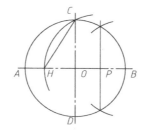 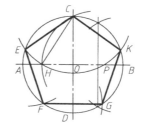

图 1-34　正五边形近似画法

2）正多边形　如图 1-35 所示为圆内接正七边形的画法。

① 用平行线等分直线段法，将直径 CD 进行七等分，得等分点 1、2、3、4、5、6；

② 以 D 为圆心，以直径 CD 长为半径画弧，交中心线 AB 于 e 点；

③ 取第二个等分点 2，连接 2 与 e 点，并延长交圆于 E 点，则 CE 即为所求正七边形的边长；

④ 以 CE 长分割圆周，得 F、G、H、I、J、K 点，连接等分点即可完成圆内接正七边形的绘制。

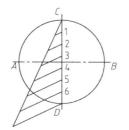 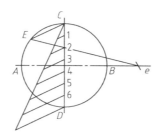 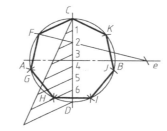

图 1-35　圆内接正七边形的画法

1.1.3.3　圆弧连接

（1）直线与圆弧连接

1）两直线间的圆弧连接　如图 1-36 所示，已知两直线 L_1、L_2，请用半径为 R 的圆弧连接两直线。

① 分别作直线 L_1、L_2 的平行线 L_1'、L_2'，使得 L_1 与 L_1'、L_2 与 L_2' 的距离为 R，两直线 L_1'、L_2' 相交于 O 点；

② 过 O 点分别作直线 L_1、L_2 的垂线，垂足分别为 A、B，则 A、B 即为圆弧与两直线的切点；

③ 以 O 点为圆心，R 为半径作圆弧，连接两直线于 A、B，即完成两直线间的圆弧连接。

2）两圆弧间的直线连接　两圆弧间的直线连接，可以是外公切线也可以是内公切线，这里只讲内公切线连接，外公切线连接的作图原理类似。如图 1-37 所示，已知两半径为 r、R 的圆弧，试用直线将两圆弧连接起来。

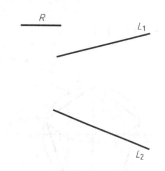
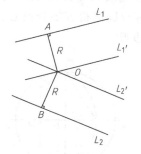

图 1-36　两直线间的圆弧连接

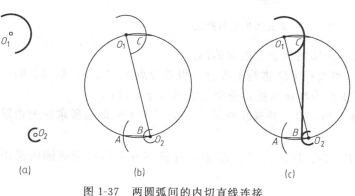

（a）　　　　　　　　（b）　　　　　　　　（c）

图 1-37　两圆弧间的内切直线连接

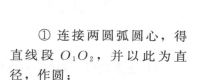

① 连接两圆弧圆心，得直线段 O_1O_2，并以此为直径，作圆；

② 以 $R+r$ 为半径，以 O_2 为圆心，作圆弧交圆于 A 点，连接 AO_2，交小圆弧 B 点，即切点；

③ 过 O_1 点，作 AO_2 的平行线，交大圆弧于 C 点，即得另一切点，连接 BC，即为两圆弧的连接直线。

（2）圆弧间的连接

1）外切连接　如图 1-38 所示，已知半径分别为 R_1 和 R_2、圆心为 O_1 和 O_2 的两圆弧，试用半径为 R 的圆弧连接两圆弧。

① 分别以 O_1、O_2 为圆心，$R+R_1$ 和 $R+R_2$ 为半径各画圆弧并相交于 O 点，则 O 点即为所求圆弧的圆心；

② 连接 O_1O、O_2O 分别交两圆弧为 A、B 点，即为所求圆弧与两圆弧的切点；

③ 以 O 点为圆心，R 为半径，连接 A、B 点，即完成作图。

2）内切连接　用内切圆弧连接两已知圆弧的作图原理与用外切圆弧连接的作图原理基本相同，如图 1-39 所示，已知半径分别为 R_1 和 R_2、圆心为 O_1 和 O_2 的两圆弧，试用半径为 R 的圆弧与两圆弧内切连接。

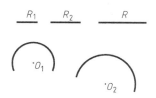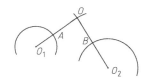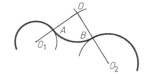

图 1-38　圆弧间的外切连接画法

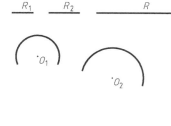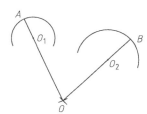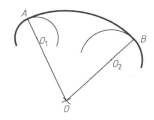

图 1-39　圆弧间的内切连接画法

① 分别以 $(R-R_1)$ 和 $(R-R_2)$ 为半径，O_1、O_2 为圆心，作圆弧相交于 O 点，即为所求圆弧的圆心；

② 分别连接 OO_1、OO_2，并延长与圆弧分别交于 A、B 两点，即得切点；

③ 以 O 点为圆心，R 为半径，作圆弧连接 A、B 两点，即完成作图。

1.1.3.4　椭圆绘制

（1）同心圆法绘制椭圆　已知椭圆的长、短轴，求作椭圆，如图 1-40 所示：

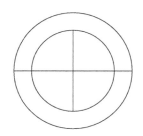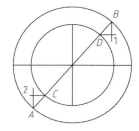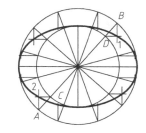

图 1-40　同心圆法绘制椭圆

1）分别以长、短轴为直径，作同心圆；

2）过圆心，作一直径，与大圆交于 A、B 两点，与小圆交于 C、D 两点；

3）过 A、B 两点作垂直线，过 C、D 两点作水平线，垂直线与水平线相交于 1、2 两点，即为所求椭圆上的两点；

4）重复 2）、3），得若干点，最后将这些点光滑连接，即得所求椭圆。

（2）四心近似法绘制椭圆　常用的椭圆近似画法为四圆弧法，即用四段圆弧连接起来的图形近似代替椭圆，如图 1-41，已知椭圆的长、短轴分别为 AB、CD，则其近似画法的步骤如下：

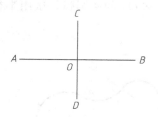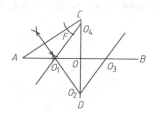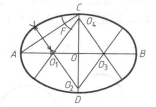

图 1-41　四圆弧法绘制椭圆

1）连接 AC，并在 AC 上截取 CF，使得 $CF = AO - CO$；

2）作 AF 的垂直平分线，分别交 AO 和 OD（或其延长线）于 O_1、O_2 两点，并以 O 点为对称中心，找出 O_1 的对称点 O_3 及 O_2 的对称点 O_4，则 O_1、O_2、O_3、O_4 各点即为四圆弧的圆心；

3）分别以 O_2 和 O_4 为圆心，O_2C（或 O_4D）为半径画两弧，分别以 O_1 和 O_3 为圆心，O_1A（或 O_3B）为半径画两弧，使所画四弧的接点分别位于 O_2O_1、O_2O_3、O_4O_1 和 O_4O_3 的延长线上，即得所求的椭圆。

1.2
投影的基本知识

1.2.1　投影法的基本概念

图 1-42　中心投影法

（1）在日常生活中，经常看到空间一个物体在光线照射下在某一平面产生影子的现象，抽象后的"影子"称为投影。

（2）产生投影的光源称为投影中心 S，接受投影的面称为投影面，连接投影中心和形体上的点的直线称为投影线。形成投影线的方法称为投影法，如图 1-42 所示。

1.2.2　投影的类型

投影法分为中心投影法和平行投影法两大类。

1.2.2.1　中心投影法

光线由光源点发出，投射线成束线状。

投影的影子（图形）随光源的方向和距形体的距离而变化。光源距形体越近，形体投影越大，它不反映形体的真实大小。

1.2.2.2 平行投影法

光源在无限远处，投射线相互平行，投影大小与形体到光源的距离无关，如图1-43所示。

平行投影法又可根据投射线（方向）与投影面的方向（角度）分为斜投影（a）和正投影（b）两种。

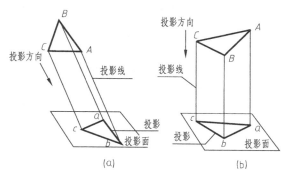

图1-43 平行投影法

（1）斜投影法：投射线相互平行，但与投影面倾斜，如图1-43（a）所示。

（2）正投影法：投射线相互平行且与投影面垂直，如图1-43（b）所示。用正投影法得到的投影叫正投影。

1.2.3 正投影的投影特性

构成物体的基本元素是点、直线和平面。点、直线和平面的正投影具有以下特性。

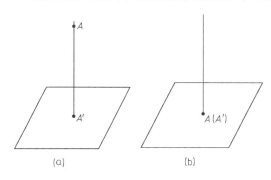

图1-44 点的投影

1.2.3.1 点的投影

根据点与投影面的位置可分为两种情况，一是点与投影面不重合时，点的正投影仍然是点［如图1-44（a）］。二是点与投影面重合时，则点与点的正投影重合［如图1-44（b）］。

1.2.3.2 直线的投影

线的正投影可分为以下几种情况。

（1）线与投射线平行时，则线的正投影为点［如图1-45（a）］。

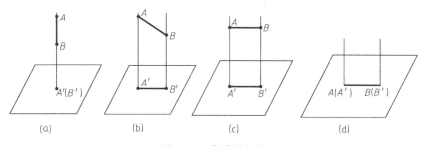

图1-45 直线的投影

（2）当线倾斜于投影面时，则线的正投影仍为线，且 $AB > A'B'$［如图1-45（b）］。

（3）当线平行于投影面时，则线与线的正投影相等且平行，即 $AB /\!/ A'B'$ 且 $AB = A'B'$［如图1-45（c）］。

（4）当线在投影面上时，则线与线的正投影重合，即 $A'B'$ 就是 AB ［如图 1-45 （d）］。

1.2.3.3　平面的投影

根据面与投影面的关系，又可分为以下几点。

（1）当面垂直于投影面时，则面的正投影为一条直线 ［如图 1-46 （a）］。

（2）当面倾斜于投影面时，则面的正投影仍为面 ［如图 1-46 （b）］。

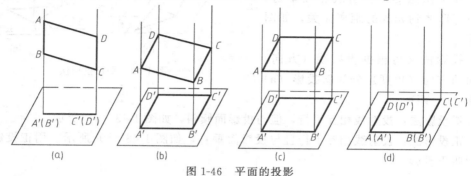

图 1-46　平面的投影

（3）当面平行于投影面时，则面与面的正投影相等，即 $ABCD=A'B'C'D'$ ［如图 1-46 （c）］。

（4）当面与投影面重合时，则面与面的正投影也重合，即投影 $A'B'C'D'$ 就是 $ABCD$ ［如图 1-46 （d）］。

1.2.4　三视图的形成及投影关系

1.2.4.1　三面投影体系

在制图中，要用正投影表现物体的形状和大小，通常是用物体的三面正投影体系来表现。所谓的物体三面正投影体系，即假设将物体置于一个三个相互垂直的投影面中，水平放置的投影面称水平面（H）；垂直于水平面且与人相正对的面称正面（V）；同时垂直于水平面和正立面的面称侧面（W）。H 面和 V 面的交线称 OX 轴，H 面与 W 面的交线称 OY 轴，W 面与 V 面的交线称 OZ 轴，三线交于点 O，如图 1-47 所示。

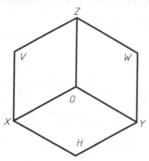

图 1-47　三面投影体系

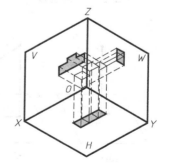

图 1-48　物体的三面正投影

1.2.4.2　物体的三面投影

将物体置于三面正投影体系中，用正投影原理向物体各投影面投影，便得到物体的三面正投影：正面投影（也称正视图、正立面图）、水平投影（也称物体的俯视图、平面图）、侧面投影（也称侧视图、侧立面图），它们合起来可称为物体的三视图，如图 1-48 所示。

1.2.4.3 三面正投影的展开

在做图中，通常是将物体的三面正投影图画在一张二维的图纸上，因此，要将上述的三个相互垂直的投影面展开。具体方法为：保持正立面（V）不动，将水平面（H）绕轴 OX 向下方旋转，直至 H 面与 V 面在同一平面内，然后再将侧立面（W）绕 OZ 轴旋转直至 W 面与 V 面在同一个平面内，这样便得到在同一平面内的物体三面正投影图，如图 1-49 所示。

在实际工程绘图中，通常都是按照"无轴投影"的方法来绘制的，所谓的"无轴投影"法，就是在绘图时，无需画出投影面的框线，无需标明 V、W、H 字体，也不用画出 OX、OY、OZ 轴，而是在纸上直接画出物体的三面正投影图，也称三视图，如图 1-50 所示。

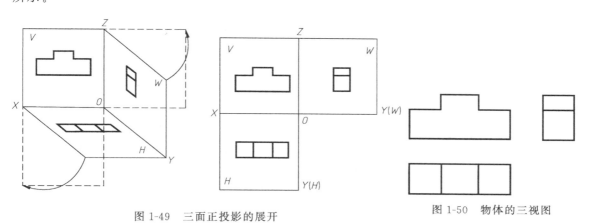

图 1-49　三面正投影的展开　　　　　　　　图 1-50　物体的三视图

1.2.4.4 三面正投影的关系

从图 1-51 中不难看出，正投影和水平投影都反映了物体长，因而在绘图时，长要对正；正投影和侧面投影都反映了物体的高，因而在绘图时高要平齐；侧面投影和水平投影共同反映了物体的宽，因而宽要相等。"长对正、高平齐、宽相等"称之为三面投影的"三等关系"，是今后绘图和识图的基础。

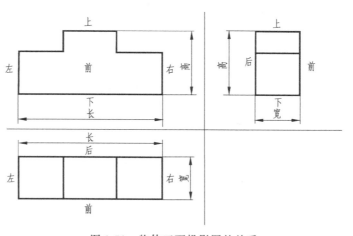

在方位上，从图 1-51 中也不难看出，正面投影反映物体前、上、下、左、右关系；水平投影反映物体的前、后、左、右关系；侧面投影反映物体的上、下、前、后关系。

图 1-51　物体三面投影图的关系

1.3

点、直线、平面和体的三面投影

1.3.1 点的投影

1.3.1.1 三投影面体系

三个互相垂直的投影面 V、H、W，组成一个三投影面体系，将空间划分为八个分角，

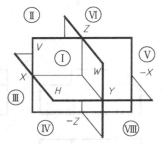

图 1-52 三投影面体系
以及八个分角的划分

如图 1-52 所示。V 面称为正立投影面，简称正面；H 面称为水平投影面，简称水平面；W 面称为侧立投影面，简称侧面。规定三个投影轴 OX、OY、OZ 向左、向前、向上为正，在三条投影轴都是正相的投影面之间的空间第一分角。

第一分角内的空间点 A 分别向三个投影面 H、V、W 作水平投影（H 面投影）、正面投影（V 面投影）、侧面投影（W 面投影），用相应的小写字母 a、小写字母加一撇 a'、小写字母加两撇 a'' 作为投影符号，如图 1-53 所示。

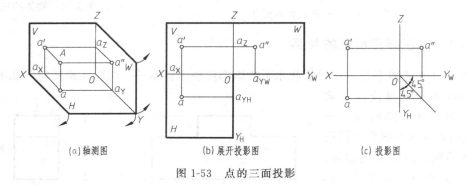

(a)轴测图   (b)展开投影图   (c)投影图

图 1-53 点的三面投影

1.3.1.2 点的投影

点的投影（例如 A 点）具有下述投影特性，如图 1-54 所示。

(1) 点的投影连线垂直于投影轴。

(2) 点的投影与投影轴的距离，反映该点的坐标，也就是该点与相应的投影面的距离。

1.3.1.3 两点的相对位置

(1) 两点的相对位置是指空间两个点的上下、左右、前后关系，在投影图中，是以它们

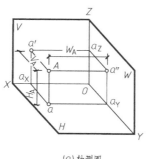
(a)轴测图

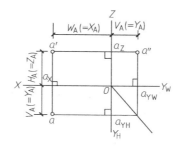
(b)投影图

图 1-54　点的投影特性

的坐标差来确定的。

（2）两点的 V 面投影反映上下、左右关系；两点的 H 面投影反映左右、前后关系；两点的 W 面投影反映上下、前后关系。

【例 1-1】　已知空间点 C（15，8，12），D 点在 C 点的右方 7，前方 5，下方 6。求作 D 点的三投影。

分析：D 点在 C 点的右方和下方，说明 D 点的 X、Z 坐标小于 C 点的 X、Z 坐标；D 点在 C 点的前方，说明 D 点的 Y 坐标大于 C 点的 Y 坐标。可根据两点的坐标差作出 D 点的三投影。

D 点的三投影作图步骤如图 1-55 所示。

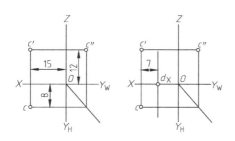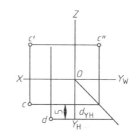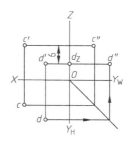

图 1-55　求作 D 点的三投影

（3）重影点：若两个点处于垂直于某一投影面的同一投影线上，则两个点在这个投影面上的投影便互相重合，这两个点就称为对这个投影面的重影点。重影点的投影如图 1-56 所示。

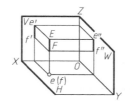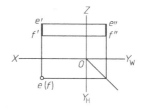

图 1-56　重影点的投影

1.3.2　直线的投影

直线的投影一般仍是直线。根据直线在三投影体系中的不同位置，可分为投影面平行线、投影面垂直线和一般位置直线三种。

1.3.2.1 投影面平行线

只平行于一个投影面，而对另外两个投影面倾斜的直线称为投影面平行线。

投影面平行线又有三种位置。

正平线：平行于 V 面，倾斜于 H 面和 W 面。

水平线：平行于 H 面，倾斜于 V 面和 W 面。

侧平线：平行于 W 面，倾斜于 V 面和 H 面。

投影面平行线的投影特性见表 1-5。直线对投影面所夹的角即直线对投影面的倾角，α、β、γ 分别表示直线对 H 面、V 面和 W 面的倾角。

表 1-5 投影面平行线的投影特性

名称	轴 测 图	投 影 图	投影特性
正平线			1. $a'b'$ 反映真长和 α、γ 角。 2. $ab//OX$，$a''b''//OZ$，且长度缩短
水平线			1. cd 反映真长和 β、γ 角。 2. $c'd'//OX$，$c''d''//OY_W$，且长度缩短
侧平线			1. $e''f''$ 反映真长和 α、β 角。 2. $ef//OY_H$，$e'f'//OZ$，且长度缩短

投影面平行线的投影特性：直线在与其平行的投影面上的投影反映实长，并倾斜投影轴，其余两个投影分别平行不同投影轴，共同垂直于同一投影轴，且小于实长。

1.3.2.2 投影面垂直线

垂直于一个投影面，与另外两个投影面平行的直线，称为投影面垂直线。

投影面垂直线也有三种位置。

（1）正垂线：垂直于 V 面，平行于 H 面及 W 面的直线。

（2）铅垂线：垂直于 H 面，平行于 V 面及 W 面的直线。

（3）侧垂线：垂直于 W 面，平行于 V 面及 H 面的直线。

投影面垂直线的投影特性见表 1-6。

表 1-6　投影面垂直线的投影特性

名称	轴测图	投影图	投影特性
正垂线			1. $a'b'$ 积聚成一点。 2. $ab//OY_H$，$a''b''//OY_W$，且反映真长
铅垂线			1. cd 积聚成一点。 2. $c'd'//OZ$，$c''d''//OZ$，且反映真长
侧垂线			1. $e''f''$ 积聚成一点。 2. $ef//OX$，$e'f'//OX$，且反映真长

投影面垂直线的投影特性：直线在与其垂直的投影面上的投影积聚为一点；另两个投影分别垂直于不同的投影轴，共同平行于同一投影轴，且反映实长。

1.3.2.3　一般位置直线

一般位置直线既不平行也不垂直于任何一个投影面，即与三个投影面都处于倾斜位置的直线。一般位置直线的投影特性，如图 1-57 所示：三个投影都倾斜于投影轴，长度缩短，不能直接反映直线与投影面的真实倾角。

求作一般位置直线的真长和倾角，可用图 1-58 所示的直角三角形法。

直线上的点的投影，必在直线的同面投影上；若直线不

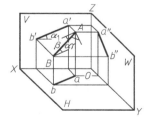
（a）

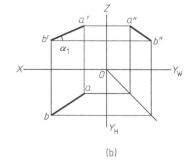
（b）

图 1-57　一般位置直线

垂直于投影面，则点的投影分割直线线段投影的长度比，都等于点分割直线线段的长度比。

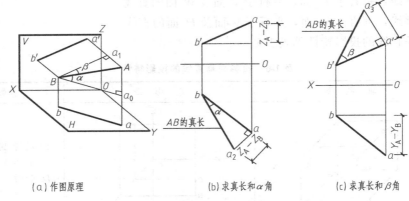

(a) 作图原理　　　　　(b) 求真长和 α 角　　　　　(c) 求真长和 β 角

图 1-58　用直角三角形法求直线的真长和倾角

1.3.2.4　两直线的相对位置

两直线的相对位置有三种情况：平行、相交、交叉。空间平行的两直线，它们的各同面投影也一定平行。空间相交的两直线，它们的各同面投影也一定相交，且交点符合点的投影规律。既不平行也不相交的两直线叫交叉直线，其同面投影有时也会相交，但交点不满足点的投影规律，有时会平行，但不会在三个投影面上的同面投影都平行。

它们的投影特性列在表 1-7 中。

当两直线处于交叉位置时，有时需要判断可见性，即判断它们的重影点的重合投影的可见性。

表 1-7　不同相对位置的两直线的投影特性

相对位置	平　行	相　交	交　叉
轴测图			
投影图			
投影特性	同面投影相互平行	同面投影都相交，交点符合一点的投影特性，同面投影的交点，就是两直线的交点的投影	两直线的投影，既不符合平行两直线的投影特性，又不符合相交两直线的投影特性。同面投影的交点，就是两直线上各一点形成的对这个投影面的重影点的重合的投影

26

确定和表达两交叉线的重影点投影可见性的方法是：从两交叉线同面投影的交点，向相邻投影引垂直于投影轴的投影连线，分别与这两交叉线的相邻投影各交得一个点，标注出交点的投影符号。按左遮右、前遮后、上遮下的规定，确定在重影点的投影重合处，是哪一条直线上的点的投影可见。

1.3.3　平面的投影

平面对投影面的相对位置有三种：投影面平行面、投影面垂直面及一般位置平面。平面与投影面 H、V、W 的倾角，分别用 α、β、γ 表示。

1.3.3.1　投影面垂直面

垂直于一个投影面，而倾斜于另外两个投影面的平面称为投影面垂直面。

（1）正垂面：垂直于 V 面，倾斜于 H 面和 W 面的平面；

（2）铅垂面：垂直于 H 面，倾斜于 V 面和 W 面的平面；

（3）侧垂面：垂直于 W 面，倾斜于 V 面和 H 面的平面。

投影面垂直面的投影特性：在与平面垂直的投影面上积聚为一条与投影轴倾斜的直线，其余两个投影为小于原平面形的类似形。

投影面垂直面的投影特性见表 1-8。

1.3.3.2　投影面平行面

平行于一个投影面，而垂直于另外两个投影面的平面称为投影面平行面。

表 1-8　投影面垂直面的投影特性

名称	轴测图	投影图	投影特性
正垂面			1. V 面投影积聚成一直线，并反映与 H、W 面的倾角 α、γ。 2. 其他两个投影为面积缩小的类似形
铅垂面			1. H 面投影积聚成一直线，并反映与 V、W 面的倾角 β、γ。 2. 其他两个投影为面积缩小的类似形
侧垂面			1. W 面投影积聚成一直线，并反映与 H、V 面的倾角 α、β。 2. 其他两个投影为面积缩小的类似形

（1）正平面：平行于 V 面，垂直于 H 面和 W 面；

（2）水平面：平行于 H 面，垂直于 V 面和 W 面；

（3）侧平面：平行于 W 面，垂直于 V 面和 H 面。

投影面平行面的投影特性见表1-9。

表 1-9　投影面平行面的投影特性

名称	轴　测　图	投　影　图	投影特性
正平面			1. V 面投影反映真形。 2. H 面投影、W 面投影积聚成直线，分别平行于投影轴 OX、OZ
水平面			1. H 面投影反映真形。 2. V 面投影、W 面投影积聚成直线，分别平行于投影轴 OX、OY_W
侧平面			1. W 面投影反映真形。 2. V 面投影、H 面投影积聚成直线，分别平行于投影轴 OZ、OY_H

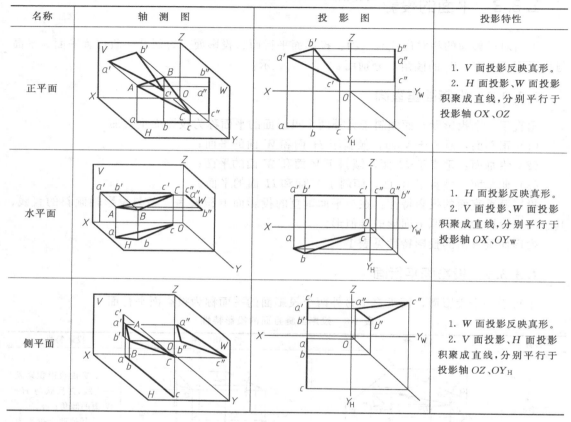

1.3.3.3　一般位置平面

在三面投影体系中，立体的平面对三个投影面都倾斜的平面称为一般位置平面。一般位置平面的三个投影既不反映实形，又无积聚性。均为缩小的类似图形。

1.3.3.4　平面上的直线和点的投影求法

点和直线在平面上的几何条件：

（1）平面上的点，必在该平面的直线上。平面上的直线必通过平面上的两点；

（2）通过平面上的一点，且平行于平面上的另一直线。

【例1-2】　如图1-59（a）所示，已知□$ABCD$ 和 K 点的两面投影，□$ABCD$ 上的直线 MN 的 H 面投影 mn，试检验 K 点是否在□$ABCD$ 平面上，并作出直线 MN 的 V 面投影 $m'n'$。

【解】　如图1-59（b）所示，可按点和直线在平面上的几何条件作图。

检验 K 点的作图过程如下。

（1）连 a' 和 k'，延长后，与 $b'c'$ 交于 e'。由 e' 引投影连线，与 BC 交得 e。连 a 和 e。

（2）若 k 在 ae 上，则 K 点在 $\square ABCD$ 的直线 AE 上，K 点便在 $\square ABCD$ 上。但图中的 k 不在 ae 上，就表明 K 点不在 $\square ABCD$ 上。

求作 $m'n'$ 的作图过程如下。

（1）延长 mn，与 ad 交得 s，与 bc 交得 f。

（2）由 s、f 作投影连线，分别在 $a'd'$、$b'c'$ 上交得 s'、f'，连 s' 与 f'。

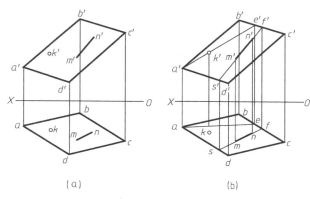

图 1-59　检验 K 点是否在 $\square ABCD$ 上，并作 $\square ABCD$ 上的直线 MN 的 V 面投影

（3）由 m、n 作投影连线，分别与 $s't'$ 交得 m'、n'，$m'n'$ 即为所求。

1.3.4　基本体的投影

立体的形状是各种各样的，但任何复杂立体都可以分析成是由一些简单的几何体组成，如棱柱、棱锥、圆柱、圆锥、球等，这些简单的几何体统称为基本几何体。

根据基本几何体表面的几何性质，它们可分为平面立体和曲面立体。立体表面全是平面的立体称为平面立体；立体表面全是曲面或既有曲面又有平面的立体称为曲面立体。

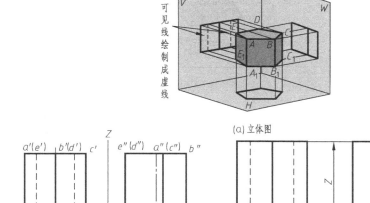

(a) 立体图

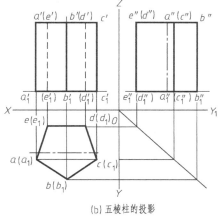

(b) 五棱柱的投影

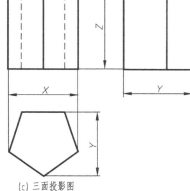

(c) 三面投影图

图 1-60　五棱柱投影图

1.3.4.1 平面立体的投影

平面立体的各个边都是平面多边形，用三面投影图表示平面立体，可归纳为画出围成立体的各个表面的投影，或者是画出立体上所有棱线的投影。注意作图时可见棱线应画成粗实线，不可见棱线应画成虚线。

（1）五棱柱　如图 1-60 所示，分析五棱柱：

五棱柱的顶面和底面平行于 H 面，它在水平面上的投影反映实形且重合在一起，而它们的正面投影及侧面投影分别积聚为水平方向的直线段。

五棱柱的后侧棱面 EE_1D_1D 为一正平面，在正平面上投影反映其实形，EE_1、DD_1 直线在正面上投影不可见，其水平投影及侧面投影积聚成直线段。

五棱柱的另外四个侧棱面都是铅垂面，其水平投影分别汇聚成直线段，而正面投影及侧面投影均为比实形小的类似体。

（2）三棱锥　如图 1-61 所示，分析三棱锥：

三棱锥的底面 ABC 平行于平面 H 在水平投影上反映真实形状；BCS 垂直于 V 面，在正平面上投影为一条直线。作图时应先画出底面△ABC 的三面投影，再作出锥顶 S 的三面投影，然后连接各棱线，完成斜三棱柱的三面投影图。棱线可见性则需要通过具体情况分析进行判断。

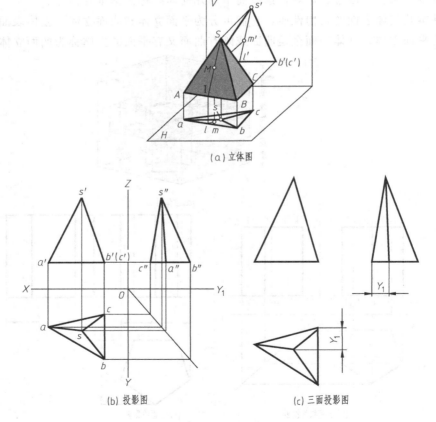

(a) 立体图

(b) 投影图　　　　　(c) 三面投影图

图 1-61　三棱锥投影图

1.3.4.2 回转体的投影

常见的曲面立体有圆柱、圆锥、球、圆环等，这些立体表面上的曲面都是回转面，因此又称它们为回转体。

回转面的形成，如图 1-62 所示。

回转面是由一条母线（直线或是曲线）绕某一轴线回转而形成的曲面，母线在回转过程中的任意位置称为素线；母线各点运行轨迹皆为垂直于回转体轴线的圆。

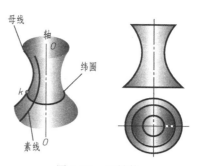

图 1-62　回转体

圆柱：由圆柱面和两端圆平面组成。圆柱面是一直线绕与之平行的轴线旋转而成。

圆锥：由圆锥面和底圆平面组成。圆锥面是由母线绕与它端点相交的轴线回转而成。

球：由球面围成，球面是一个圆母线绕过圆心且在同一平面上的轴线回转而成的曲面。

圆环：由圆环面围成。圆环面是由一个圆母线绕不通过圆心但在同一平面上的轴线回转而成的曲面。

（1）圆柱的投影　如图 1-63 所示，为三投影面体系中的圆柱，分析图形可知：

圆柱体的上下底面为水平面，故水平投影为圆，反映真实图形，而其正、侧面投影为直线。

圆柱面水平投影积聚为圆，正面投影和侧面投影为矩形，矩形的上、下两边分别为圆柱上下端面的积聚性投影。

最左侧素线 AA_1 和最右侧素线 BB_1 的正面投影线分别为 $a'a_1'$ 和 $b'b_1'$，又称圆柱面对 V 面的投影的轮廓线。AA_1 与 BB_1 的正面投影与圆柱线的正面投影重合，画图时不需要表示。

最前素线 CC_1 和最后素线 DD_1 的侧面投影线分别为 $c''c_1''$ 和 $d''d_1''$，又称圆柱面对 W 面的投影的轮廓线。CC_1 与 DD_1 的正面投影与圆柱线的正面投影重合，画图时不需要表示。

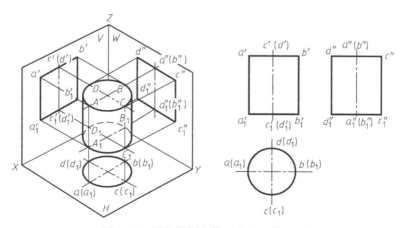

图 1-63　圆柱投影立体图及三面投影图

作图时应先用点划线画出轴线的各个投影及圆的对称中心线，然后绘制反映圆柱底面实形的水平投影，最后绘制正面及侧面投影。

（2）圆锥的投影　如图 1-64 所示，为三面投影体系中的圆锥，分析图形可知：

圆锥的水平投影为一个圆，这个圆既是圆锥平行于 H 面的底圆的实形，又是圆锥面的水平投影；

圆锥面的正面投影与侧面投影都是等腰三角形，三角形的底边为圆锥底圆平面有积聚性的投影。

正面投影中三角形的左右两腰 $s'a'$ 和 $s'b'$ 分别为圆锥面上最左素线 SA 和最右素线 SB 的正面投影，又称为圆锥面对 V 面投影的轮廓线，SA 和 SB 的侧面投影与圆锥轴线的侧面投影重合，画图时不需要表示。

侧面投影中三角形的前后两腰 $s''c''$ 和 $s''d''$ 分别为圆锥面上最前素线 SC 和最后素线 SD 的侧面投影，又称为圆锥面对 W 面投影的轮廓线，SC 和 SD 的正面投影与圆锥轴线的正面投影重合，画图时不需要表示。

作图时应首先用点划线画出轴线的各个投影及圆的对称中心线，然后画出水平投影上反映圆锥底面的圆，完成圆锥的其他投影，最后加深可见线。

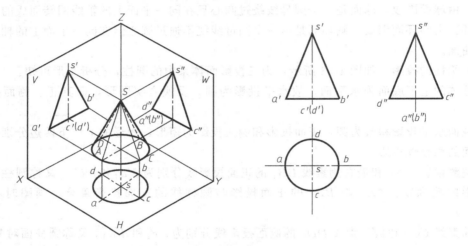

图 1-64　圆锥体立体投影图及三面投影图

（3）球的投影　如图 1-65 所示，为三投影面体系中的球，分析可知：

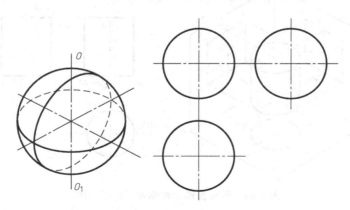

图 1-65　球体的立体投影图及三面投影

球的三面投影均为大小相等的圆，其直径等于球的直径，但三个投影面上的圆是不同转向线的投影。

正面投影 a' 是球面平行于 V 面的最大圆 A 的投影（区分前、后半球表面的外形轮廓线）；水平投影 b 是球面平行于 H 面的最大圆 B 的投影（区分上、下半球表面的外形轮廓线）；

侧面投影 c'' 是球面平行于 W 面的最大圆 C 的投影（区分左、右半球表面的外形轮廓线）。作图时首先用点划线画出各投影的对称中心线，然后画出与球等直径的圆。

（4）圆环

1）圆环的形成　一个圆母线绕一与它在同平面内的回转轴线旋转一周而成。

2）视图分析　使圆环的回转轴线垂直 H 面，即将圆环平放。其三视图如图 1-66 所示。

圆环俯视图由三个同心圆组成，圆环的最大圆和最小圆用实线画出，母线圆圆心的旋转轨迹用细单点长划线画出。

左视图是由平行 W 面的两个母线圆加上圆环最高和最低两个圆的投影组成。

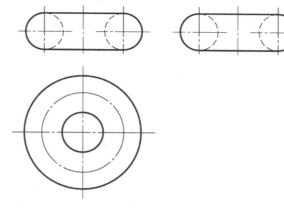

图 1-66　圆环的三面投影

1.4

组合体的投影

由基本立体按一定的方式组合而形成的立体称为组合体。组合体是相对于基本立体而言的。

1.4.1　组合体的形体分析

1.4.1.1　形体分析法

由于组合体形状比较复杂，为简化其画图及尺寸标注，可设想把组合体分解成若干个简单形体，分别弄清楚各简单形体的形状和投影，这种分析组合体的结构和投影的方法叫形体分析法。

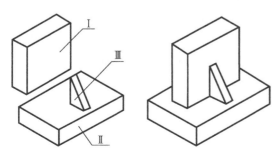

图 1-67　叠加型组合体

1.4.1.2　组合体的类型

（1）叠加型　可以看做是由若干个几何体叠加而成，如图 1-67 所示。

（2）切割型　可以看做是由一个几何体

切去了某些部分而成，如图 1-68 所示。

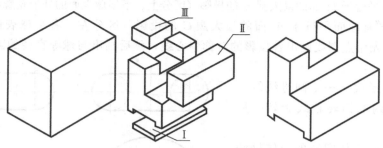

图 1-68 切割型组合体

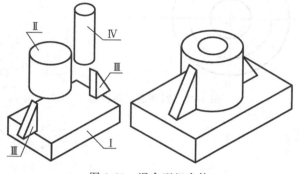

图 1-69 混合型组合体

（3）混合型 可以看做是由叠加型和切割型混合而成，如图 1-69 所示。

1.4.1.3 组合体三视图的画法

（1）形体分析。

（2）确定安放位置和正面投影图投影方向。

（3）确定投影图数量。

（4）画投影图。

① 选择图幅和绘图比例；

② 确定各投影图的定位线；

③ 依次绘制各几何形体的投影图，首先画出反应特征的投影图，然后根据投影关系作出其他投影图；

④ 检查无误后，按规定加深图线；

⑤ 标注尺寸。

（5）填写标题栏，完成全图。

1.4.2 组合体的投影

1.4.2.1 叠加型组合体的三视图的画法

以一基础模型为例，如图 1-70 所示，绘制其三视图。

（1）形体分析。该模型可以看做是由 1、2、3、4 四个平面几何体叠加而成。

（2）选择主视图。主视图是三视图中最主要的视图，选择主视图时，一般应将最能反映物体形状特征的面平行 V 面，同时要使尽量多的平面与投影面平行或者垂直。

（3）分别画出各组成部分的三视图，如图 1-70 所示。

1.4.2.2 切割型组合体的三视图的画法

图是一种切割型组合体。由一圆柱体挖去一个同轴同高的小圆柱体后，再在其上端切去一段半圆管，其作图步骤如图 1-71 所示。

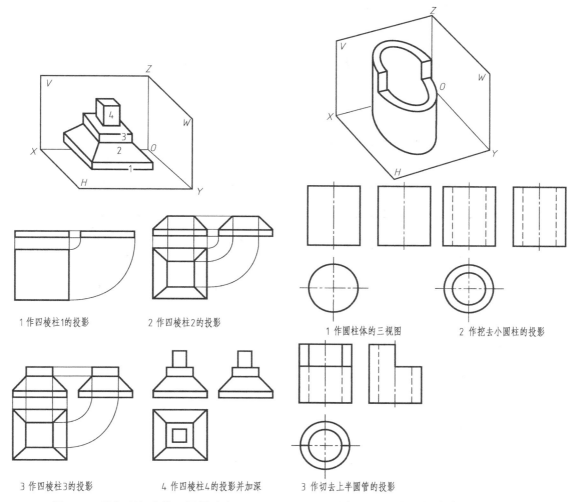

1 作四棱柱1的投影　　2 作四棱柱2的投影

1 作圆柱体的三视图　　2 作挖去小圆柱的投影

3 作四棱柱3的投影　　4 作四棱柱4的投影并加深

3 作切去上半圆管的投影

图 1-70　叠加型组合体三视图画法　　　　　图 1-71　切割型组合体三视图画法

1.4.2.3　混合型组合体三视图的画法

混合型组合体三视图的画法及形体分析法与叠加型及切割型相同。

1.4.3　投影图的尺寸标注

1.4.3.1　尺寸标注的基本要求

视图只能表达组合体的形状，而组合体的真实大小要由视图上标注尺寸的数值来确定。生产上都是根据图样上所注的尺寸来进行加工制造的，因此正确地标注尺寸非常重要，必须做到认真、细致。视图中标注尺寸的基本要求如下。

（1）正确——尺寸注法要符合国家标准的规定。

（2）完整——尺寸必须注写齐全，既不遗漏，也不重复。

（3）清晰——标注尺寸布置的位置要恰当，尽量注写在最明显的地方，便于读图。

（4）合理——所注尺寸应能符合设计和制造、装配等工艺要求，并使加工、测量、检验方便。

1.4.3.2 几何体的尺寸标注

如图 1-72 所示。

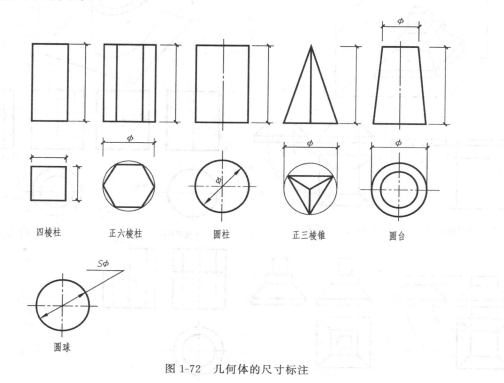

四棱柱　　　正六棱柱　　　圆柱　　　正三棱锥　　　圆台

圆球

图 1-72　几何体的尺寸标注

1.4.3.3 组合体的尺寸分类

（1）定形尺寸　确定组合体各组成部分的基本立体的形状、大小的尺寸称为定形尺寸。如图 1-73 底板 A 的长为 100，宽为 50，高为 10。

（2）定位尺寸　表示组合体上各组成部分的基本立体的相对位置的尺寸称为定位尺寸。如图 1-73 底板上的四个圆孔的中心间距 70 和 30。

（3）总体尺寸　表示组合体总长、总宽、总高的尺寸称为总体尺寸。这里须注意组合体的定形、定位尺寸已标注完整，再加上总体尺寸有时必将出现尺寸的重复，必须要进行调整。调整后，标注出组合体的全部尺寸。如图 1-73 中的长 100，宽 50，高 75。

1.4.3.4 尺寸标注应遵循的原则

组合体形状一般比较复杂，对同一组合体尺寸标注不是唯一的，可有不同方式。但应遵循以下原则。

（1）尺寸应尽量标注在最能反映形体特征的视图上。

（2）表示同一基本几何体的尺寸应尽量集中注出。

（3）与两视图有关的尺寸应尽量注在两视图之间。

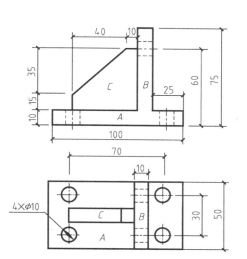
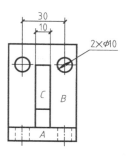

图 1-73　组合体的三视图

（4）尺寸最好注在图形之外。

（5）相互平行的尺寸应将小尺寸注在里面。

（6）同一图上的尺寸单位应一致。

1.5

工程图样规定画法

用正投影原理绘制三面投影图，是表达形体的基本方法。

工程制图中，通常把形体或组合体的三面投影图称为三面视图（简称三视图）。

1.5.1　基本视图

在原有三个投影面 V、H、W 的对面，再增设三个分别与它们平行的投影面 V_1、H_1、W_1，形成一个像正六面体的六个投影面［图 1-74（a）］，这六个投影面称为基本投影面。

正立面图——从前往后看；平面图——从上向下；左侧立面图——从左向右；右侧立面图——从右向左；底面图——从下向上；背立面图——从后向前。

六个投影面展开以后，所得

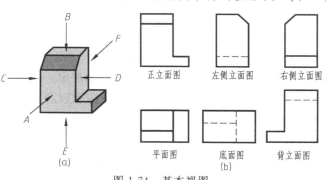

图 1-74　基本视图

的六个视图宜按图 1-74（b）所示的顺序进行配置。每个视图一般均应标注图名。工程上有时也称以上六个基本视图为主视图、俯视图、左视图、右视图、仰视图和后视图。画图时，根据实际情况，选用其中必要的几个基本视图。

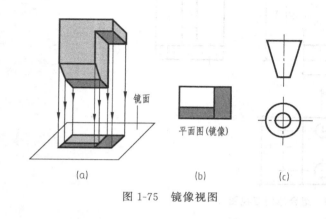

图 1-75　镜像视图

1.5.2　辅助视图

（1）镜像视图　把一镜面放在形体的下面，代替水平投影面，在镜面中得到形体的垂直映像，这样的投影即为镜像投影。镜像投影所得的视图应在图名后注写"镜像"二字，或按图 1-75（c）方式画出镜像投影识别符号。在建筑装饰施工图中，常用镜像视图来表示室内顶棚的装修、灯具或古建筑中殿堂室内房顶上藻井（图案花纹）等构造。

（2）旋转视图　假想把形体的倾斜部分旋转到与某一选定的基本投影面平行后，再向该投影面作投影而得到的视图称为旋转视图，如图 1-76 所示。

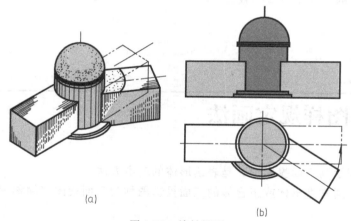

图 1-76　旋转视图

1.5.3　第三角画法简介

互相垂直的 V、H、W 三个投影面向空间延伸后，将空间划分成八个部分，每一部分称为一个"分角"，共计八个分角，如图 1-77 所示。国家制图标准规定，我国的工程图样均采用第一角画法。但欧美一些国家以及日本等则采用第三角画法，如图 1-78 所示。将形体放在第三分角内进行投影，假定投影面是透明的，投影过程为观察者→投影面→形体。就好像隔着玻璃看东西一样，如图 1-79所示。

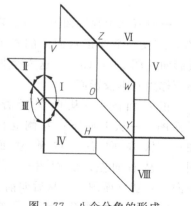

图 1-77　八个分角的形成

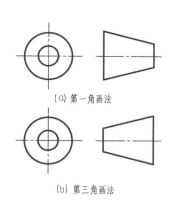

(a) 第一角画法

(b) 第三角画法

图 1-78　第一角和第三角画法的识别符号

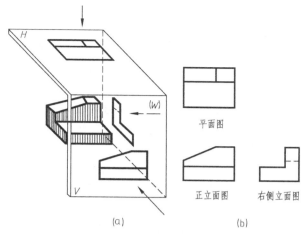

平面图

正立面图　　右侧立面图

(a)　　　　　(b)

图 1-79　第三角投影

1.5.4　剖视图

1.5.4.1　剖面图的形成与标注

（1）剖面图的形成　假想用一个剖切平面在形体的适当部位剖切开，移走观察者与剖切平面之间的部分，将剩余部分投影到与剖切平面平行的投影面上，所得的投影图称为剖面图。

图中正立面图和侧立面图中都有虚线，使图不清晰，如图 1-80 所示。

从图中可看出原来不可见的虚线，在剖面图上已变成实线，为可见轮廓线。剖切平面与形体表面的交线所围成的平面图形称为断面。

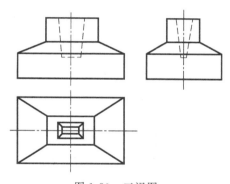

图 1-80　三视图

剖面图由两部分组成：一部分是断面图形［图 1-81（b）中阴影部分］；另一部分是沿投影方向未被切到但能看到部分的投影［图 1-81（b）中的杯口］。形体被剖切后，剖切平面切到的实体部分，其材料被"暴露出来"，如图 1-81 所示。

（2）剖面图的标注　将剖面图中的剖切位置和投影方向在图样中加以说明，这就是剖面

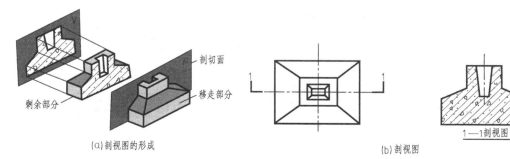

剩余部分　　　　　移走部分

剖切面

(a)剖视图的形成　　　　　　(b)剖视图　　　　1—1剖视图

图 1-81　剖视图

图的标注。

剖面图的标注是由剖切符号和编号组成。

1）剖切符号。剖切符号应由剖切位置线和投射方向线组成。

① 剖切位置线　就是剖切平面的积聚投影，它表示了剖切平面的剖切位置，剖切位置线用两段粗实线绘制，长度宜为6～10mm。

② 投射方向线（又叫剖视方向线）是画在剖切位置线外端且与剖切位置线垂直的两段粗实线，它表示了形体剖切后剩余部分的投影方向，其长度应短于剖切位置线，宜为4～6mm，如图1-82所示。

2）剖切符号的编号。标准规定剖切符号的编号宜采用阿拉伯数字，按顺序由左至右、由下至上连续编排，并应注写在剖视方向线的端部，如图1-83（a）所示。

在相应剖面图的下方写上剖切符号的编号，作为剖面图的图名，并在图名下方画上与之等长的粗实线，如图1-83（b）所示。

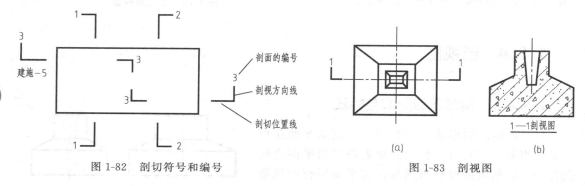

图1-82　剖切符号和编号　　　　　　　　　　图1-83　剖视图

3）需要转折的剖切位置线，应在转角的外侧加注与该符号相同的编号。

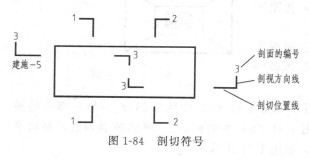

图1-84　剖切符号

4）剖面图如与被剖切图样不在同一张图纸内，可在剖切位置线的另一侧注明其所在图纸的编号，如图1-84的"建施-5"所示，也可以在图纸上集中说明。

5）对特殊位置的剖面图可以不标注剖切符号：如剖切平面通过形体对称面所绘制的剖面图；通过门、窗洞口位置，水平剖切房屋所绘制的建筑平面图。

（3）剖面图的画法　剖面图的画法步骤如图1-85所示。

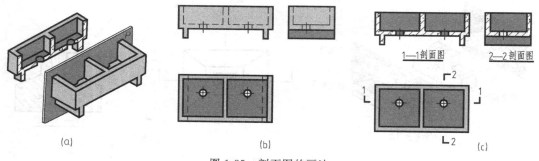

图1-85　剖面图的画法

1）确定剖切平面的位置。

所取的剖切平面应是投影面平行面，剖切平面应尽量通过形体的孔、槽等结构的轴线或对称面。

2）画剖面剖切符号并进行标注。

在投影图上的相应位置画上剖切符号并进行编号。

3）画断面、剖开后剩余部分的轮廓线。

对照图 1-85 (c) 中的 1—1 剖面图和图 1-85 (b) 中的 V 面投影图，可看出它们既有共同点，又有不同点。

共同点是：外形轮廓线相同。

不同点是：投影图内部的实线在剖面图中消失，而虚线在剖面图中则变成实线。这就是依据投影图，作相应剖面图的方法。

4）填绘建筑材料图例。

5）标注剖面图名称。

（4）应注意的几个问题

1）剖切是假想的，形体并没有真的被切开和移去了一部分。因此，除了剖面图外，其他视图仍应按原先未剖切时完整地画出。

2）在绘制剖面图时，被剖切平面切到的部分（即断面），其轮廓线用粗实线绘制，剖切平面没有切到、但沿投射方向可以看到的部分（即剩余部分），用中实线绘制。

3）剖面图中不画虚线。没有表达清楚的部分，必要时也可画出虚线。

1.5.4.2 剖面图的种类

根据不同的剖切方式，剖面图可分为以下几种。

（1）全剖面图 假想用一个剖切平面将形体全部"切开"后所得到的剖面图称为全剖面图，如图 1-86 (b) 所示。全剖面图一般用于不对称或者虽然对称但外形简单、内部比较复杂的形体。

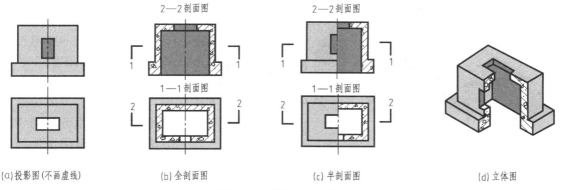

图 1-86 剖视图的形成

（2）半剖面图 当形体具有对称平面时，在垂直于对称平面的投影面上的投影，以对称线为分界，一半画剖面，另一半画视图，这种组合的图形称为半剖面图，如图 1-87 (c) 所示。

半剖面图适用于表达内外结构形状对称的形体。在绘制半剖面图时应注意以下几点。

1）半剖面图中视图与剖面应以对称线（细点画线）为分界线，也可以用对称符号作为分界线，而不能画成实线；

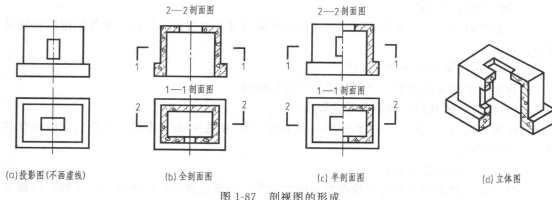

2—2剖面图	2—2剖面图	
(a)投影图(不画虚线)	(b)全剖面图	(c)半剖面图	(d)立体图

1—1剖面图　　　1—1剖面图

图 1-87　剖视图的形成

2）由于剖切前视图是对称的，剖切后在半个剖面图中已清楚地表达了内部结构形状，所以在另外半个视图中虚线一般不再出现；

3）习惯上，当对称线是竖直时，将半个剖面图画在对称线的右边；当对称线是水平时，将半个剖面图画在对称线的下边；

4）半剖面的标注与全剖面的标注相同。

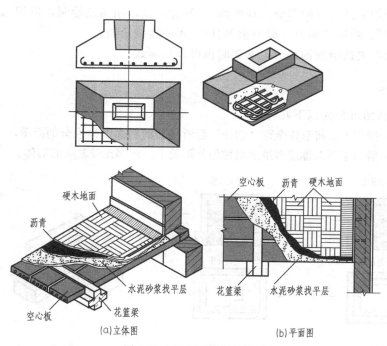

硬木地面

沥青

水泥砂浆找平层

空心板

花篮梁

(a)立体图

空心板　沥青　硬木地面

花篮梁　水泥砂浆找平层

(b)平面图

图 1-88　局部剖视图的形成

（3）局部剖面图

用一个剖切平面将形体的局部剖开后所得到的剖面图称为局部剖面图，如图1-88所示。

剖切范围用波浪线表示，是外形视图和剖面的分界线。波浪线不能与轮廓线重合，也不应超出视图的轮廓线，波浪线在视图孔洞处要断开。

局部剖面图一般不再进行标注，在建筑工程和装饰工程中，为了表示楼面、屋面、墙面及地面等的构造和所用材料，常用分层剖切的方法画出各构造层次的剖面图，称为分层局部剖面图。

（4）旋转剖面图　用两个相交的剖切平面（交线垂直于基本投影面）剖开物体，把两个平面剖切得到的图形旋转到与投影面平行的位置，然后再进行投影，这样得到的剖面图称为旋转剖面图。

在绘制旋转剖面图时，常选其中一个剖切平面平行于投影面，另一个剖切平面绕剖切平面的交线（投影面垂直线）旋转到平行于投影面的位置，然后再向该投影面作投影。

旋转剖面图应在图名后加注"展开"字样，如图 1-89 所示。

绘制旋转剖面图时也应注意：在断面上不应画出两相交剖切平面的交线。

【例 1-3】 如图 1-90 所示，根据台阶的三视图，绘制其剖面图。

作图过程：

1）根据分析确定剖切平面 P 的位置，并在台阶正立面图上进行标注；

2）根据投影规律，作出右半部台阶的侧面投影；

3）填绘断面材料图例；

4）注写图名。

【例 1-4】 如图 1-91（a）所示，根据所给投影图，判断该形体的空间形状。

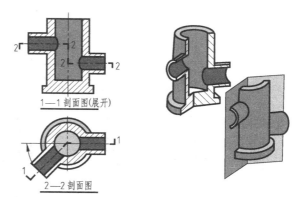

（a）旋转剖面的画法　　（b）剖切情况

图 1-89　旋转剖面图

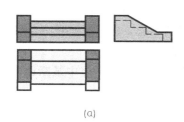

（a）

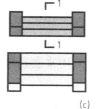

（b）

（c）

图 1-90　台阶三视图及剖面图

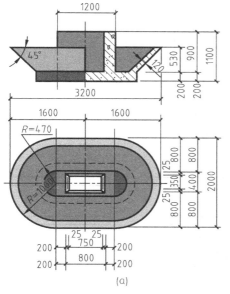

（a）

图 1-91　物体视图

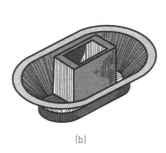

（b）

用形体分析法可看出：该形体是由三大部分组成，即长圆形基础底板、侧面为锥面的倒长圆台形壳体、中间的四棱柱及楔形杯口三部分。由每一部分的形状、大小及它们的组合关系，可以想象出该形体的整个立体形状如图 1-91（b）所示，为一倒长圆形薄壳基础，其大小可由图中所给尺寸来确定。

1.5.5 断面图

1.5.5.1 断面图的形成

假想用剖切平面将形体切开，仅画出剖切平面与形体接触部分即截断面的形状，所得到

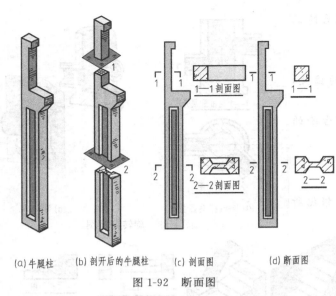

(a) 牛腿柱　　(b) 剖开后的牛腿柱　　(c) 剖面图　　(d) 断面图

图 1-92　断面图

的图形称为断面图，简称断面，如图 1-92 所示。断面图与剖面图的区别如下。

（1）断面图只画出剖切平面切到部分的图形，如图 1-92（d）所示；而剖面图除应画出断面图形外，还应画出剩余部分的投影，如图 1-92（c）所示。即剖面图是"体"的投影，断面图只是"面"的投影。

（2）剖面图可采用多个平行剖切平面，绘制成阶梯剖面图；而断面图则不能，它只反映单一剖切平面的断面特征。

（3）剖面图是用来表达形体内部形状和结构；而断面图则常用来表达形体中某断面的形状和结构。

1.5.5.2　断面图的标注

（1）剖切符号　断面图的剖切符号，仅用剖切位置线表示。剖切位置线绘制成两段粗实线，长度宜为 6～10mm。

（2）剖切符号的编号　用阿拉伯数字或拉丁字母按顺序编排，注写在剖切位置线的同一侧，数字所在的一侧就是投影方向。

1.5.5.3　断面图的种类

（1）移出断面图　绘制在视图轮廓线外面的断面图称为移出断面图。移出断面的轮廓线用粗实线绘制，断面上要绘出材料图例，材料不明时可用 45°斜线绘出。

移出断面图一般应标注剖切位置、投影方向和断面名称。移出断面可画在剖切平面的延长线上或其他任何适当位置。当断面图形对称，则只需用细点画线表示剖切位置，不需进行其他标注，如图 1-93（a）所示。如断面图画在剖切平面的延长线上时，可不标注断面名称，如图 1-93（b）所示。

（2）中断断面图　绘制在视图轮廓线中断处的断面图称为中断断面图，如图 1-94 所示。这种断面图适合表达等截面的长向构件，如图 1-93 所示，为槽钢的断面图。中断断面的轮廓

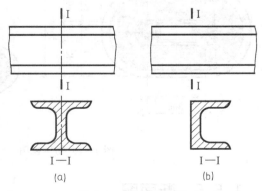

图 1-93　移出断面图

线及图例等与移出断面的画法相同，因此中断断面图可视为移出断面图，只是位置不同。中断断面图不需要标注剖切符号和编号。轮廓线用粗实线绘制，中断处用波浪线或折断线绘制。

（3）重合断面图　绘制在视图轮廓线内的断面图称为重合断面图。它是假想用一个垂直

于角钢轴线的剖切平面切开角钢，然后把断面向右旋转 90°，使它与正立面图重合后画出来的，如图 1-95 所示。

重合断面不需标注剖切符号和编号。如果断面图的轮廓线是封闭的线框，重合断面的轮廓线用细实线绘制，并画出相应的材料图例；如果断面图的轮廓线不是封闭的线框，重合断面的轮廓线加粗的粗实线，并在断面图的范围内，沿轮廓线边缘加画 45° 细实线，如图 1-95（a）所示。

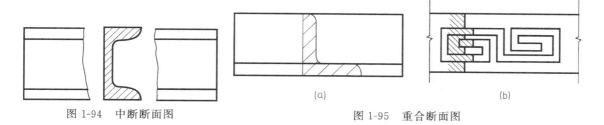

图 1-94　中断断面图　　　　　　　　　　　　　　　图 1-95　重合断面图

1.5.6　投影图的简化画法

在不影响生产和表达形体完整性的前提下，为了节省绘图时间，提高工作效率，《房屋建筑制图统一标准》（GB 50001—2010）规定了一些将投影图适当简化的处理方法，这种处理方法称为简化画法。

1.5.6.1　对称图形的画法

（1）用对称符号　当视图对称时，可以只画一半视图［单向对称图形，只有一条对称线，如图 1-96（a）所示］或 1/4 视图［双向对称的图形，有两条对称线，如图 1-96（b）所示］，但必须画出对称线，并加上对称符号。

对称线用细点画线表示，对称符号用两条垂直于对称轴线、平行等长的细实线绘制，其长度为 6～10mm，间距为 2～3mm，画在对称轴线两端，且平行线在对称线两侧长度相等，对称轴线两端的平行线到投影图的距离也应相等。

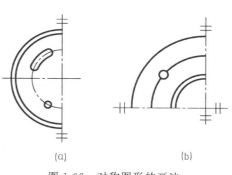

图 1-96　对称图形的画法

（2）不用对称符号　当视图对称时，图形也可画成稍超出其对称线，即略大于对称图形的一半，此时可不画对称符号，如图1-97所示。

这种表示方法必须画出对称线，并在折断处画出折断线或波浪线（适用于连续介质）。

图 1-97　不用对称符号表示法

1.5.6.2　折断省略画法

对于较长的构件，如沿长度方向的形状相同或按一定规律变化，可采用折断画法。

折断画法：即只画构件的两端，将中间折断部分省去不画。在折断处应以折断线表示，折断线两端应超出图形线 2～3mm，其尺寸应按原构件长度标注，如图 1-98 所示。

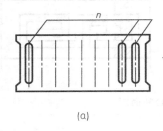

图 1-98　图形折断省略画法

$L=$折断前原长度

1.5.6.3　相同构造要素的画法

形体内有多个完全相同而连续排列的构造要素，可仅在两端或适当位置画出其完整图形，其余部分以中心线或中心线交点表示，如图 1-99（a）、（b）、（c）所示。

如果形体中相同构造要素只在某一些中心线交点上出现，则在相应的中心线交点处用小圆点表示，如图 1-99（d）所示。

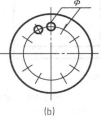

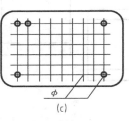

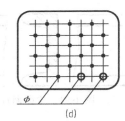

(a)　　　　(b)　　　　(c)　　　　(d)

图 1-99　相同构造要素的画法

1.5.6.4　同一构件的分段画法

同一构配件，如绘制位置不够，可分段绘制，再以连接符号表示相连。连接符号应以折断线表示连接的部位，并以折断线两端靠图样一侧的大写拉丁字母表示连接编号。两个被连接的图样，必须用相同的字母编号，如图 1-100 所示。

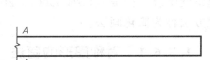

图 1-100　同一构件的分段画法

1.5.6.5　构件局部不同的画法

一个构配件如与另一构配件仅部分不相同，该构配件可只画不同部分。在两个构配件的相同部位与不同部位的分界线处，分别绘制连接符号，两个连接符号应对准在同一位置上，如图 1-101 所示。

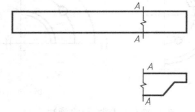

图 1-101　构件局部不同的画法

1.6

轴测图

1.6.1　轴测图概述

通过前面透视的学习，可以看出用透视的方法表现立体图立体感强、效果比较逼真，但绘制起来非常复杂。在制图中还有一种比较简单的立体图绘制方法，就是轴测投影图，简称轴测图。

1.6.1.1 轴测投影图的形成和分类

在第 1 章的三面正投影图中知道它是利用三组分别垂直于各投影面的平行投射线进行投影得到。而轴测投影图则是利用一组平行投射线将物体三个方向的面和空间交于一点相互垂直的三条坐标轴直线同时投在一个投影面上得到的。

根据投射线与投影面的关系，可将轴测投影分为两类：一是投射线垂直于投影面，称轴测正投影，简称正轴测；二是投射线倾斜于投影面，称轴测斜投影，简称斜轴测。在正投影中，要同时得到物体三面的投影则需将物体倾斜于投影面，如图 1-102 所示；

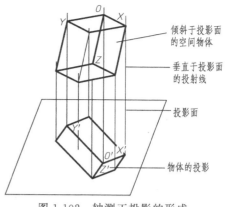

图 1-102　轴测正投影的形成

在斜轴测中，要同时得到物体的三面投影则可将物体的一个面和两个坐标轴平行于投影面，如图 1-103 所示。

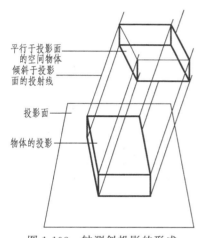

图 1-103　轴测斜投影的形成

1.6.1.2 几种常用轴测图画法原理

（1）三等正轴测　在正轴测中，当物体的三个坐标轴与投影面成等倾斜时，所形成的轴测投影为三等正轴测，如图 1-104 所示。

（2）二等正轴测　在正轴测中，当物体的三个坐标轴中有两个轴与投影面成等倾斜时，所形成的轴测投影为二等正轴测，如图 1-105 所示。

（3）水平斜轴测　在斜轴测中，当物体的水平面平行于投影面时所形成的投影称水平斜轴测，其水平面的投影反映实际形状。它是制图中最常用的制图方法，多用于室外、室内、单体家具、结构施工等直观图中，如图 1-106 所示。

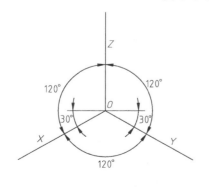

(a) 三等正轴测形成示意

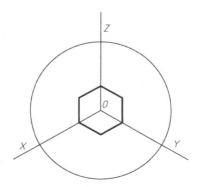

(b) 正立方体的三等正轴测

图 1-104　三等正轴测

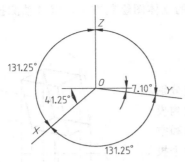

(a) 二等正轴测形成示意图

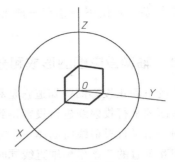

(b) 正立方体的二等正轴测

图 1-105　二等正轴测

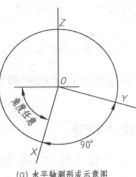

(a) 水平轴测形成示意图

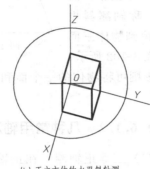

(b) 正立方体的水平斜轴测

图 1-106　水平斜轴测

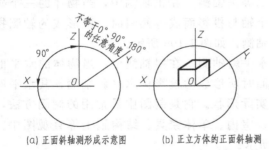

(a) 正面斜轴测形成示意图　　(b) 正立方体的正面斜轴测

图 1-107　正面斜轴测

（4）正面斜轴测　在斜轴测中，当物体的正立面平行于投影面时，所形成的投影称正面斜轴测，其水平面反映实际形状。多用在建筑单体、家具和结构示意图中，如图 1-107 所示。

1.6.2　几种常用轴测作图方法

（1）已知物体三视图，如图 1-108 所示，求作轴测图。

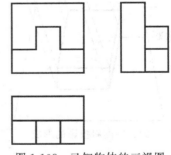

图 1-108　已知物体的三视图

【方法一】　用三等正轴测来作图，如图 1-109 所示。

【方法二】　用侧面斜轴测作图，如图 1-110 所示。

【方法三】　利用水平斜轴测直接作图，如图 1-111 所示。

【方法四】　用分块叠加法作图，如图 1-112 所示。

（2）圆的轴测画法。在轴测投影中，如果圆与轴测投影面相倾斜时，则圆的轴测投影为椭圆。其作图方法一般先求得圆的外切正方形为辅助线，再进行绘制近似椭圆。

【方法一】　当圆的外切正方形的轴测投影为平行四边形时，如图 1-113 所示。

【方法二】　当圆外切正方形的投影为菱形时，可在菱形的四边中点作垂线分别交于四点 O_1、O_2、O_3、O_4，再以此四点为圆心作圆弧，可得近似椭圆，如图 1-114 所示。

（3）轴测作图例图，如图 1-115 所示。

左侧竖排书名：建筑室内设计制图与CAD

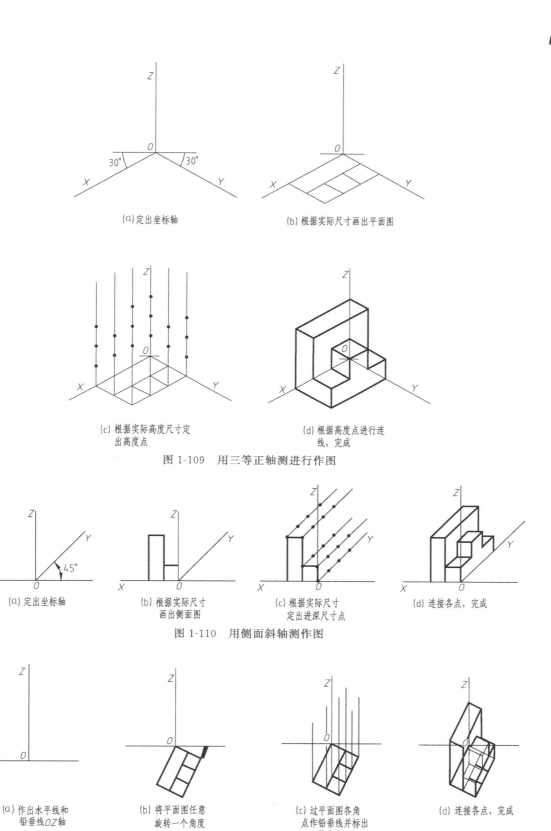

(a)定出坐标轴   (b)根据实际尺寸画出平面图

(c)根据实际高度尺寸定出高度点   (d)根据高度点进行连线，完成

图 1-109 用三等正轴测进行作图

(a)定出坐标轴   (b)根据实际尺寸画出侧面图   (c)根据实际尺寸定出进深尺寸点   (d)连接各点，完成

图 1-110 用侧面斜轴测作图

(a)作出水平线和铅垂线OZ轴   (b)将平面图任意旋转一个角度   (c)过平面图各角点作铅垂线并标出尺寸点   (d)连接各点，完成

图 1-111 用水平斜轴测直接作图

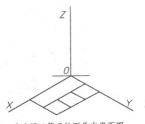
(a)用三等正轴测作出平面图

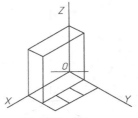
(b)先作出一部分

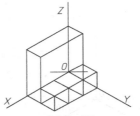
(c)作出第二部分

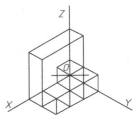
(d)作出剩余部分完成

图 1-112　用分块叠加法作图

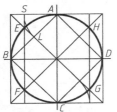
(a)圆及其外接正方形、
投影参照点

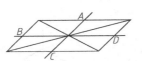
(b)作出圆外接正方形
及对角线、中线的
轴测投影

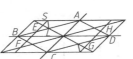
(c)作出E、F、G、H四点

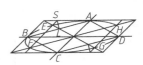
(d)用圆滑曲线连接 A、E、B、
F、C、G、D、H 八点就可
得圆的投影

图 1-113　圆外切正方形的轴测投影为平行四边形

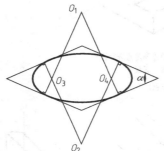
(a)当α<60°时

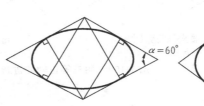
(b)当α=60°时

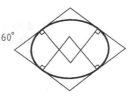
(c)当α>60°时

图 1-114　圆外切正方形的轴测投影为菱形

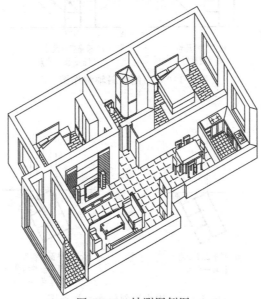
图 1-115　轴测图例图

1.7

透视图

1.7.1　透视图基本画法

利用透视投影进行制图称透视制图；用透视制图做出的图形便称透视图。透视图具有立体感强、真实感强的特点，依据透视图还可以绘制更加逼真的效果图，也称表现图，它能使观者如睹实物，即使不是专业制图人们一样也能看懂。因而在众多的竞标审批中，透视效果图是必不可少的一部分图纸。当年丹麦的环境艺术设计师伍重就是凭一张小小的效果图赢得了举世闻名的悉尼歌剧院的设计竞标。由此可知，透视制图在环境艺术设计制图中也占有重要的地位，也是极为重要的组成部分之一。

1.7.1.1　透视图的形成

透视图属于中心投影，它的形成可看成以人眼为投影中心，假设人眼与物体中间有一层透明的平面，该面称为投影面，然后通过这个透明的投影面来观察物体，把观察到物体的视觉印象描绘在该平面上，得到的图形便是透视图，如图 1-116 所示。

1.7.1.2　基本概念 （如图 1-117 所示）

（1）视点：EP（eye point）人眼的观测点。
（2）站点：SP（standing point）人在地面上的观测位置。
（3）视高：EH（eye high）眼睛距离地面的高度。
（4）基面：GP（ground plane）地面。

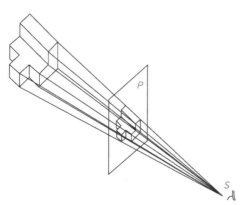

图 1-116　透视图的形成

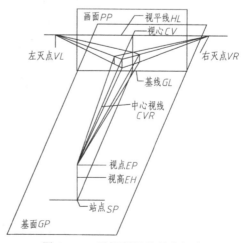

图 1-117　透视制图的基本概念

（5）画面：PP（picture plane）假想位于视线前方的作图面，画面垂直于基面。

（6）基线：GL（ground line）基面和画面的交界线。

（7）视平线：HL（horizon line）画面上与视点同一高度的一条线，也就是说此线高度等于视高。

（8）视心：CV（center of vision）过视点向画面分垂线，交视平线上的一点。

（9）中心视线：CVR（center visual ray）过视点向视心的射线。

（10）灭点：VP（vanishing point）透视线的消失点，其位置在视平线上，一点透视的消失点称 VP，二点透视的消失点称 VL（左灭点）、VR（右灭点）、三点透视则增加一个位于视平线外的灭点。

1.7.1.3　透视的分类

（1）一点透视：当物体三组棱线中的延长线有两组与画面平行，只有一组与画面相交时，其透视线便只有一个交点，所形成的透视便只有一个灭点称一点透视。由于形体的一个表面与画面平等，故也称平行透视。多用于画街道、室内等的透视，如图 1-118 所示。

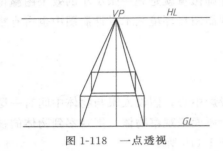

图 1-118　一点透视

图 1-119　两点透视

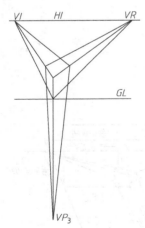

图 1-120　三点透视

（2）两点透视：当物体三组棱线的延长线中有两组与画面相交时，其透视线便有两个灭点，因此称二点透视。二点透视的形成主要是因为物体的主面与画面有一个角度，因而也称为成角透视，如图 1-119 所示。

（3）多点透视：当物体的三组棱线的延长线都与画面相交时，其透视线便有三个灭点，因此称三点透视。三点透视主要是因为画面倾斜基面，因而也称倾斜透视。当物体有多个斜面便能造成物体的多个棱线与画面有多个交点，便称为多点透视，如图 1-120 所示。

1.7.2　室内一点透视

（1）室内一点透视的画法原理　一点透视多用在室内画图和街道两旁的树木、建筑物等的画图，特别是在室内画图中，其用途非常广泛。下面以室内一点透视为例，研究一点透视的画法原理，如图 1-121 所示。步骤如下。

1）根据实际尺寸，按比例画出视平面 ABCD，并延长 AB 作为基线 GL，同时在 GL 上标出尺寸点。

2）根据比例定出视高点 EH，并过 EH 点做基线 AB 的平行线，则此线为视平线 HL。

3）在视平线上，视平面内定出灭点 VP，然后过 VP 点分别连接点 A、B、C、D，便

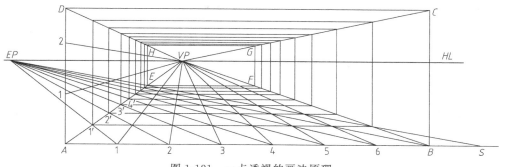

图 1-121　一点透视的画法原理

得到四个墙角线的透视线。

4）在视平线上，视平面外任意定一视点 EP。

5）按比例在基线上量出房间里的进深 S，然后连接 EP 点和进深点 S，交 AVP 于一点 E，过 E 点分别做高线 AD、基线 AB 的平行线，分别交线 BVP、DVP 于点 H、F，过 H 点做顶线 DC 的平行线，过点 F 做高线 BC 的平行线，两平行线交 CVP 于一点 G，则 $EFGH$ 为房间最远的进深平面。

6）从 A 点开始依次量取房间 1m 进深点、2m 进深点、3m 进深点、4m 进深点……，然后过视点 EP 分别连接 1、2、3、4……交 AVP 于点 $1'$、$2'$、$3'$、$4'$……再过点 $1'$、$2'$、$3'$、$4'$……分别做高线和基线的平行线，得到与 BVP、DVP 的交点，再过这些交点作高线和基线的平行线，便可得到房间中 1m、2m、3m、4m……的进深面。

7）过灭点 VP 连接 1m、2m、3m、4m……点，便可得房间中的 1m、2m、3m、4m……的宽度透视线。

8）从 A 点开始，在高线 AD 上分别截取房间高度的 1m 点、2m 点、3m 点……过这些点连接灭点 VP，便可得到房间的 1m、2m、3m……点的房高透视线。

（2）室内一点透视的画法示例　已知：一个房间的高为 2.8m，宽为 6m，进深为 7m，视高为 1.5m，在室内距右墙 1m，进深为 2m 的位置放一茶几，茶几的高为 0.45m，宽为 0.75m，长为 1.5m，求作此茶几的透视图。

作法步骤如图 1-122 所示。

1）根据比例画出房间的视平面 $ABCD$，并延长 AB，截取刻度点。作出视高线 HL。

2）在视高线上，视平面内任定一点为灭点 VP，过点 VP 分别连接 A、B、C、D 四点，得出四墙角透视线。

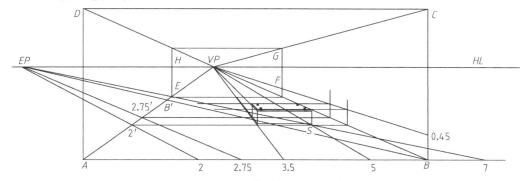

图 1-122　一点透视的画法示例

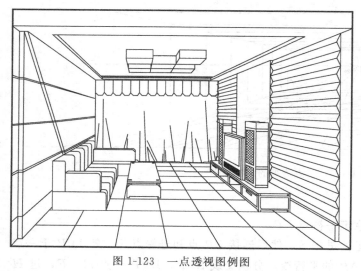

图 1-123　一点透视图例图

3）在视平面外，视高线上任定一点 EP 为视点，根据进深 7m 做出房间的最远进深面 EFGH。

4）作出距右墙 1m 的宽度线、2m 的进深线，两线交于点 S，则 S 点为茶几在地面上的一角。

5）作出茶几的宽度线、进深线、高度线，通过与灭点 VP 的连接，便得出茶几的大致轮廓线。

6）对茶几进行细部刻画，完成茶几的作图。

（3）一点透视图例图　如图 1-123 所示。

1.7.3　室内两点透视

1.7.3.1　两点透视的作图原理

两点透视是在透视制图中用途最普遍的一种作图方法，它常用在室内、室外、单体家具、展示、展览厅等场所的效果图绘制中，其透视成图效果真实感强。

方法步骤如图 1-124 所示。

1）根据实际尺寸，按比例做出房间一角的高度 AB，过点 A、B 分别作 AB 的垂直线。其中过点 A 的垂直线为基线 GL，并在基线上标出比例尺寸数字，点 A 右边为正、左边为负。

2）按比例作出视高点，并过视高点作 AB 的垂直线为视平线 HL。

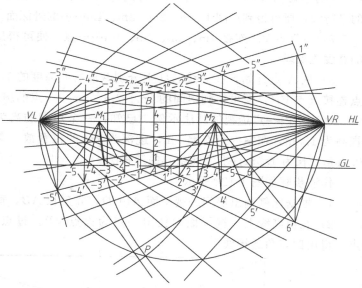

图 1-124　两点透视画法原理

3）在 AB 的两边、HL 上任取两点 VL、VR 作为左、右灭点，过点 VL 分别连接点 A、B 并延长，再过点 VR 分别连接点 A、B 并延长，即可得到过点 A、B 的房间四边角线的透视线。

4）以左、右两灭点的距离为直径画圆弧并在圆弧上任取一点 P，再分别以 VL、VR 为圆心、VLP、VRP 为半径作弧，交视平线 HL 于点 M₁、M₂，则 M₁、M₂ 为测点。

5）过点 M₁ 分别连接基线上的尺寸数字点 —1、—2、—3、—4……并延长交 VRA 的延长

54

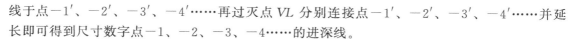

线于点 $-1'$、$-2'$、$-3'$、$-4'$……再过灭点 VL 分别连接点 $-1'$、$-2'$、$-3'$、$-4'$……并延长即可得到尺寸数字点 -1、-2、-3、-4……的进深线。

6）同理也可做出右边尺寸数字 1、2、3、4、……的进深线。

7）过点 $-1'$、$-2'$、$-3'$、$-4'$……与 $1'$、$2'$、$3'$、$4'$……分别作 AB 的平行线，交 VRB 的延长线于点 $-1''$、$-2''$、$-3''$、$-4''$……VLB 的延长线于点 $1''$、$2''$、$3''$、$4''$……然后再过点 VL 分别于点 $-1''$、$-2''$、$-3''$、$-4''$……连接并延长、过点 VR 分别于 $1''$、$2''$、$3''$、$4''$……连接并延长即可得房间天花顶的进深线。

8）在房间高度 AB 上标出尺寸，再过灭点 VL、VR 分别与高度尺寸相连接并延长，可得房间高度透视线。

1. 7. 3. 2 两点透视的画法举例

假设在高为 2.8m、视高为 1.6m、距墙角 0.5m 的房间右侧有一组吊厨和地柜，吊厨高为 0.5m、宽为 0.3m、长为 2m，地柜高为 0.8m、宽为 0.5m、长为 2m，求作此组吊厨和地柜。

方法步骤如图 1-125 所示。

1）按比例做出房间高为 2.8m 的墙角线 AB，并过点 A、B 分别作 AB 的垂直线，过点 A 的垂直线为基线 GL，并在基线 GL 上标出左、右尺寸点。

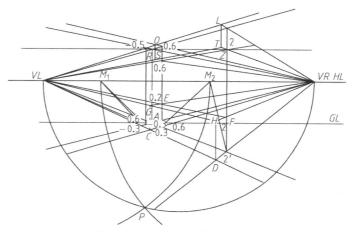

图 1-125　两点透视的画法举例

2）按比例量取视高点，并过视高点作 AB 的垂直线 HL，HL 为视平线。在 HL 上，AB 的两侧各任取一点 VL、VR 作为左、右灭点，过点 VL 分别连接点 A、B 并延长，再过点 VR 分别连接点 A、B 并延长。

3）以两灭点的距离为直径作圆弧，在圆弧上任取一点 P，再以 VL 为圆心、VLP 为半径作弧交 HL 于点 M_2；以 VR 为圆心、VRP 为半径作弧交 HL 于点 M_1。

4）在 GL 上，AB 的右侧，按比例做出 0.5m 的尺寸点、距 0.5m 点外 2m 的尺寸点。过 M_2 分别连接点 0.5、2 并延长交 VLA 的延长线于点 $0.5'$、$2'$，然后再过灭点 VR 分别连接点 $0.5'$、$2'$ 并延长，得点 0.5、2 的地面进深线。

5）在 GL 上，AB 的左侧按比例分别做出吊厨宽 $-0.3m$、地柜宽 $-0.5m$ 的尺寸点，过点 M_1 分别连接 -0.3、-0.5 尺寸点并延长交 VRA 的延长线于 $-0.3'$、$-0.5'$，连接点 VL、$-0.5'$，并延长分别交 VR$0.5'$ 的延长线于一点 C，VR$2'$ 的延长线于一点 D，则四边形 CD$0.5'2'$ 为地柜的底面。

6）过点 C、D、$2'$、$0.5'$ 分别做 AB 的平行线，其中过点 $2'$ 的平行线交 VLB 的延长线于 $2''$，过点 $0.5'$ 的平行线交 VLB 的延长线于 $0.5''$，过灭点 VR 分别连接 $0.5''$、$2''$，并延长。

7）在 AB 上，从 A 点起做出地柜高度点 0.8m，连接 VL、0.8 并延长，交线 $0.5'$ $0.5''$ 于一点 E，线 $2'2''$ 于一点 F，再过点 VR 分别连接 E、F 点并延长，交过 C 点平行 AB 的线于一点 G，过 D 点平行 AB 的线于一点 H，则立方体 CF 即为所求地柜的基本外形轮廓线。

8) 过点－0.3′做 AB 的平行线交 VRB 的延长线于点－0.3″，连接点 VL、－0.3″并延长分别交 VR0.5″的延长线于点 Q、L，则四边形 0.5″2″LQ 为吊橱的顶面。

9) 过点 Q、L 分别做 AB 的平行线。

10) 在 AB 上，从 B 点起做出吊橱高度点 0.5m，连接灭点 VL 和吊厨的高点 0.5 并延长分别交线 0.5′0.5″于一点 W，线 2′2″于一点 Z。

11) 过点 VR 分别连接点 W、Z 并延长，交过点 Q 平行于 AB 的线于一点 S，过点 L 平行 AB 的线于一点 T，则立方体 WL 为吊橱的基本外形轮廓线。

12) 细部刻画后完成作图。

1.7.3.3　两点透视图例图（如图 1-126 所示）

图 1-126　两点透视图例图

1.7.4　室内多点透视

多点透视一般多用在建筑外观及外环境的效果图创作中，也是必须掌握的一种透视制图方法，下面以三点透视为例介绍多点透视。

1.7.4.1　三点透视的画法原理

方法步骤如图 1-127 所示。

1) 根据实际比例画出视高线 HL 和基线 GL，并在基线上任定一点 S，做为建筑物的一角点，然后在上方任定一灭点 VP_3，VP_3 不要太偏，并连接点 S、VP_3。在线 SVP_3 上标出高度刻度。

2) 视高线 HL 上，SVP_3 的两边各任定一点 VL、VR 作为左、右灭点，再以两灭点间的距离为直径画半圆，然后在半圆上任取一点 P，分别以 VL、VR 为圆心，VLP、VRP 为半径做圆弧交视高线于两点 M_1、M_2。

3) 在基线 GL 上，点 S 的两边分别标上进深刻度，左为正、右为负，连接 SVL、SVR，再过 M_1 分别连接－1、－2、－3、－4、－5 交线 SVL 于点－1′、－2′、－3′、－4′、－5′，过 M_2 分别连接点 1、2、3、4、5，交 SVR 于点 1′、2′、3′、4′、5′。

4) 过点 VL 分别连接 1′、2′、3′、4′、5′，过点 VR 分别连接－1′、－2′、－3′、－4′、－5′，即可得到 1、2、3、4、5 和－1、－2、－3、－4、－5 的进深透视线，过线 SVP_3 上的高度刻度分别与 VL、VR 相连，即可得高度透视线。

1.7.4.2　三点透视的画法举例

已知有一建筑物，高 2m、宽 6m、长 10m、视高为 1.8m，每层高为 3m、1m 顶。求做此建筑物。

方法步骤如图 1-128 所示。

1) 根据实际尺寸按比例做出基线 GL，视高线 HL，在 GL 上任定一点 S，连接 SVL、

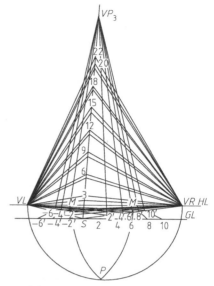

图 1-127　三点透视的画法原理　　　图 1-128　三点透视的画法举例

SVR，并以线段 $VLVR$ 为直径画半圆弧，在其上面选一点 P，分别以 VL、VR 为圆心，以 VLP、VRP 为半径做弧交 HL 于点 M_1、M_2。

2）在空中任选一点 VP_3，连接 SVP_3。

3）根据比例在 GL 上，S 的两边分别做出刻度点，在 SVP_3 上做出高度刻度点。

4）点 M_1、M_2 分别与进深刻度点相连接，则分别与 SVL、SVR 有交点，过这些交点再分别与 VR、VL 相连接，即得进深透视线。

5）过 SVP_3 上的高度刻度点分别与 VL、VR 相连则得高度透视线。

6）进一步刻画，即可得所求作的建筑物。

 思考与练习

1. 何为图幅？图幅有几种？其尺寸有多大？

2. 标题栏在图纸什么位置？其线宽有何规定？

3. 何谓比例？1∶50 表示什么含义？

4. 常用线型有哪几种？每种线型的线宽是多少？

5. 图样上的尺寸由哪几部分组成？其画法有何要求？

6. 在直径为 80mm 的圆内画出内接正五角星。

7. 用四心法画出长轴为 100mm，短轴为 70mm 的椭圆。

8. 何谓投影？何谓投影法？投影法有几种？

9. 在正投影法中，点、直线、平面有哪些投影特性？

10. 何谓三投影面体系？三视图是怎么形成的？

11. 何谓"三等"关系？

12. 点的三面投影有何规律？

13. 何谓投影面的平行线？投影面平行线有何投影特性？

14. 何谓投影面的垂直线？投影面垂直线有何投影特性？

15. 何谓投影面的平行面？投影面平行面有何投影特性？

16. 何谓投影面的垂直面？投影面垂直面有何投影特性？

17. 如何判断两点的相对位置？

18. 何谓平面体？棱柱、棱锥有何投影特性？

19. 何谓曲面体？圆柱、圆锥、圆环及球的三视图有哪些特性？

20. 何谓组合体？组合体有哪几种组合形式？

21. 基本视图是怎样形成的？斜视图是怎样形成的？镜像视图是怎样形成的？

22. 何谓剖视图？常见的剖视图有哪几种？

23. 何谓断面图？断面图和剖视图有何区别？

24. 找出与轴测图相对应的三视图，在每题的括号内填写轴测图的序号。

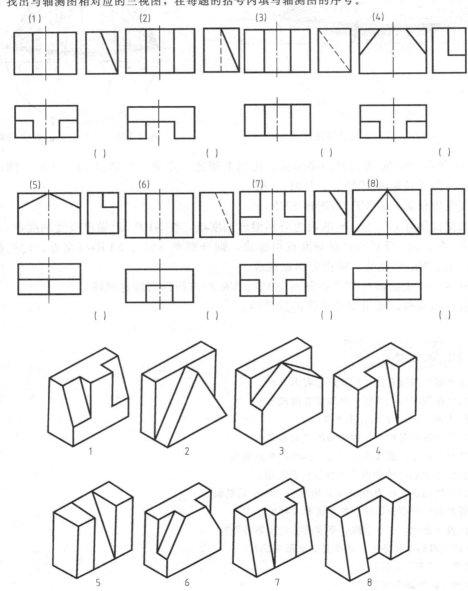

25. 画出下面型体的三视图。

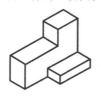  

26. 根据两视图，参照轴测图补画第三视图。

27. 根据轴测图补全视图中的漏线。

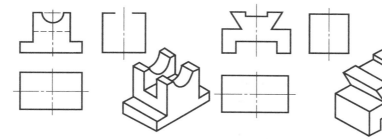

28. 下图中右图所示尺寸标注有错误，请在左图上正确标注尺寸。

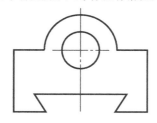 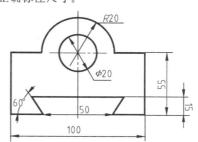

29. 参照图例用给定的尺寸作圆弧连接。

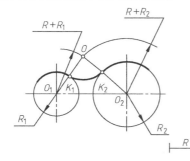 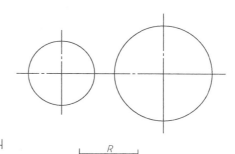

30. 选取以适当比例在 A4 图纸上画出下图。

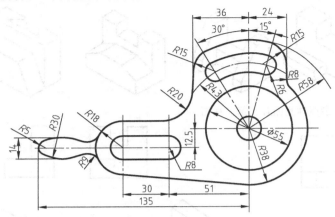

31. 作下图中所示的 1—1 剖面图。

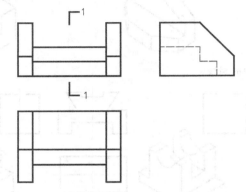

32. 作图中 1—1、2—2 剖面图。

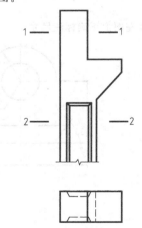

2

AutoCAD 2014 基础

学 习 目 标

知识目标

1. 熟悉 AutoCAD 操作界面，学会使用图层管理、精确定位以及对象捕捉、追踪等辅助绘图工具；

2. 熟练掌握控制图形显示的命令，二维图形绘制命令和二维图形的编辑命令；

3. 了解文本的创建、设置样式、尺寸标注的创建、设置和修改，标注单行、多行文本、编辑文本标注等工具；

4. 了解一些快速的制图工具，包括图块及其属性、设计中心、工具选项板等。

技能目标

1. 熟练掌握 AutoCAD 的一些常用功能，图层的基本使用方法如利用对话框设置图层、利用工具栏设置图层；

2. 准确掌握 CAD 提供的精确定位工具，操作控制绘图环境，二维绘图编辑的基本功能；

3. 掌握二维绘图与编辑命令的基本功能，熟悉工具栏操作，绘制点、直线、曲线、多段线等；

4. 掌握使用文本的注释和编辑功能，熟练运用图块、工具选项板等绘图工具。

本章重点

AutoCAD 的图形文件的新建、打开已有文件等，设置绘图环境、操作界面、配置绘图系统、基本输入操作的简单使用，图层的各项特性进行设置。控制绘图环境、模型视区与布局视区的功能使用，绘制点、线、多段线应用以及二维图形初级编辑功能。文本样式的编辑；尺寸标注的编辑在 CAD 制图中的应用，图块及其属性以及工具选项板的应用。

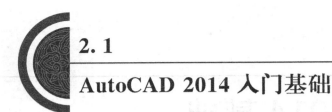

2. 1

AutoCAD 2014 入门基础

2. 1. 1 AutoCAD 2014 工作界面

AutoCAD 2014 的工作界面是 AutoCAD 显示、编辑图形的区域，主要包含标题栏、菜单栏、工具栏、快速访问工具栏、交互信息工具栏、绘图区、十字光标、坐标系图标、命令行、状态栏、滚动条、布局标签组成，经典工作界面如图 2-1 所示。

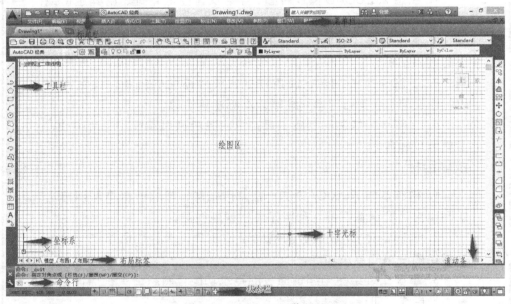

图 2-1　AutoCAD 工作界面

【提示】　AutoCAD2014 定义了以下四个基于任务的工作空间，即草图与注释、三维基础、三维建模和 AutoCAD 经典。本书讲解的所有操作均在 "AutoCAD 经典" 模式下进行。

2. 1. 1. 1 标题栏

工作界面最上端的横条部分是标题栏。标题栏由工作空间栏、快速访问工具栏、文档标题、搜索栏、在线服务、帮助、窗口控制等功能组成。

2. 1. 1. 2 菜单栏

在 AutoCAD 标题栏的下方是菜单栏。菜单栏由 "文件"、"编辑"、"视图"、"插入"、

"格式"、"工具"、"绘图"、"标注"、"修改"、"参数"、"窗口"、"帮助"12个主菜单组成。

【提示】

◆ 命令带有小三角的菜单命令都含有子菜单，例如，点击"绘图"→"点"命令，系统就会进一步显示出"点"子菜单中所包含的命令：单点、多点、定数等分、定距等分四个命令，根据需要选择操作命令。

◆ 命令后面带有省略号的为可打开对话框的菜单命令。例如，点击"格式"→"颜色"命令，系统就会打开"选择颜色"。

◆ 命令后面既不带小三角形，也不带省略号的为直接执行操作的菜单命令，这种命令将直接进行相应的绘图或其他操作。

◆ 个别命令显示灰色为不可用命令，未开发命令。

2.1.1.3 工具栏

工具栏可以快速地进行 AutoCAD 中的各种命令。工具栏上的每一个图标都代表一个命令按钮，单击相应的按钮，即可执行 AutoCAD 命令。

在 AutoCAD 经典模式的默认情况下，系统会打开"标准"、"样式"、"特性"、"图层"、"绘图"、"修改"等几个常用的工具栏，如图 2-2 所示。

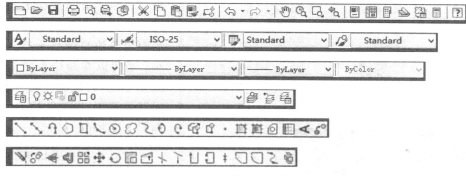

图 2-2　常用工具栏

在任意工具栏上点击右键，都会弹出工具栏快捷菜单，在快捷菜单中可以选择打开或关闭工具栏。在快捷菜单中，已打开的工具栏前面会显示一个√符号。工具栏也可以拖动到工作界面任意一个位置。

2.1.1.4 快速访问工具栏和交互信息工具栏

快速访问工具栏包括"新建"、"打开"、"保存"、"另存为"、"打印"、"放弃"、"重做"、"工作界面"8个常用工具按钮。

交互信息工具栏包括"搜索"、"在线服务"、"帮助"、"窗口控制"等。

2.1.1.5 绘图区

在该区域中可以绘制与编辑图形及文字。绘图区是绘图的工作区域，所有的绘图结果都反映在这个窗口中。用户可以通过关闭多余的工具栏以增大绘图空间。

【提示】 修改绘图区的颜色。选择菜单栏中的"工具"→"选项"命令，打开"选项"对话框，单击"显示"选项卡，再单击"窗口元素"选项组中的"颜色"按钮，根据自己的需要对其进行设置，如图2-3、图2-4所示。

2.1.1.6 十字光标

在绘图区有一个十字线，该十字线称为光标，其交点坐标反映了光标在当前坐标系中的位置。十字线的方向与当前用户坐标系的X、Y轴方向平行。

【提示】

◆ 十字光标是用来确定绘图时所要指定的坐标点，以及选择要进行操作的图形对象，其默认大小为5%。

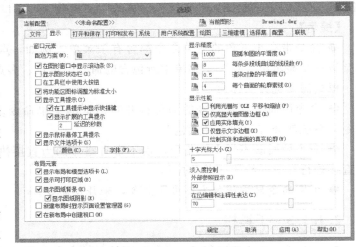

图2-3 "选项"对话框

◆ 用户可根据绘图习惯自行设定大小。单击菜单栏中的"工具"→"选项"命令，打开"选项"对话框，单击"显示"选项卡，在"十字光标大小"文本框中直接输入数值或拖动文本框后面的滑块来调整十字光标的大小。也可以在命令行空白处单击鼠标右键→"选项"打开对话框，根据需要对十字光标进行设置，如图2-5所示。

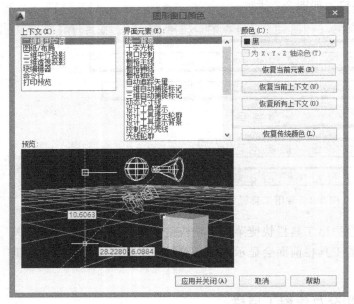

图2-4 "图形窗口颜色"对话框

2.1.1.7 坐标系图标

坐标系图标的作用是为点的坐标确定一个参照系，根据工作需要，用户可以选择将其关闭。其方法是选择菜单栏中的"视图"→"显示"→"UCS图标"→"开"命令。

2.1.1.8 命令行

命令行位于绘图窗口的下方，主要由历史命令部分与命令行组成，用户输入所需命令后，按下空格/回车键，即可执行相应的命令操作。

【提示】

◆ 移动拆分条，可以扩大和缩小命令行窗口。

◆ 命令行同样具有可移动的特性，可以拖动命令行窗口，布置在绘图区的其他位置。

◆ 可以按【F2】功能键打开AutoCAD文本窗口，快速查看所有命令记录。该窗口是完全独立于AutoCAD程序的，用户可以对其进行最大化、最小化、关闭及复制、粘贴等操作。

2.1.1.9　状态栏

状态栏位于工作界面的最下方，用于显示当前 AutoCAD 的工作状态，有"坐标"、"推断约束"、"捕捉模式"、"栅格显示"、"正交模式"、"捕捉追踪"、"对象捕捉"、"三维对象捕捉"、"对象捕捉追踪"、"允许/禁止动态"、"动态输入"、"显示/隐藏线宽"、"显示/隐藏透明度"、"快捷特性"和"选择循环"15 个功能开关按钮。

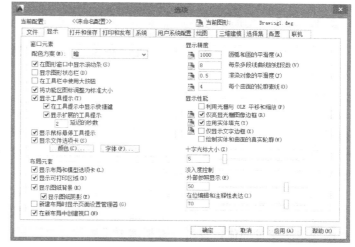

图 2-5　"显示"选项卡

单击这些开关按钮，可以实现这些功能的开和关。

2.1.1.10　状态托盘

包括一些常见的显示工具和注释工具按钮，包括"模型或图纸空间"、"快速查看布局"、"快速查看图形"、"注释比例"、"注释可见性"、"自动添加注释"、"切换工作空间"、"锁定"、"硬件加速"、"隔离对象"、"全屏显示"。

【提示】

◆ 模型或图纸空间：在模型空间与图纸空间之间进行转换。

◆ 快速查看布局：快速查看当前图形在布局空间中的布局。

◆ 快速查看图形：快速查看当前图形在模型空间中的位置。

◆ 注释比例：单击注释比例右侧的三角按钮，弹出注释比例列表，可以根据需要选择适当的注释比例。

◆ 注释可见性：当图标亮显时，表示显示所有比例的注释性对象；当图标变暗时，表示仅显示当前比例的注释性对象。

◆ 自动添加注释：更改注释比例时，自动将比例添加到注释对象。

◆ 切换工作空间：进行工作空间转换。

◆ 锁定：控制是否锁定工具栏或绘图区在操作界面中的位置。

◆ 硬件加速：设定图形卡的驱动程序以及设置硬件加速的选项。

◆ 隔离对象：当选择隔离对象时，在当前视图中显示选定对象，所有其他对象都暂时隐藏；当选择隐藏对象时，在当前视图中暂时隐藏选定对象，所有其他对象都可见。

◆ 全屏显示：该选项使 AutoCAD 的绘图窗口全屏显示，可以清除 Windows 窗口中的标题栏、工具栏和选项板等界面元素。

2.1.1.11　滚动条

点击绘图区的右侧和下方的滚动条可以浏览图形的水平和竖直方向。通过拖动滚动条中的滚动块，可以在绘图区按水平或竖直两个方向浏览图形。

2.1.1.12 布局标签

AutoCAD 2014 系统默认设定一个"模型"空间布局标签和"布局1"、"布局2"两个图纸空间布局标签。

【提示】

◆ 模型：AutoCAD 的空间分模型空间和图纸空间两种。模型空间通常是绘图的环境，而在图纸空间中，用户可以创建叫做"浮动视口"的区域，以不同视图显示所绘图形。用户可以在图纸空间中调整浮动视口并决定所包含视图的缩放比例。如果选择图纸空间，则可打印多个视图，用户可以打印任意布局的视图。

◆ 布局：布局是系统为绘图设置的一种环境，包括图样大小、尺寸单位、角度设定、数值精确度等，在系统预设的三个标签中，这些环境变量都按默认设置。用户可以根据实际需要改变这些变量的值，也可以根据需要设置符合自己要求的新标签。

2.1.2 AutoCAD 2014 文件的创建与管理

2.1.2.1 新建图形文件

选择菜单栏中"文件"→"新建"命令，弹出"选择样板"对话框，若要创建默认样板的图形文件，单击"打开"按钮即可。也可以在样板列表框中选择其他样板图形文件，在该对话框右侧的"预览"栏中可预览到所选样板的样式，选择合适的样板后单击"打开"按钮，即可创建新图形。

【提示】

◆ 单击菜单浏览器按钮"▲"，在弹出的菜单中选择"新建"命令，打开"选择样板"对话框，创建新图形。

◆ 单击"标准"工具栏中的新建按钮"▢"，打开"选择样板"对话框，创建新图形。

◆ 单击"快速访问"工具栏中新建按钮"▢"，打开"选择样板"对话框，创建新图形。

◆ 在命令工具栏输入新建命令 NEW，打开"选择样板"对话框，创建新图形。

如图 2-6 所示。

2.1.2.2 打开图形文件

选择菜单栏中"文件"→"打开"命令，弹出"选择文件"对话框，单击"打开"按钮，如图 2-7 所示。

【提示】

◆ 单击"标准"工具栏中的打开按钮"▷"，弹出"选择文

图 2-6 "选择样板"对话框

件"对话框，单击"打开"按钮即可。

◆ 单击"快速访问"工具栏中的打开按钮""，弹出"选择文件"对话框，单击"打开"按钮即可。

◆ 命令行输入打开命令OPEN，弹出"选择文件"对话框，单击"打开"按钮即可。

2.1.2.3 保存图形文件

选择菜单栏中的"文件"→"保存"命令，若文件已命名，则

图 2-7 "选择文件"对话框

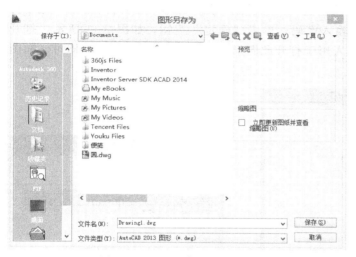

图 2-8 "图形另存为"对话框

按钮"💾"。

◆ 单击"快速访问"工具栏中的保存按钮"💾"。

◆ 在命令行输入保存命令QSAVE（或SAVE）。

◆ 为了防止因意外操作或计算机系统故障导致正在绘制的图形文件丢失，可以对当前图形文件设置自动保存。单击标题栏中的"工具"→"选项"对话框中的"打开和保存"选项卡，勾选自动保存并自行设定时间，单击"确定"按钮即可完成自动保存设置，如图 2-9 所示。

系统自动保存文件；若文件未命名（即为默认名 Drawing1.dwg），则系统打开"图形另存为"对话框，如图 2-8 所示，用户可以重新命名保存。在"保存于"下拉列表框中指定保存文件的路径，在"文件类型"下拉列表框中指定保存文件的类型。

【提示】

◆ 单击菜单浏览器按钮"🔺"，在弹出的菜单中选择"保存"命令。

◆ 单击标准工具栏中的保存

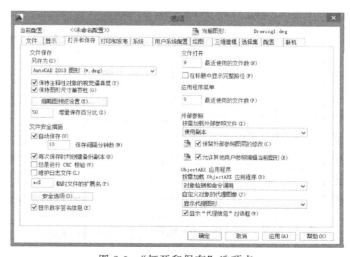

图 2-9 "打开和保存"选项卡

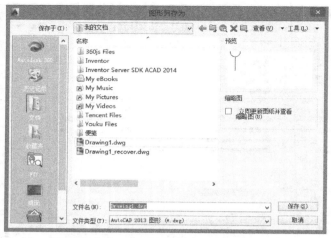

图 2-10 "图形另存为"对话框

2.1.2.4 另存为图形文件

选择菜单栏中的"文件"→"另存为"命令，打开"图形另存为"对话框，选择保存路径和文件类型，单击确定即可。

2.1.2.5 加密图形文件

选择菜单栏中的"文件"，在弹出的菜单中选择"保存"或"另存为"命令，打开"图形另存为"对话框，如图 2-10 所示。在该对话框中单击"工具"按钮，在弹出的菜单中选择"安全选项"命令，打开"安全选项"对话框，在"密码"选项卡中，在"用于打开此图形的密码或短语"文本框中输入密码，单击"确定"按钮，如图 2-11 所示，打开"确认密码"对话框，并在"再次输入用于打开此图形的密码"，单击"确定"即可，如图 2-12 所示。

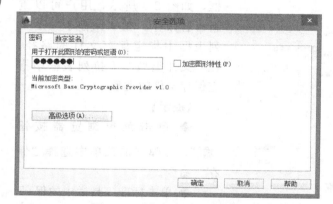

图 2-11 "安全选项"对话框

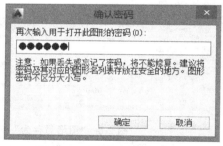

图 2-12 "确认密码"对话框

2.1.2.6 输入与输出图形文件

选择菜单栏中的"文件"→"输入"/"输出"命令，即可打开"输入文件"/"输出数据"对话框，在"文件类型"下拉列表框中选择输入/输出文件类型，在"文件名"文本框中输入文件名称，单击"保存"按钮，即可输入/输出图形文件，如图 2-13、图 2-14 所示。

2.1.2.7 关闭图形文件

图形保存完毕后，选择菜单栏中的

图 2-13 "输入文件"对话框

"文件"→"关闭"命令，即可关闭当前图形。若没有进行保存，在单击"关闭"按钮后，会弹出系统提示对话框，此时可根据情况单击"是"或"否"按钮。

【提示】

◆ 单击"菜单浏览器"按钮 "▲"，在弹出的菜单中选择"关闭"命令，即可关闭当前图形文件。

◆ 在绘图窗口中单击关闭按钮 "✕"，即可关闭当前图形文件。

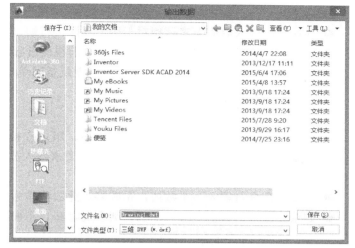

图 2-14　"输出数据"对话框

2.1.3　控制图形的显示

2.1.3.1　窗口缩放 "🔍"

在"菜单栏"中选择"视图"/"缩放"/"窗口"命令，或者单击工具栏 "🔍"，在需要缩放显示的区域内拉出一个矩形框，将位于框内的图形放大显示在视窗内。

【提示】 当选择框与绘图区比例不同时，AutoCAD 将使用选择框宽与高中相对当前视图放大倍数的较小者，以确保所选区域都能显示在视图中。

2.1.3.2　动态缩放 "🔍"

所谓"动态缩放"，指的就是动态地浏览和缩放视窗，此功能常用于观察和缩放比例比较大的图形。进入动态缩放状态，屏幕将临时切换到虚拟显示屏状态。

【提示】

◆ 蓝色虚线方框：为图形范围或图形界限，该框显示图形界限和图形范围中较大的一个。

◆ 绿色虚线方框：为当前视图框，表示该框中的区域就是在使用这一选项之前的视图区域。

◆ 实线矩形框：为选择视图框，光标变成了一个矩形取景框，取景框的中央有一个十字叉形的焦点，首先拖动取景框到所需位置并单击，调整取景框大小，然后按【Enter】键进行缩放。调整结束后按【Enter】键确定，取景框范围以内的所有实体将迅速放大到整个视图状态。

2.1.3.3　比例缩放 "🔍"

所谓比例缩放，指的是按照输入的比例参数进行调整视图，视图被比例调整后中心点保持不变。

【提示】

◆ 在命令行输入数值，表示相对于图形界限进行缩放的倍数。

◆ 在输入的数值后面加 X，表示相对于当前视图进行缩放的倍数。

◆ 在输入的数值后面加 XP，表示相对于图纸空间单位进行缩放。

2.1.3.4　中心缩放 " 🔍 "

单击工具按钮 " 🔍 "，进入中心缩放状态，用户直接用鼠标在屏幕上选择一个点作为新的视图的中心点，确定中心点后，AutoCAD 要求输入放大系数或新视图的高度。

【提示】

◆ 直接在命令行输入一个数值，系统将以此数值作为新视图的高度，进行调整视图。

◆ 如果在输入的数值后加一个 X，则系统将其看作视图的缩放倍数。

2.1.3.5　对象缩放 " 🔍 "

选择的图形最大限度地显示在当前视图。使用此功能可以缩放单个对象，也可以缩放多个对象。

2.1.3.6　放大 " 🔍 " 和缩小 " 🔍 "

放大用于将视窗放大一倍显示，缩小用于将视窗缩小一倍显示。连续单击按钮，可以成倍地放大或缩小视窗。

2.1.3.7　显示全图 " 🔍 "

单击工具栏按钮 " 🔍 "，可以显示整个模型空间界线范围之内的所有图形对象。

2.1.3.8　范围缩放 " 🔍 "

范围缩放，指的是将所有图形全部显示在屏幕上，并最大限度地充满整个屏幕。

2.1.3.9　图形平移 " ✋ "

图形平移是指在不改变图形显示比例的情况下，使当前图形的显示位置发生变化。和缩放不同，平移命令不改变视图的显示比例，只改变显示范围。

2.1.4　AutoCAD 2014 命令的调用

【提示】　在 AutoCAD 中，菜单命令、工具栏按钮、命令和系统变量都是相互的。

◆ 在命令行输入命令和系统变量来执行相应命令。

◆ 单击工具栏某个工具按钮来执行相应命令。

◆ 选择某一菜单栏来执行相应命令。

◆ 如果重复使用上一命令，只需单击空格键或回车键即可。

2.1.4.1　使用鼠标操作

在绘图区，光标显示为 " ✛ " 字线形式。当光标移至菜单选项、工具或对话框内时，光标变成一个箭头。无论光标呈 "十" 字线形式还是箭头形式，当单击鼠标键时，都会执行相应的命令或动作。

（1）拾取键　通常指鼠标的左键，用户指定屏幕上的点，也可以用来选择 Windows 对象、AutoCAD 对象、工具按钮和菜单命令等。

（2）回车键　指鼠标右键，相当于【Enter】键，用于结束当前使用命令，此时系统将根据当前绘图状态弹出不同的快捷菜单。

（3）弹出菜单　当使用【Shift】键和鼠标右键的组合时，系统将弹出一个快捷菜单，用于设置捕捉对象。

2.1.4.2　使用键盘输入

在 AutoCAD 2014 中，大部分的绘图、编辑功能都需要通过键盘输入来完成。通过键盘可以输入命令、系统变量。此外，键盘还是输入文本对象、数值参数、点的坐标或进行参数选择的唯一方法。

2.1.4.3　使用命令行

默认情况下 "命令" 是一个固定的窗口，可以在当前命令行提示下输入命令和对象参数等内容。"命令行" 可以显示执行完的两条命令提示，而对于一些输出命令，需要在 "命令行" 或 "AutoCAD 文本窗口" 中显示。

在 "命令行" 窗口中单击鼠标右键，将显示一个快捷菜单。通过快捷菜单可以选择最近使用过的 6 个命令、复制选定的文字或全部命令历史、粘贴文字以及打开 "选项" 对话框。

2.1.4.4　使用菜单栏

菜单栏几乎包含了 AutoCAD 中全部的功能和命令，使用菜单栏执行命令，只需单击菜单栏中的主菜单，在弹出的子菜单中选择要执行的命令即可。

2.1.4.5　使用工具栏

大多数命令都可以在相应的工具栏中找到与其对应的图标按钮，用鼠标单击该按钮即可快速执行 AutoCAD 命令。例如要执行绘制矩形命令，单击【绘图】工具栏中的【矩形】按钮 "□"，再根据命令提示进行操作即可。

2.1.5　精确绘制图形

在绘图过程中，为了精确地绘制图形，可以通过精确绘图工具来绘制图形，例如指定点的坐标，或者利用系统提供的捕捉、对象捕捉、自动追踪等功能，运用这些功能可以快速、准确、高精度绘制图形，大大提高绘图的精确度。

2.1.5.1　使用坐标系

◆ 世界坐标系　世界坐标系即 WCS。此坐标系是 AutoCAD 的基本坐标系，它由三个相互垂直并相交的坐标轴 X、Y、Z 组成，X 轴正方向水平向右，Y 轴正方向垂直向上，Z

轴正方向垂直屏幕向外，指向用户，坐标原点在绘图区左下角，在二维图标上标有 W，表明是世界坐标系。

◆ 用户坐标系　用户坐标系即 UCS，UCS 的原点以及 X 轴、Y 轴、Z 轴方向都可以移动及旋转，甚至可以依赖于图形中某个特定的对象。在默认情况下，世界坐标系和用户坐标系是相互重合的，用户也可以在绘图过程中根据需要来定义 UCS。

2.1.5.2　坐标的表示方法

◆ 绝对直角坐标　绝对直角坐标是以原点（0，0）或（0，0，0）为参照点，进行定位所有的点。其表达式为（X，Y）或（X，Y，Z），用户可以使用分数、小数或科学记数等形式表示点的 X 轴、Y 轴、Z 轴坐标值，坐标间用逗号隔开，例如点（8.5，6.8）和（4.0，5.5，8.5）等。

◆ 绝对极坐标　绝对极坐标是以原点为极点，给定的是距离和角度，其中距离和角度用"<"分开，且规定 X 轴正向为 0°，Y 轴正向为 90°，其表达式为（L<a），例如点（4.5<60）、（35<30）等。

◆ 相对直角坐标　相对直角坐标是指相对于某一点的 X 轴和 Y 轴位移，或距离和角度。它的表示方法是在绝对坐标表达方式前加上"@"号，其表达式为（@x，y，z），如（@−13，8）。

◆ 相对极坐标　相对极坐标是通过对于参照点的距离和偏移角度来表示的，其表达式为（@L<a），L 表示距离，a 表示角度，如（@15<30）。

2.1.5.3　栅格捕捉

◆ 栅格　"栅格"功能主要以栅格点或栅格线的方式显示作图区域，给用户提供直观的距离和位置参照。栅格点或线之间的距离可以随意调整，如果用户使用步长捕捉功能绘图时，最好是按照 X、Y 轴方向的捕捉间距设置栅格点间距。

栅格点或栅格线是一些虚拟的参照点，它不是一些真正存在的对象点，它仅显示在图形界限内，指作为绘图的辅助工具出现，不是图形的一部分，也不会被打印输出。

执行"栅格"功能有以下几种方式：

➢ 选择菜单栏中的"工具"→"绘图设置"命令，在打开的"草图设置"对话框中单击"捕捉和栅格"选项卡，然后勾选"启用栅格"复选框。

➢ 单击状态栏上的"▦"按钮（或在此按钮上单击右键，选择右键菜单上的"启用"选项）。

➢ 按【F7】功能键。

➢ 按【Ctrl+G】组合键。

◆ 栅格捕捉　使用栅格捕捉功能，可以在绘图区精确地捕捉到特定的坐标点。在应用栅格捕捉前，也需要按下面的方法进行设置。

选择菜单栏中的"工具"→"绘图设置"命令，在打开的"草图设置"对话框中单击"捕捉和栅格"选项卡，然后勾选"启用捕捉"复选框，然后对"捕捉"选项组中的 X 轴、Y 轴间距进行设置。

【提示】　如果激活了"栅格"功能后，绘图区没有显示出栅格点，这是当前图形界限太大，导致栅格点太密的缘故，需要修改栅格点之间的距离。

2.1.5.4　正交模式

只要激活 AutoCAD 的正交绘图模式，所绘制的线段一定是平行于 X 轴或 Y 轴的。

执行"正交模式"功能有以下几种方式：

➤ 单击状态栏上的"▣"按钮（或在此按钮上单击右键，选择右键菜单上的"启用"选项）。

➤ 按【F8】功能键。

➤ 在命令行输入 Ortho 后按【Enter】键。

2.1.5.5　极轴追踪

所谓"极轴追踪"，指的就是根据当前设置的追踪角度，引出相应的极轴追踪虚线，追踪定位目标点。

执行"极轴追踪"功能有以下几种方式：

➤ 单击状态栏上的"∡"按钮（或在此按钮上单击右键，选择右键菜单上的"启用"选项）。

➤ 按【F10】功能键。

➤ 选择菜单栏中的"工具"→"绘图设置"命令，在打开的"草图设置"对话框中单击"极轴追踪"选项卡，然后勾选"启用极轴追踪"复选框。

【提示】　在"极轴角设置"组合框中的"增量角"下拉列表框内，系统提供了多种增量角，如 90°、45°、30°、22.5°、18°、15°、10°、5°等，用户可以从中选择一个角度值作为增量角。AutoCAD 不但可以在增量角方向上出现极轴追踪虚线，还可以在增量角的倍数方向上出现极轴追踪虚线。

"正交模式"与"极轴追踪"功能不能同时打开，因为前者是使光标限制在水平或垂直轴上，而后者则可以追踪任意方向矢量。

2.1.5.6　对象捕捉

AutoCAD 共为用户提供了 13 种对象捕捉功能，使用这些捕捉功能可以非常方便精确地将光标定位到图形的特征点上，如直线的端点、中点；圆的圆心和象限点等，如图 2-15 所示。

在所需捕捉模式上单击左键，即可开启该种捕捉模式。在此对话框内一旦设置了某种捕捉模式后，系统将一直保持着这种捕捉模式，直到用户取消为止。

执行"对象捕捉"功能有以下几种方式。

➤ 选择菜单栏中的"工具"→"绘图设置"命令，在"草图设置"对话框中单击"对象捕捉"选项卡，勾选"启用对象捕捉"复选框，如图 2-16 所示。

➤ 单击状态栏上的"▢"按钮（或在此按钮上单击右键，选择右键菜单上的"启用"选项）。

➤ 按【F3】功能键。

【提示】　在设置对象捕捉功能时，不要全部开启各捕捉功能，这样会起到相反的作用。

AutoCAD 为这 13 种对象捕捉提供了"临时捕捉"功能。所谓"临时捕捉"，指的就是激活一次功能后，系统仅能捕捉一次；如果需要反复捕捉点，则要多次激活该功能。在系统的工具栏区右击，从弹出的快捷菜单中选择"对象捕捉"命令，即可打开对象捕捉菜单，在

"对象捕捉"工具栏中，按住【Shift】或【Ctrl】键，然后单击鼠标右键，即可打开临时捕捉菜单。13 种捕捉功能的含义见表 2-1。

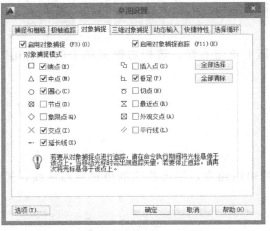

图 2-15 "草图设置"对话框

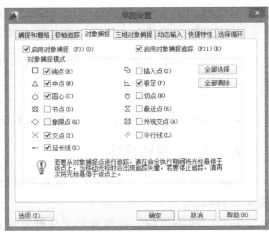

图 2-16 "启用对象捕捉"复选框

表 2-1 13 种捕捉功能的含义

对象捕捉点	含　　义
端点	捕捉直线或曲线的端点
中点	捕捉直线或弧段的中间点
圆心	捕捉圆、椭圆或弧的中心点
节点	捕捉用 POINT 命令绘制的点对象
象限点	捕捉位于圆、椭圆或弧段上 0°、90°、180°、270°处的点
交点	捕捉两条直线或弧段的交点
延长线	捕捉直线延长线路径上的点
插入点	捕捉图块、标注对象或外部参照的插入点
垂足	捕捉从已知点到已知直线的垂线的垂足
切点	捕捉圆、弧段及其他曲线的切点
最近点	捕捉处在直线、弧段、椭圆或样条线上，而且距离光标最近的特征点
外观交点	在三维视图中，从某个角度观察两个对象可能相交，但实际并不一定相交，可以使用"外观交点"捕捉对象在外观上相交的点
平行线	选定路径上一点，使通过该点的直线与已知直线平行

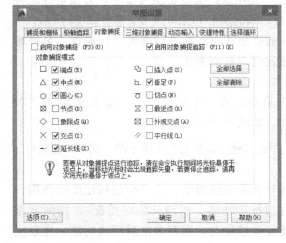

图 2-17 "对象捕捉"选项卡

2.1.5.7　对象追踪

追踪的目的是要基于已存在的一点，用对象捕捉来拾取另一个点。这些已存在的点可叫做临时追踪点，最多可允许有 7 个临时追踪点。对象捕捉追踪会暂时拉出一条追踪虚线，能够与其他的追踪线或已有对象产生交点，可以方便地拾取到这些点，要注意的是，要使用对象捕捉追踪，至少要有一个对象捕捉是激活的。

执行"对象追踪"功能有以下几种方式：

➤ 选择菜单栏中的"工具"→"绘图设置"命令，在"草图设置"对话框中单击"对象捕捉"选项卡，然后勾选"启用对象捕捉追踪"复选框，如图 2-17 所示。

➢ 单击状态栏上的按钮（或在此按钮上单击右键，选择右键菜单上的"启用"选项）。
➢ 按【F11】功能键。

2.1.6 图层设置

在绘图过程中，灵活运用图层工具，可提高绘图的灵活性、可控性，并提高绘图效率。也是区别于手工绘图的重要特点之一，每个图层如同一层层透明的图纸，各个图层相互重叠便显示出整个图形；便于分类、存放和控制图形对象，在绘制较复杂的图形的时候，一般需要创建多个图层，在每个图层中放置不同类型的对象，方便以后对其进行编辑和控制等操作。

2.1.6.1 创建新图层

创建新图层的方法：

◆ 菜单栏：选择菜单栏中的"格式"→"图层"命令，打开"图层特性管理器"单击新建图层按钮"✍"，完成图层创建。

◆ 工具栏：单击"图层"工具栏的"图层特性管理器"按钮"✍"，打开"图层特性管理器"单击新建图层按钮"✍"，完成图层创建。

◆ 命令：在命令行输入图层命令 LAYER/LA，打开"图层特性管理器"（如图 2-18 所示），单击新建图层按钮"✍"（如图 2-19 所示），完成图层创建。

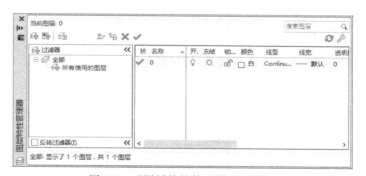

图 2-18 "图层特性管理器"对话框

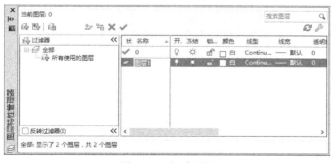

图 2-19 新建图层

每一个图形都有一个 0 图层，其名称不可更改，且不能删除该图层。

【提示】 图层特性管理器各项定义。

◆ 新建特性过滤器"✍"：单击该按钮，打开"图层过滤器特性"对话框，如图 2-20 所示。从中可以基于一个或多个图层特性创建图层过滤器。

◆ 新建组过滤器"✍"：单击该按钮，可以创建一个图层过滤器，其中包含选择并添加到该过滤器的图层。

◆ 图层状态管理器"✍"：单击该按钮，可以打开"图层状态管理器"对话框，如图 2-21 所示。从中可以将图层的当前特性设置保存到命名图层状态中，以后可以再恢复这些设置。

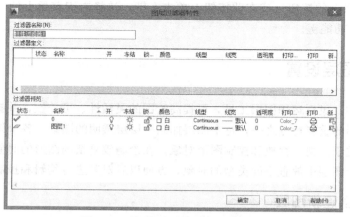

图 2-20 "图层过滤器特性"对话框

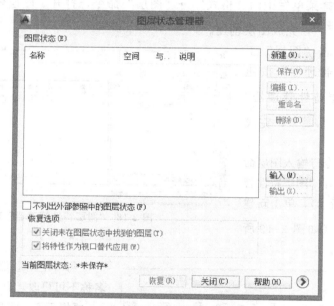

图 2-21 "图层状态管理器"对话框

◆ 新建图层"📑"：单击该按钮，可以创建新图层。

◆ 新建冻结图层"📑"：单击该按钮，将创建新图层，然后在所有现有布局视口中将其冻结。

◆ 删除图层"✖"：在图层列表中选中某一图层，然后单击该按钮，则删除选中图层。

◆ 置为当前"✔"：在图层列表中选中某一图层，然后单击该按钮，则将选中图层设置为当前图层，将在当前图层上绘制创建的对象。

◆ "搜索图层"文本框：输入字符时，按名称快速过滤图层列表。关闭图层特性管理器时，不保存此过滤器。

◆ 左边的树状图：显示图形中图层和过滤器的层次结构列表。

◆ 右边列表：显示图层和图层过滤器及其特性和说明。

◆ 设置"🔧"：单击弹出"图层设置"对话框，从中可以设置新图层通知设置，是否将图层过滤器更改应用于"图层"工具栏及更改图层特性替代的背景色。

2.1.6.2 设置图层

（1）设置图层名称 单击图层特性管理器"名称"列下的图标，如图 2-22 所示，使其处于编辑状态后，更改图层名称，如"中轴线"，如图 2-23 所示。

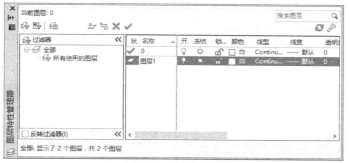

图 2-22 创建图层

图 2-23 创建中轴线图层

（2）设置图层颜色 单击图层特性管理器"颜色"列下的图标，将弹出"选择颜色"对话框，如图 2-24 所示。在该对话框中选择合适的颜色，单击"确定"按钮，即可更改当前图层颜色，如图 2-25 所示。

（3）设置图层线型

◆ 单击图层特性管理器"线型"列下的图标，将弹出"选择线型"对话框，如图 2-26 所示。

◆ 单击该对话框中"加载"按钮，弹出"加载或重载线型"对话框，在"可用线型"列表框中，选择合适的线型，如图 2-27 所示。

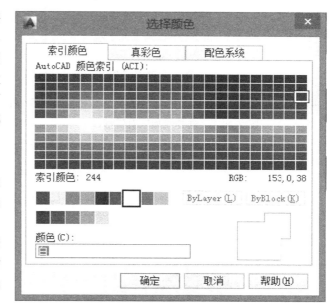

图 2-24 "选择颜色"对话框

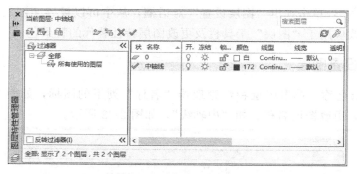

图 2-25　颜色的设置

图 2-26　"选择线型"对话框

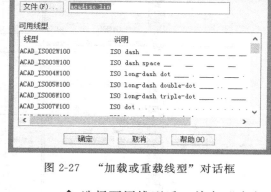

图 2-27　"加载或重载线型"对话框

◆ 选择可用线型后，单击"确定"按钮，返回至"选择线型"对话框，选择新加载线型，如图 2-28 所示。

◆ 选择后，单击"确定"按钮，即可完成图层线型的更改，如图 2-29 所示。

（4）更改图层线宽

◆ 单击图层特性管理器"线宽"列下的图标，将弹出"线宽"对话框，如图 2-30 所示。

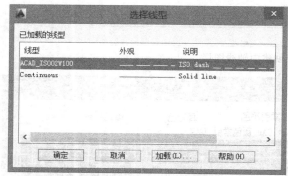

图 2-28　"选择线型"对话框

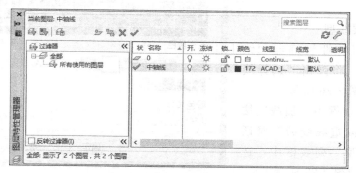

图 2-29　线型的设置

◆ 在"线宽"列表框中，选择合适的线宽选项，单击"确定"按钮完成设置，如图 2-31 所示。

【提示】

◆ 开：打开和关闭选定图层。如果灯泡为黄色，则表示图层已打开。当图层打开时，它可见并且可以打印。当图层关闭时，它不可见并且不能打印。

◆ 冻结：冻结视口中选定的图层，如果图标显示为"❄"，则表示图层被冻结，如果图层被设为当前图层则无法冻结，被冻结的图层上的对象不能显示、打印、渲染或重生成。

◆ 锁定：锁定和解锁选定图层。如果图标显示为"🔒"，则表示图层被锁定。被锁定的图层上的对象不能被修改，但可以显示、打印或重生成。

图 2-30　"线宽"对话框

图 2-31　线宽的设置

◆ 颜色：更改与选定图层关联的颜色。单击颜色名称可以显示"选择颜色"对话框。

◆ 线型：更改与选定图层关联的线型。单击线型名称可以显示"选择线型"对话框。

◆ 线宽：更改与选定图层关联的线宽。单击线宽名称可以显示"线宽"对话框。

AutoCAD 功能键见表 2-2。

表 2-2　AutoCAD 功能键

功能键	功能	功能键	功能
F1	AutoCAD 帮助	Ctrl＋N	新建文件
F2	文本窗口打开	Ctrl＋O	打开文件
F3	对象捕捉开关	Ctrl＋S	保存文件
F4	三维对象捕捉开关	Ctrl＋P	打印文件
F5	等轴测平面转换	Ctrl＋Z	撤销上一步操作
F6	动态 UCS	Ctrl＋Y	重复撤销的操作
F7	栅格开关	Ctrl＋X	剪切
F8	正交开关	Ctrl＋C	复制
F9	捕捉开关	Ctrl＋V	粘贴
F10	极轴开关	Ctrl＋K	超级链接
F11	对象跟踪开关	Ctrl＋O	全屏
F12	动态输入	Ctrl＋1	特性管理器
Delete	删除	Ctrl＋2	设计中心
Ctrl＋A	全选	Ctrl＋3	特性
Ctrl＋4	图纸集管理器	Ctrl＋5	信息选项板
Ctrl＋6	数据库连接	Ctrl＋7	标记集管理器
Ctrl＋8	快速计算器	Ctrl＋9	命令行
Ctrl＋W	选择循环	Ctrl＋Shift＋P	快捷特性
Ctrl＋Shift＋1	推断约束	Ctrl＋Shift＋C	带基点复制
Ctrl＋Shift＋V	粘贴为块	Ctrl＋Shift＋S	另存为

2.2
AutoCAD 2014 图形的绘制

2.2.1 点对象的绘制

2.2.1.1 设置点样式

设置点样式的方法如下。

◆ 菜单栏：选择菜单栏中的"格式"→"点样式"，打开"点样式"对话框，用户根据需要选择合适的点样式，并调整"点大小"值，点击"确定"按钮。如图 2-32 所示。

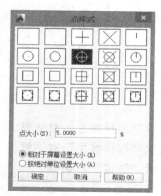

◆ 命令：在命令行输入点样式命令 DDPTYPE，按下回车键，打开"点样式"对话框，根据需要选择合适的点样式，并调整"点大小"值，单击"确定"按钮。

2.2.1.2 绘制点

绘制点的方法如下。

◆ 菜单栏：选择菜单栏中的"绘图"→"点"下面的"单点"/"多点"按钮，然后在绘图区中单击需要的位置，即可完成点的绘制（单点命令启动一次，只能画一个点如图 2-33 所示，多点命令启动一次，可以连续画多个点，如图 2-34 所示）。

◆ 工具栏：单击"绘图"工具栏中的"点"按钮"。"。

图 2-32 "点样式"对话框

◆ 命令：在命令行输入点命令 POINT（快捷命令：PO）。

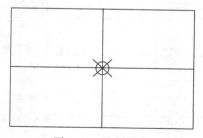

图 2-33 绘制单点

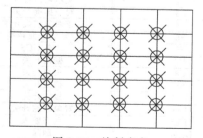

图 2-34 绘制多点

2.2.1.3 绘制定数等分点

绘制定数等分点的方法如下。

◆ 菜单栏：选择菜单栏中的"绘图"→"点"下面的"定数等分"按钮。

◆ 命令：在命令行输入定数等分命令 DIVIDE/DIV（快捷键）后按【Enter】键。

【例 2-1】 将 500 的线段进行 5 等分。

◆ 单击直线命令绘制一条长度 500 的水平线段。

◆ 单击"格式"菜单中的"点样式"命令，将点样式设置为"⊗"。

◆ 选择菜单栏中的"绘图"→"点"→"定数等分"命令。

◆ 命令行提示选择要定数等分的对象：　　//选择刚绘制的水平线段

◆ 命令行提示输入线段数目或［块（B）］://5 按 Enter 键结束命令（如图 2-35 所示）。

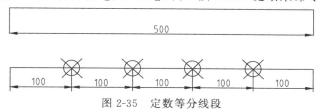

图 2-35　定数等分线段

2.2.1.4　绘制定距等分点

绘制定距等分点的方法如下。

◆ 菜单栏：选择菜单栏中的"绘图"→"点"下面的"定距等分"按钮。

◆ 命令：在命令行输入定距等分命令 MEASURE。

提示：等分点不仅可以等分普通线段，还可以等分圆、矩形、多边形等复杂的封闭图形对象。

【例 2-2】 将长 600 的线段以每段 100 等分。

◆ 单击直线命令绘制一条长度 600 的水平线段。

◆ 单击"格式"菜单中的"点样式"命令，将点样式设置为"⊗"。

◆ 选择菜单栏中的"绘图"→"点"→"定距等分"命令。

◆ 命令行提示选择要定距等分的对象：　　//选择水平线段

◆ 命令行提示指定线段长度或［块（B）］://100 按 Enter 键结束命令（如图 2-36）。

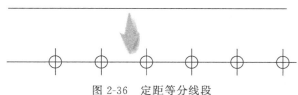

图 2-36　定距等分线段

【例 2-3】 有两个半径为 100 的圆，在它们的圆周上绘制 5 等分点和 50 等距离点。

定数等分

◆ 设置点样式，选择菜单栏"格式"→"点样式"命令，在弹出的"点样式"对话框里选择任意一种点样式，单击"确定"按钮。

◆ 单击菜单栏"绘图"→"点"→"定数等分"命令，命令行提示"选择要定数等分的对象"。

◆ 在所绘图形圆上单击，命令行提示"输入线段数目或［块（B）］"。

◆ 输入 5，按回车或空格键，完成绘制定数等分点，如图 2-37 所示。

定距等分

◆ 单击菜单栏"绘图"→"点"→"定距等分"命令，命令行提示"选择要定距等分的对象"。

◆ 在所绘图形圆上单击，命令行提示"输入线段数目或［块（B）］"。
◆ 输入 50，按回车或空格键，完成绘制定距等分点，如图 2-38 所示。

图 2-37　定数等分圆

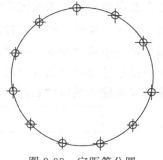

图 2-38　定距等分圆

2.2.2　直线对象的绘制

2.2.2.1　绘制直线

"直线"命令是 AutoCAD 中的常用命令之一，也是所有绘图中最简单、最常用的图形对象。

【提示】

◆ 直线一般由位置和长度两个参数确定，也就是说只要指定了直线的起点和终点，或者起点和长度就可以确定直线。

◆ 在直线绘制过程中，命令行会显示"闭合（C）"表示直线组最后形成首尾封闭的形状，"放弃（U）"表示撤销绘制上一段直线的操作。图形首尾封闭，创建封闭图形。

◆ 直线或图形绘制完成后，按回车、空格键或者单击鼠标右键点击确定即可。

◆ 按 Esc 键即可退出直线绘制状态。

绘制直线的方法：

◆ 菜单栏：选择菜单栏中的"绘图"→"直线"命令。
◆ 工具栏：单击"绘图"工具栏"直线"按钮"　"。
◆ 命令：在命令行输入直线命令 LINE/L。

【例 2-4】　绘制 300×200 的矩形

◆ 在命令行输入 LINE，按【Enter】键。
◆ 命令行提示："LINE 指定第一点："　// 在绘图区指定起点，移动光标确定线段方向。
◆ 命令行提示："指定下一点［或放弃（U）］：＜正交开＞"300　// 输入线段距离按【Enter】键，将光标移动到 300 线段端点的上（下）方，确定线段方向。
◆ 命令行提示："指定下一点［或放弃（U）］："200 按 Enter 键。
◆ 命令行提示："指定下一点或［闭合（C）/放弃（U）］："300 按【Enter】键。
◆ 命令行提示："指定下一点或［闭合（C）/放弃（U）］："选择闭合完成绘制（如图 2-39 所示）。

82

2.2.2.2　绘制射线

射线是从一个指定点出发，向某一个方向无限延伸的直线。射线是一端端点确定，另一端无限延伸的直线，它只有起点没有终点。

绘制射线的方法：

◆ 菜单栏：选择菜单栏中的"绘图"→"射线"命令。

◆ 命令：在命令行输入射线命令 RAY。

【提示】　执行绘制射线操作后，命令行提示："ray 指定起点："，此时在绘图区确定射线的起点后，命令行提示："指定通过点："，此时指定第一条射线的通过点，就绘制了第一条射线，命令行继续提示："指定通过点："可连续指定多个通过点以绘制一簇射线，这些射线拥有公共的起点，绘制完毕可按【Enter】键或【Esc】键退出绘制射线命令，如图 2-40 所示。

【例 2-5】　绘制一条倾斜角度为 75°的射线

◆ 在命令行输入 RAY，按【Enter】键。

◆ 命令行提示："指定起点："在绘图区点击鼠标左键或输入坐标指定射线起点。

◆ 命令行提示："指定通过点："，输入@100<75°按 Enter（确定射线的倾斜方向）。

◆ 命令行提示："指定通过点"按 Enter 键结束命令（如图 2-41 所示）。

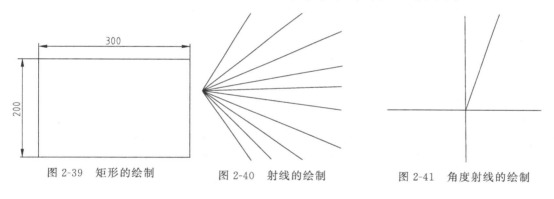

図 2-39　矩形的绘制　　　　図 2-40　射线的绘制　　　　図 2-41　角度射线的绘制

2.2.2.3　绘制构造线

构造线没有起点和终点，是两端无限延伸的线条，在二维绘图中主要作用为绘制辅助线、轴线或者中心线等。

绘制构造线的方法：

◆ 菜单栏：选择菜单栏中的"绘图"→"构造线"命令。

◆ 工具栏：单击"绘图"工具栏"构造线"按钮"⟋"

◆ 命令：在命令行输入构造线命令 XLINE/XL。

【提示】　指定点或［水平（H）/垂直（V）/角度（A）/二等分（B）/偏移（O）］

◆ 水平（H）：在命令行输入 H，可绘制通过选定点的水平构造线，即平行于 X 轴。

◆ 垂直（V）：在命令行输入 V，可绘制通过选定点的垂直构造线，即平行于 Y 轴。

◆ 角度（A）：在命令行输入 A，以指定的角度创建一条构造线。选择该选项后，命令行将提示输入所绘制的构造线与 X 轴正方向的角度，然后提示指定构造线的通过点。

◆ 二等分（B）：在命令行输入 B，可绘制一条将指定角度平分的构造线。选择该选项后，命令行将提示指定要平分的角度。

◆ 偏移（O）：在命令行输入 O：可绘制一条平行于另一个对象的参照线。选择该选项后，命令行将提示指定要偏移的对象。

【提示】 构造线没有起点和终点，两段可以无限延长，常作为辅助线来使用。是通过指定构造线的两点实现绘制，确定其中心点，执行一次构造线命令可绘制一簇构造线，构造线的通过点确定其方向，如图 2-42 所示。

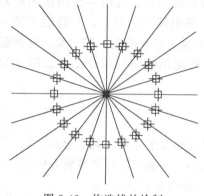

图 2-42　构造线的绘制

2.2.2.4　绘制多段线

多段线是由相连的直线段或圆弧构成的特殊线段，这些线段所构成的图形是一个整体，可对其进行编辑。

绘制多段线的方法：

◆ 菜单栏：选择菜单栏中的"绘图"→"多段线"命令。

◆ 工具栏：单击"绘图"工具栏"多段线"按钮"⌐⊃"。

◆ 命令：在命令行输入多段线命令 PLINE/PL。

【提示】 单击多段线命令后，指定下一个点或［圆弧（A）/半宽（H）/长度（L）/放弃（U）/宽度（W）］：

◆ 圆弧（A）：选择该选项后，将以绘制圆弧的方式绘制多段线，之后的操作与绘制圆弧相同。

◆ 半宽（H）：选择该选项后，将提示指定起点的半宽宽度和端点的半宽宽度。

◆ 长度（L）：选择该选项后，将定义下一条多段线的长度，将按照上一条线段的方向绘制这一条多段线。如果上一段是圆弧，将绘制与该圆弧相切的新直线段。

◆ 放弃（U）：选择该选项后，删除上一次绘制的一段多段线。

◆ 宽度（W）：选择该选项后，可以设置多段线的宽度。

【例 2-6】 绘制一个箭头，如图 2-43 所示。

◆ 单击"绘图"工具栏"多段线"命令。

◆ 命令行提示："指定起点"，在绘图区单击左键指定起点。

◆ 命令行提示："指定下一个点或［圆弧（A）/半宽（H）/长度（L）/放弃（U）/宽度（W）］："打开正交，输入 W，选择宽度。

◆ 命令行提示："指定起点宽度＜0.0000＞:"输入 30，"指定端点宽度"输入 30。

◆ 命令行提示："指定下一个点或［圆弧（A）/半宽（H）/长度（L）/放弃（U）/宽度（W）］："输入 L。

◆ 命令行提示："指定直线的长度:"输入 60。

◆ 命令行提示："指定下一个点或［圆弧（A）/半宽（H）/长度（L）/放弃（U）/宽度（W）］："输入 H，"指定起点半宽:"输入 40，"指定端点半宽:"输入 0。

◆ 命令行提示："指定下一个点或［圆弧（A）/半宽（H）/长度（L）/放弃（U）/宽度（W）］："输入 L。

◆ 命令行提示："指定直线的长度:"输入 60 单击左键完成绘制，按【Enter】退出命令。

2.2.2.5 绘制多线

多线是由多条平行线组成的对象，平行线的数目和距离是可以调整的，多线在室内设计制图中常用来绘制墙体、窗、公路和电子线路图等。

图 2-43 箭头的绘制

设置多线样式：

◆ 菜单栏：选择菜单栏中的"格式"→"多线样式"命令。

◆ 命令：在命令行输入多线样式命令 MLSTYLE。

绘制多线的方法：

◆ 菜单栏：选择菜单栏中的"绘图"→"多线"命令。

◆ 命令：在命令行输入多线命令 MLINE/ML。

【提示】 单击多线命令后，命令行提示：当前设置：对正：上，比例＝20.00，样式＝STANDARD

指定起点或［对正（J）/比例（S）/样式（ST）]：

◆ 对正（J）：设置多线的对正方式。"输入对正类型［上（T）/无（Z）/下（B）]＜上＞："。"上（T）"选项表示在光标下方绘制多线；"无（Z）"选项表示绘制多线时光标位于多线的中心；"下（B）"选项表示在光标上方绘制多线。

◆ 比例（S）：指定多线样式中平行多线的宽度比例。输入 S 后，命令行提示："输入多线比例＜20.00＞："，输入的比例因子是基于在多线样式定义中建立的宽度。如输入的比例因子为 2，那么在绘制多线时，其宽度是样式定义的宽度的两倍，如图 2-46 所示。比例因子为 0 时，多线将会变为单一的直线，如图 2-44 所示。比例因子为 1，如图 2-45 所示。

图 2-44 多线的绘制（一）　　　　图 2-45 多线的绘制（二）　　　　图 2-46 多线的绘制（三）

◆ 样式（ST）：用于设置多线的样式，默认的多线样式为 STANDARD。选择该选项后，命令行提示："输入多线样式名或［?］："，可以输入已定义的样式名，输入"?"将显示已定义的多线样式。

【例 2-7】 绘制墙线

◆ 单击"格式"工具栏的"多线样式"，打开"多线样式对话框"，如图 2-47 所示。

◆ 单击"新建"，打开"创建新的多线样式"对话框，输入新样式名，如墙线，点击"继续"，如图 2-48 所示。

◆ 弹出"新建多线样式"对话框，在说明栏对其进行说明，如 240。对封口进行勾选，如图 2-49 所示。

◆ 对图元栏的偏移进行修改，240 的墙线，分别偏移＋120 和－120，并对元素颜色进行设置，单击确定如图 2-50 所示，按照同样的方法再次新建不同宽度的墙线，如 120 的墙线。

图 2-47 "多线样式"对话框   图 2-48   "创建新的多线样式"对话框

图 2-49   "新建多线样式"对话框

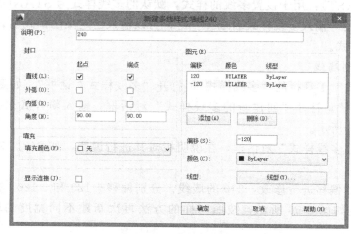

图 2-50   设置多线样式

◆ 单击 "线型" 按钮,打开 "选择线型" 对话框,进行线型的选择,如图 2-51 所示。

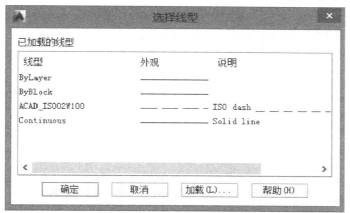

图 2-51 "选择线型" 对话框

◆ 可以单击 "加载" 按钮,打开 "加载或重载线型" 对话框,对线型进行选择,如图 2-52 所示。

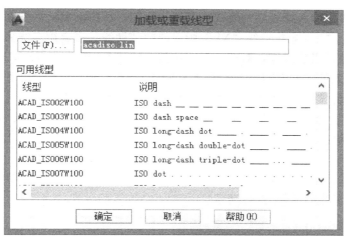

图 2-52 "加载或重载线型" 对话框

◆ 单击 "确定" 按钮,线型被加载到 "选择线型" 对话框内,如图 2-53 所示。

图 2-53 "选择线型" 对话框

◆ 选择加载的线型，单击"确定"按钮，将此线型附加给多线元素，如图2-54所示。

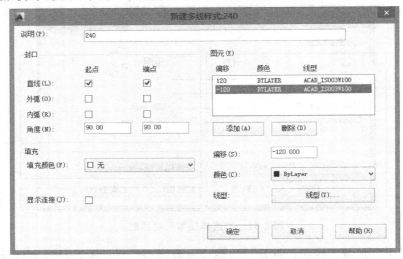

图2-54 设置多线样式线型

◆ 在绘制墙线之前选择相应的墙线将其置为当前，单击确定，如图2-55所示。

◆ 用直线命令"L"或构造线"XL"画墙线的辅助线，再启用多线命令"ML"。

◆ 命令行提示：当前设置：对正：上，比例＝20.00，样式＝STANDARD

指定起点或［对正（J）/比例（S）/样式（ST）］：输入S，按【Enter】键。

◆ 命令行提示：输入多线比例＜20＞：输入1，按【Enter】键。

◆ 命令行提示：指定起点或［对正（J）/比例（S）/样式（ST）］：输入J，按【Enter】键。

◆ 命令行提示：输入对正类型［上（T）/无（Z）/下（B）］＜上＞：输入Z，按【Enter】键。

◆ 命令行提示：指定起点或［对正（J）/比例（S）/样式（ST）］：在绘图区辅助线上指定起点进行墙线的绘制，如图2-56所示。

图2-55 将设置的多线样式置为当前

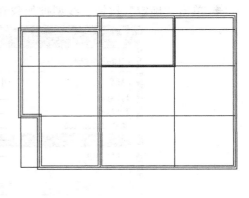

图2-56 多线的绘制

2.2.2.6 编辑多线

◆ 菜单栏：单击菜单栏中"修改"→"对象"→"多线"命令。

◆ 命令：在命令行输入 MLEDIT。

执行多线编辑命令，弹出"多线编辑工具"对话框，其中提供了 12 种多线编辑工具，如图 2-57 所示，多线编辑结果如图 2-58～图 2-61 所示。

图 2-57 "多线编辑工具"对话框

图 2-58 多线编辑（一）

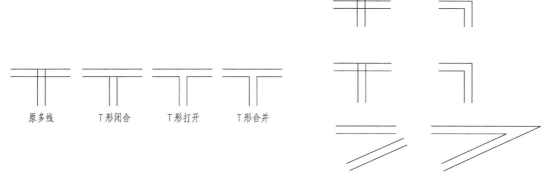

角点结合，左列为编辑前的多线，右列为编辑后的效果。

图 2-59 多线编辑（二）　　　　　　　图 2-60 多线编辑（三）

图 2-61 多线编辑（四）

【提示】 多线被剪切后，被剪切的两部分仍然是同一个多线对象，并没有拆分为两个对象。"全部结合"工具也只能用于被剪切的多线对象。

2.2.2.7　多线绘制正多边形

多边形是由三条或三条以上边长相等的闭合线段组合而成的。系统默认边数为4，用户可根据制图需要更改其边数。

绘制多边形的方法：

◆ 菜单栏：单击菜单栏中的"绘图"→"多边形"命令。

◆ 工具栏：单击"绘图"工具栏"多边形"按钮"⬠"。

◆ 命令：在命令行输入多边形命令 POLYGON/POL。

【提示】

◆ 执行该命令并指定正多边形的边数后，命令行出现如下提示："指定多边形的中心点或 [边（E）]:"确定中心点或边数后，命令行提示："输入选项 [内接于圆（I）外切于圆（C）]"。

◆ 边（E）：选择该选项后，命令行提示："指定边的第一个端点:"，此时有鼠标指定第一点。命令行提示："指定边的第二个端点:"，此时用鼠标指定第二点，完成绘制。

◆ 内接于圆（I）：表示以指定正多边形内接圆半径的方式来绘制正多边形。

◆ 外切于圆（C）：表示以指定正多边形外切圆半径的方式来绘制正多边形。

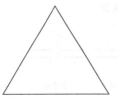 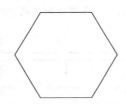 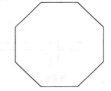

图 2-62　正多边形的绘制

如图 2-62 所示为各种正多边形效果。

【例 2-8】　绘制一个边长 60 的五边形，如图 2-63 所示。

◆ 单击"绘图"工具栏"多边形"按钮"⬠"。

◆ 命令行提示："_ polygon 输入侧面数＜5＞:"输入 5，按【Enter】键。

◆ 命令行提示："指定正多边形的中心点或 [边（E）]:"输入 E，按【Enter】键。

◆ 命令行提示："指定边的第一个端点:"在绘图区指定第一个端点，提示："指定边的第二个端点:"输入 60 完成绘制。

图 2-63　五边形的绘制

2.2.2.8　绘制矩形

矩形是通过确定矩形的两个对角点而绘制，可以为其设置倒角、圆角，厚度和宽度值等参数。

绘制矩形的方法：

◆ 菜单栏：选择菜单栏中的"绘图"→"矩形"命令。

◆ 工具栏：单击"绘图"工具栏"矩形"按钮"▭"。

◆ 命令：在命令行输入矩形命令 RECTANG/REC。

【提示】

◆ 执行该命令后，命令行提示："指定第一个角点或［倒角（C）/标高（E）/圆角（F）/厚度（T）/宽度（W）］:"

◆ 倒角（C）：选择该选项可绘制一个倒角的矩形。

◆ 标高（E）：选择该选项可指定矩形所在的平面高度，默认情况下，矩形在 X、Y 平面内，带标高的矩形一般用于三维制图。

◆ 圆角（F）：选择该选项可绘制带圆角的矩形。

◆ 厚度（T）：选择该选项可绘制带厚度的矩形，该选项一般用于三维绘图。

◆ 宽度（W）：选择该选项可绘制带宽度的矩形。

如图 2-64 所示为各种样式矩形效果。

【例 2-9】 绘制一个宽度为 10mm、圆角半径为 10mm 的 60mm×40mm 的矩形，如图 2-65 所示。

◆ 单击"绘图"工具栏"矩形"按钮"□"。

◆ 命令行提示"指定第一个角点或［倒角（C）/标高（E）/圆角（F）/厚度（T）/宽度（W）］:"

◆ 输入 F 按【Enter】键。

◆ 命令行提示"指定矩形的圆角半径＜0.0000＞:"输入 10，按【Enter】键。

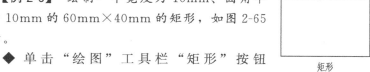

矩形　　　　　　　　　倒角矩形

圆角矩形　　　　　　　有宽度矩形

图 2-64　矩形的绘制（一）

◆ 命令行提示"指定第一个角点或［倒角（C）/标高（E）/圆角（F）/厚度（T）/宽度（W）］:"，输入 W，按【Enter】键。

◆ 命令行提示"指定矩形的线宽＜0.0000＞:"输入 10，按【Enter】键。

◆ 命令行提示"指定第一个角点或［倒角（C）/标高（E）/圆角（F）/厚度（T）/宽度（W）］:"

◆ 单击鼠标左键在绘图区指定一点，命令行提示："指定另一个角点或［面积（A）/尺寸（D）/旋转（R）］:"在命令行输入 D。

◆ 命令行提示："指定矩形的长度＜0.0000＞:"输入 60，按【Enter】键。

◆ 命令行提示："指定矩形的宽度＜0.0000＞:"输入 40，按【Enter】键，完成绘制。

图 2-65　矩形的绘制（二）

2.2.2.9　绘制圆

圆形在二维图形中的使用率相当高，可以通过指定圆心、半径、直径、圆周上的点和其他对象上的点的不同组合来绘制圆。

绘制圆的方法：

◆ 菜单栏：选择菜单栏中的"绘图"→"圆"命令。

◆ 工具栏：单击"绘图"工具栏"圆"按钮"⊘"。

◆ 命令：在命令行输入圆命令 CIRCLE/C。

【提示】 "圆"按钮下子菜单选项的含义。

◆ 圆心、半径（R）：通过指定圆的圆心位置和半径绘制圆，如图 2-66 所示。

（1）选择菜单栏中的"绘图"→"圆"→"圆心、半径（R）"

（2）命令行提示："-circle 指定圆的圆心或［三点（3P）/两点（2P）/切点、切点、半径（T）］:"在绘图区单击左键指定圆心。

（3）命令行："指定圆的半径或［直径（D）］:"输入半径 200 按【Enter】键完成绘制。

◆ 圆心、直径（D）：通过指定圆的圆心位置和直径绘制圆，如图 2-67 所示。

（1）选择菜单栏中的"绘图"→"圆"→"圆心、直径（D）"

（2）命令行提示："_ circle 指定圆的圆心或［三点（3P）/两点（2P）/切点、切点、半径（T）］:"在绘图区单击左键指定圆心。

（3）命令行："指定圆的半径或［直径（D）］: _ d 指定圆的直径:"输入直径 400 按【Enter】键完成绘制。

◆ 两点（2）：通过指定圆直径上的两个端点绘制圆，如图 2-68 所示。

（1）选择菜单栏中的"绘图"→"圆"→"两点"。

（2）命令行提示："_ circle 指定圆的圆心或［三点（3P）/两点（2P）/切点、切点、半径（T）］: 2P 指定圆直径的第一个端点:"在绘图区指定第一个端点。

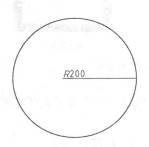

图 2-66　圆的绘制（一）

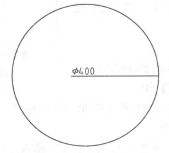

图 2-67　圆的绘制（二）

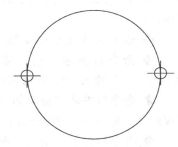

图 2-68　圆的绘制（三）

（3）命令行提示："指定圆直径的第二个端点:"选定第二个端点完成绘制。

◆ 三点（3）：通过指定圆周上的三个点绘制圆，如图 2-69 所示。

（1）选择菜单栏中的"绘图"→"圆"→"三点"。

（2）命令行提示："_ circle 指定圆的圆心或［三点（3P）/两点（2P）/切点、切点、半径（T）］: 3P 指定圆上的第一个点:"在绘图区指定第一个点。

（3）命令行提示："指定圆上的第二个点:"指定第二个点。

（4）命令行提示指定第三个点，完成绘制。

◆ 相切、相切、半径（T）：通过指定圆的半径以及与圆相切的两个对象绘制圆，如图 2-70 所示。

（1）选择菜单栏中的"绘图"→"圆"→"相切、相切、半径（T）"。

（2）命令行提示："指定对象与圆的第一个切点"，指定第一个切点。

（3）命令行提示："指定对象与圆的第二个切点"，指定第二个切点。

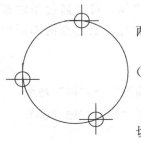

图 2-69　圆的绘制（四）

（4）命令行提示："指定圆的半径〈5.0000〉:"输入半径完成绘制。

◆ 相切、相切、相切（A）：通过指定与圆相切的三个对象绘制圆，如图2-71所示。

（1）选择菜单栏中的"绘图"→"圆"→"相切、相切、相切（A）"。

（2）命令行提示："_circle 指定圆的圆心或［三点（3P）/两点（2P）/切点、切点、半径（T）］：3P 指定圆上的第一个点：_tan 到"指定第一个切点。

（3）命令行提示："指定圆上的第二个点：_tan 到"指定第二个点。

（4）命令行提示："指定圆上的第二个点：_tan 到"指定第三个点，完成绘制。

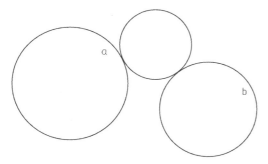

图2-70 圆的绘制（五）

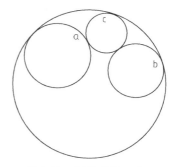

图2-71 圆的绘制（六）

【实训】

综合运用相关命令，绘制如图2-72所示图形。

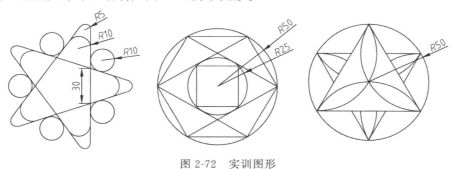

图2-72 实训图形

2.2.2.10 绘制圆弧

圆弧是与其等半径/直径的圆周的一部分。绘制圆弧是通过按顺序指定圆弧的起点、圆心、端点、通过点、角度、长度和半径等元素来确定的圆弧。

绘制圆弧的方法：

◆ 菜单栏：选择菜单栏中的"绘图"→"圆弧"命令。

◆ 工具栏：单击"绘图"工具栏"圆弧"按钮"￼"。

◆ 命令：在命令行输入矩形命令 ARC/A。

【提示】 "圆弧"按钮下子菜单选项的含义。

◆ 三点（P）：通过指定圆弧上的三个点绘制一段圆弧，需要指定圆弧的起点、圆周上的第二个点和端点。

◆ 起点、圆心、端点（S）：通过指定圆弧的起点、圆心及端点绘制圆弧。

◆ 起点、圆心、角度（T）：通过执行圆弧的起点、圆心及包含的角度绘制圆弧，如果输入的角度为负，则顺时针绘制圆弧，反之则逆时针绘制圆弧。

◆ 起点、圆心、长度（A）：通过指定圆弧的起点、圆心及弦长绘制圆弧。
◆ 起点、端点、角度（N）：通过指定圆弧的起点、端点、包含角度绘制圆弧。
◆ 起点、端点、方向（D）：通过指定圆弧的起点、端点和起点的切线方向绘制圆弧。
◆ 起点、端点、半径（R）：通过指定圆弧的起点、端点和圆弧半径绘制圆弧。
◆ 圆心、起点、端点（C）：通过指定圆弧的圆心、起点和端点绘制圆弧。
◆ 圆心、起点、角度（E）：通过指定圆弧的圆心、起点和角度绘制圆弧。
◆ 圆心、起点、长度（L）：通过指定圆弧的圆心、起点和长度绘制圆弧。

几种常用的绘制圆弧的方法，如图 2-73 所示。

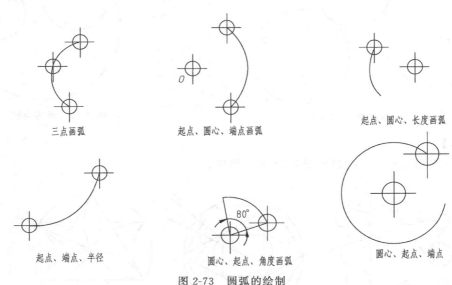

图 2-73　圆弧的绘制

2.2.2.11　绘制圆环

圆环是由两个同心圆组成的组合图形，大小两个同心圆之间形成的区域为圆环。

绘制圆环的方法：

◆ 菜单栏：选择菜单栏中的"绘图"→"圆环"命令。
◆ 命令：在命令行输入圆环命令 DONUT/DO。

【提示】

◆ 若内径指定为零，则画出实心填充圆，如图 2-74 所示。

◆ 命令 FILL 可以控制圆环是否填充，执行命令 FILL，命令行提示："输入模式［开（ON）/关（OFF）］＜开＞:"，选择"开"表示填充，如图 2-75（a）所示。选择"关"表示不填充，如图 2-75（b）所示。

【例 2-10】　绘制一个内径为 30，外径为 60 的圆环，如图 2-76 所示。

◆ 选择菜单栏中的"绘图"→"圆环"命令。
◆ 命令行提示："指定圆环的内径＜0.0000＞:"输入 30，按【Enter】键。
◆ 命令行提示："指定圆环的外径＜0.0000＞:"输入 60，在绘图区点击左键完成圆环的绘制。

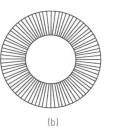

图 2-74 实心填充圆的绘制   图 2-75 圆环的绘制   图 2-76 圆环的绘制

2.2.2.12 绘制椭圆弧

椭圆的形状由中心点、长轴和短轴绘制。

绘制椭圆的方法：

◆ 菜单栏：选择菜单栏中的"绘图"→"椭圆"命令。

◆ 工具栏：单击"绘图"工具栏"椭圆"按钮"⬭"或"椭圆弧"按钮"⬭"。

◆ 命令：在命令行输入椭圆命令 ELLIPSE/EL。

【例 2-11】 绘制一个圆心坐标为（0，0），长半轴为 200，短半轴为 100 的椭圆，如图 2-77（a）所示。

◆ 输入命令：ELLIPSE，按【Enter】键。

◆ 命令行提示： "指定椭圆的轴端点或［圆弧（A）/中心点（C）］:"输入 C 按【Enter】键。

◆ 命令行提示："指定椭圆的中心点"，输入 0，0，按【Enter】键。

◆ 命令行提示："指定轴的端点"，输入@200，0，按【Enter】键。

◆ 命令行提示："指定另一条半轴长度或［旋转（R）］:"输入@0，100 按【Enter】键完成。

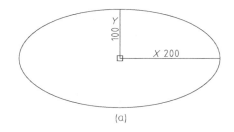
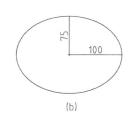

图 2-77 椭圆的绘制

【例 2-12】 绘制一个长半轴为 100，短半轴为 75 的椭圆，如图 2-77（b）所示。

◆ 输入命令：ELLIPSE，按【Enter】键。

◆ 命令行提示："指定椭圆的轴端点或［圆弧（A）/中心点（C）］:"，单击鼠标在绘图区指定椭圆的一端点。

◆ 命令行提示："指定轴的另一个端点:"，输入@200，0 按【Enter】键。

◆ 命令行提示："指定另一条半轴长度或［旋转（R）］:"输入 75 按【Enter】键完成。

【实训】

综合运用相关命令，绘制如图 2-78 所示图形。

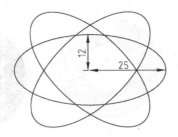
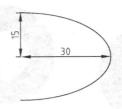

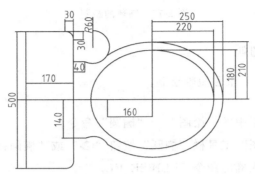

图 2-78　实训图形

2.2.2.13　修订云线

调用命令的方法如下。

◆ 菜单栏：选择菜单栏中的"绘图"→"修订云线"命令。

◆ 工具栏：单击"绘图"工具栏"修订云线"按钮"🏵"。

◆ 命令：在命令行输入修订云线命令 REVCLOUD。

大小不同弧长修订云线

图 2-79　云线的绘制

【提示】　执行该命令后，命令行提示："指定起点或［弧长（A）/对象（O）/样式（S）］："

◆ 弧长（A）：用于指定云线中弧线的最小和最大长度，最大弧长不能超过最小弧长的 3 倍，如图 2-79 所示。

◆ 对象（O）：将指定对象转换为云线，如直线、多段线、矩形、多边形、圆和圆弧等，如图 2-80 所示。

转换前

转换后

转换前

转换后 (不反转方向)

转换后 (反转方向)

图 2-80　云线的转换

◆ 样式（S）：用于设置修订云线的样式，可选择普通模式或手绘模式，如图 2-81 所示。

普通模式   手绘模式

图 2-81　云线的样式

2.3

AutoCAD 2014 图形的编辑

2.3.1　选择对象的方法

在对图形进行编辑前，首先需要对编辑的图形进行选择，AutoCAD 提供了多种图形选择方法，本章介绍几种常用的选择方法。

2.3.1.1　直接选取

直接选取又称为点取对象，直接将光标拾取点放到选取对象上，然后单击鼠标左键完成选取对象的操作，如图 2-82所示。

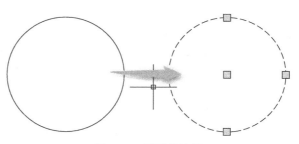

图 2-82　图形的选择

2.3.1.2　窗口选取

窗口选取对象是以指定对角点的方式，从左向右拖动光标，可以选择完全位于矩形区域中的对象（自左向右方向，即从第 1 点至第 2 点方向进行选择），只有全部位于矩形窗口中的图形对象才会被选中，如图 2-83 所示。

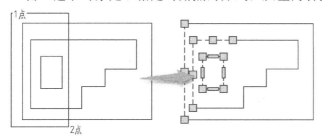

1点

2点

图 2-83　窗口选取

2.3.1.3　窗交选择

窗交选择方式与窗口选择方式相

反，从右向左拖动光标，以选择矩形窗口包围的或相交的对象（自右向左方向，即从第1点至第2点方向进行选择），无论是全部还是部分位于选择框中的图形对象都将被选中，如图2-84所示。

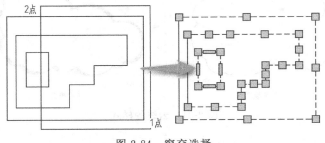

图 2-84　窗交选择

2.3.1.4　快速选择

在 AutoCAD 中，快速选择可以根据对象的图层、线型、颜色、图案填充等特性和类型创建选择图集，可以准确快速地从复杂的图形中选择满足某种特性的图形对象。

调用命令的方法如下。

◆ 菜单栏：选择菜单栏中的"工具"→"快速选择"命令。

◆ 在视图的空白位置右击，从弹出的快捷菜单中选择"快速选择"命令，将弹出"快速选择"对话框，根据要求设置选择范围，单击"确定"按钮，完成选择操作，如图 2-85 所示。

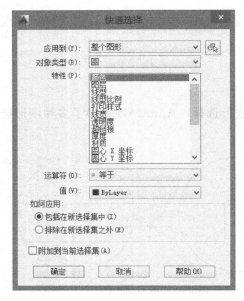

图 2-85　"快速选择"对话框

2.3.2　旋转和移动对象

调用命令的方法如下。

◆ 菜单栏：单击菜单栏中的"修改"→"旋转"命令。

◆ 工具栏：单击"修改"工具栏"旋转"按钮"↻"。

◆ 命令：在命令行输入旋转命令 ROTATE/RO。

【提示】　在旋转对象时，输入的角度为正值，系统将按逆时针旋转；输入的角度为负值，系统将按顺时针方向旋转。

【例 2-13】　将长 300，宽 50 的矩形逆时针旋转 30°，如图 2-86 所示。

输入命令 RO，按【Enter】键。

命令行提示：ROTATE 选择对象，按【Enter】键结束选择。

命令行提示：ROTATE 指定基点//指定基点。

命令行提示：ROTATE 指定旋转角度，或［复制（C）参照（R）］＜30＞：//输入

30，按【Enter】键完成。

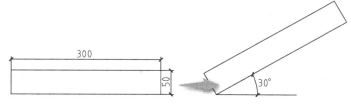

图 2-86　旋转图形示例

调用命令的方法如下。

◆ 菜单栏：单击菜单栏中的"修改"→"移动"命令。

◆ 工具栏：单击"修改"工具栏"移动"按钮"✛"。

◆ 命令：在命令行输入移动命令 MOVE/M。

【提示】　在移动对象时，一般需要使用点的捕捉功能或点的输入功能，来进行精确的位移对象。

【例 2-14】　将床左边的床头柜移动到右边，如图 2-87 所示。

◆ 输入命令 M，按【Enter】键。

◆ 命令行提示：MOVE 选择对象//选择要移动的对象。

◆ 命令行提示：MOVE 指定基点或［位移（D）］＜位移＞：//指定基点

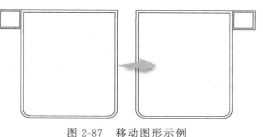

图 2-87　移动图形示例

◆ 命令行提示：MOVE 指定第二个点或＜使用第一个点作为位移＞：//指定第二个点单击鼠标左键完成。

2.3.3　删除、复制、镜像、偏移和阵列对象

2.3.3.1　删除

调用命令的方法如下。

◆ 菜单栏：单击菜单栏中的"修改"→"删除"命令。

◆ 工具栏：单击"修改"工具栏"删除"按钮"✐"。

◆ 命令：在命令行输入删除命令 ERASE/E。

【提示】　选择图形对象后，执行删除命令，选择删除对象，按后按【Enter】键、【Space】键或单击右键结束对象选择，同时删除已选择的对象，按【Delete】键同样可以删除图形对象。

【例 2-15】　以床的立面图为例，如图 2-88 所示。

◆ 输入命令 E，按【Enter】键。

◆ 命令行提示：ERASE 选择对象：//点选需要删除的线条。

◆ 按【Enter】键完成删除。

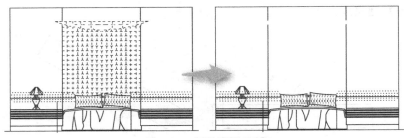

图 2-88　删除图形示例

2.3.3.2　复制

调用命令的方法如下。

◆ 菜单栏：单击菜单栏中的"修改"→"复制"命令。

◆ 工具栏：单击"修改"工具栏"复制"按钮"⚙"。

◆ 命令：在命令行输入复制命令 COPY/CO。

【提示】　复制编辑操作有两种方式，即只复制一个图形对象和复制多个图形对象。

【例 2-16】　将左边床头柜上的台灯复制一个放到右边，如图 2-89 所示。

◆ 输入命令 CO，按【Enter】键。

◆ 命令行提示：COPY 选择对象：//选择要复制的对象。

◆ 命令行提示：COPY 指定基点或［位移（D）模式（O）］＜位移＞：//指定基点。

◆ 命令行提示：COPY 指定第二个点或［阵列（A）］＜使用第一个点作为位移＞：按【Enter】键完成。

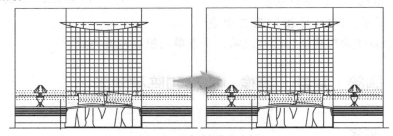

图 2-89　复制图形示例

2.3.3.3　镜像

调用命令的方法如下。

◆ 菜单栏：单击菜单栏中的"修改"→"镜像"命令。

◆ 工具栏：单击"修改"工具栏"镜像"按钮"⚖"。

◆ 命令：在命令行输入镜像命令 MIRROR/MI。

【提示】　镜像编辑操作有两种方式，执行该命令时，选择镜像对象，然后依次指定镜像线上的两个点，命令行将提示"要删除源对象吗？［是（Y）否（N）］＜N＞"，按【Enter】键镜像复制对象，并保留原来的对象，输入 Y，则镜像复制对象的同时删除源对象。

【例 2-17】　门的镜像，如图 2-90 所示。

◆ 输入命令 MIRROR，按【Enter】键

◆ 命令行提示：MIRROR 选择对象：//选择对象，按【Enter】键。

◆ 命令行提示：MIRROR 指定镜像线的第一点：//指定第一点。

◆ 命令行提示：MIRROR 指定镜像线的第二点：//指定第二点。

◆ 命令行提示：MIRROR 要删除源对象吗？［是（Y）否（N）］＜N＞：//输入 N，或按【Enter】键完成。

图 2-90　镜像命令示例

2.3.3.4　偏移

调用命令的方法如下。

◆ 菜单栏：单击菜单栏中的"修改"→"偏移"命令。

◆ 工具栏：单击"修改"工具栏"偏移"按钮" "。

◆ 命令：在命令行输入偏移命令 OFFSET/O。

【提示】　在执行"偏移"命令时，只能以点选的方式选择对象，每次只能偏移一个对象。不同对象偏移结果也不同，比如，圆、椭圆等对象偏移后，对象的尺寸发生了变化，而直线偏移后，尺寸则保持不变。

【例 2-18】　将一条直线向上方偏移 20，如图 2-91 所示。

◆ 输入命令 O，按【Enter】键。

◆ 命令行提示：OFFSET 指定偏移距离或［通过（T）删除（E）图层（L）］＜10＞：//输入偏移距离 20。

◆ 命令行提示：OFFSET 选择要偏移的对象，或［退出（E）放弃（U）］＜退出＞：//选择要偏移的对象。

◆ 命令行提示：OFFSET 指定要偏移的那一侧上的点，或［退出（E）多个（M）放弃（U）］＜退出＞：//在直线的上方单击左键按【Enter】键完成。

图 2-91　偏移命令示例

【例 2-19】　将半径为 30 的圆向里移两个距离为 5，如图 2-92 所示。

◆ 输入命令 O，按【Enter】键。

◆ 命令行提示：OFFSET 指定偏移距离或［通过（T）删除（E）图层（L）］＜10＞：//输入偏移距离 5。

◆ 命令行提示：OFFSET 选择要偏移的对象，或［退出（E）放弃（U）］＜退出＞：//选择要偏移的对象。

◆ 命令行提示：OFFSET 指定要偏移的那一侧上的点，或［退出（E）多个（M）放弃（U）］＜退出＞：//输入 M。

◆ 命令行提示：OFFSET 指定要

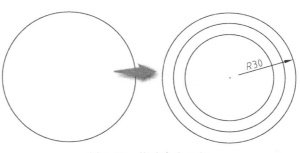

图 2-92　偏移命令示例

偏移的那一侧上的点，或［退出（E）放弃（U）］＜退出＞：//向圆的里面一次单击左键两次按【Enter】键完成。

2.3.3.5 矩形阵列

调用命令的方法如下。

◆ 菜单栏：单击菜单栏中的"修改"→"阵列"→"矩形阵列"命令。

◆ 工具栏：单击"修改"工具栏"矩形阵列"按钮" "。

◆ 命令：在命令行输入矩形阵列命令 ARRAYRECT/AR。

【提示】 可以通过阵列命令多重复制对象，创建规则图形结构的复合命令。

【例2-20】 将下列图形进行矩形阵列，如图2-93所示。

◆ 输入命令 ARRAYRECT，按【Enter】键。

◆ 命令行提示：ARRAYRECT 选择对象 //选择要阵列的图形。

◆ 命令行提示：ARRAYRECT 选择夹点以编辑阵列或［关联（AS）基点（B）计数（COU）间距（S）列数（COL）行数（R）层数（L）退出（X）］＜退出＞：//输入COU按【Enter】键。

◆ 命令行提示：ARRAYRECT 输入列数或［表达式］＜4＞：//输入5按【Enter】键。

◆ 命令行提示：ARRAYRECT 输入行数或［表达式］＜3＞：//输入1按【Enter】键。

◆ 命令行提示：ARRAYRECT 选择夹点以编辑阵列或［关联（AS）基点（B）计数（COU）间距（S）列数（COL）行数（R）层数（L）退出（X）］＜退出＞：//输入S按回车键。

◆ 命令行提示：ARRAYRECT 指定列之间的距离或［单位单元（U）］＜77.34＞：//输入48按【Enter】键。

◆ 命令行提示：ARRAYRECT 指定行之间的距离＜184.42＞：//输入1按【Enter】键完成矩形阵列。

图2-93 矩形阵列

2.3.3.6 环形阵列

调用命令的方法如下。

◆ 菜单栏：单击菜单栏中的"修改"→"阵列"→"环形阵列"命令。

◆ 工具栏：单击"修改"工具栏"环形阵列"按钮" "。

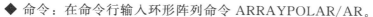

◆ 命令：在命令行输入环形阵列命令 ARRAYPOLAR/AR。

【提示】 环形阵列就是将图形呈环形进行排列。

【例 2-21】 将灯具图形周围的灯泡呈环形阵列，如图 2-94 所示。

◆ 输入命令 ARRAYPOLAR，按【Enter】键。

◆ 命令行提示：ARRAYPOLAR 选择对象 //选择要阵列的图形，按【Enter】键。

◆ 命令行提示：ARRAYPOLAR 指定阵列的中心点或［基点（B）旋转轴（A）］：//拾取大圆的中心点作为阵列的中心点。

◆ 命令行提示：ARRAYPOLAR 选择夹点以编辑阵列或［关联（AS）基点（B）项目（I）项目间角度（A）填充角度（F）行（ROW）层数（L）旋转项目（ROT）退出（X）］＜退出＞：//输入 I 按【Enter】键。

◆ 命令行提示：ARRAYPOLAR 输入阵列中的项目数或［表达式（E）］＜6＞：//输入 8 按【Enter】键。

◆ 命令行提示：ARRAYPOLAR 选择夹点以编辑阵列或［关联（AS）基点（B）项目（I）项目间角度（A）填充角度（F）行（ROW）层数（L）旋转项目（ROT）退出（X）］＜退出＞：//输入 F 按【Enter】键。

◆ 命令行提示：ARRAYPOLAR 指定填充角度（＋＝逆时针、－＝顺时针）或［表达（EX）］＜360＞：/按【Enter】键完成阵列。

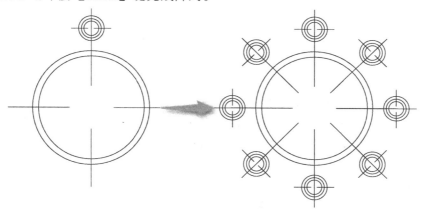

图 2-94　环形阵列

2.3.3.7　路径阵列

调用命令的方法如下。

◆ 菜单栏：单击菜单栏中的"修改"→"阵列"→"路径阵列"命令。

◆ 工具栏：单击"修改"工具栏"路径阵列"按钮"⌇"。

◆ 命令：在命令行输入路径阵列命令 ARRAYPATH/AR。

【提示】 该命令用于将对象沿指定的路径或路径的某部分进行等距阵列，路径可以是直线、多线、样条曲线、圆、椭圆和圆弧等。

【例 2-22】 将灯具上的灯泡进行路径阵列，如图 2-95 所示。

◆ 输入命令 ARRAYPATH，按【Enter】键。

◆ 命令行提示：ARRAYPATH 选择对象：//选择要阵列的图形，按【Enter】键。

◆ 命令行提示：ARRAYPATH 选择路径曲线：//选择圆作为路径曲线。

◆ 命令行提示：ARRAYPATH 选择夹点以编辑阵列或［关联（AS）方法（M）基点（B）切向（T）项目（I）行（R）层（L）对齐项目（A）Z方向（Z）退出（X）］<退出>：//输入 M 按【Enter】键。

◆ 命令行提示：ARRAYPATH 输入路径方法［定数等分（D）定距等分（M）］<定距等分>：//输入 D 按【Enter】键。

◆ 命令行提示：ARRAYPATH 选择夹点以编辑阵列或［关联（AS）方法（M）基点（B）切向（T）项目（I）行（R）层（L）对齐项目（A）Z方向（Z）退出（X）］<退出>：//输入 I 按【Enter】键。

◆ 命令行提示：ARRAYPATH 输入沿路径的项目数或［表达式（E）］<8>：//按【Enter】键完成阵列。

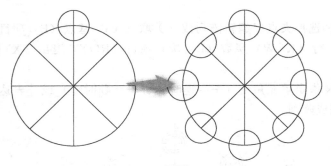

图 2-95　路径阵列

2.3.4　缩放和拉伸对象

2.3.4.1　缩放命令

调用命令的方法如下。

◆ 菜单栏：单击菜单栏中的"修改"→"缩放"命令。

◆ 工具栏：单击"修改"工具栏"缩放"按钮"　"。

◆ 命令：在命令行输入缩放命令 SCALE/SC。

【提示】　"缩放"命令是指将对象按照一定的比例进行等比例放大或者缩小，先选择对象然后指定基点，如果输入的比例因子大于 1，对象将被放大；如果输入的比例小于 1，对象将被缩小。

【例 2-23】　将桌椅等比缩放 1.5 倍，如图 2-96 所示。

◆ 输入命令 SCALE，按【Enter】键。

◆ 命令行提示：SCALE 选择对象：//选择要缩放的图形，按【Enter】键。

◆ 命令行提示：SCALE 指定基点：//指定缩放图形的基点，按【Enter】键。

◆ 命令行提示：SCALE 指定比例因子或［复制（C）参照（R）］：//输入比例因子 1.5，按【Enter】完成缩放。

2.3.4.2　拉伸命令

调用命令的方法如下。

◆ 菜单栏：单击菜单栏中的"修改"→"拉伸"命令。

◆ 工具栏：单击"修改"工具栏"拉伸"按钮"　"。

◆ 命令：在命令行输入缩放命

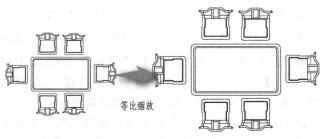

等比缩放

图 2-96　等比缩放

令 STRETCH/S。

【提示】 拉伸命令对选择对象按规定的方向和角度拉长或缩短，并使对象的形状发生改变。通过交叉选择的拉伸对象，如果所有夹点都落入选择框内，图形将发生平移；如果部分夹点落入选择框，图形将沿拉伸位移拉伸；如果没有夹点落入选择窗口，图形将保持不变。

【例 2-24】 将窗户右侧的墙面向右拉伸 500，如图 2-97 所示。

◆ 输入命令 STRETCH，按【Enter】键。

◆ 命令行提示：STRETCH 选择对象：//选择要拉伸的图形，按【Enter】键。

◆ 命令行提示：STRETCH 指定基点或［位移（D）］＜位移＞：//指定缩放图形的基点，按【Enter】键。

◆ 命令行提示：STRETCH 指定第二个点或＜使用第一个点作为位移＞：//输入 500，按【Enter】完成。

图 2-97 拉伸图形

2.3.5 打断、合并、光顺曲线和分解对象

2.3.5.1 打断命令

调用命令的方法如下。

◆ 菜单栏：单击菜单栏中的"修改"→"打断"命令。

◆ 工具栏：单击"修改"工具栏"打断于点"按钮"⌐"或"打断"按钮"⌐"。

◆ 命令：在命令行输入打断命令 BREAK/BR。

【提示】 "打断于点"命令是将线段进行无缝断开，分离成两条独立的线段，但线段之间没有空隙。"打断"命令是在对象上创建两个打断点，使对象以一定的距离断开。

【例 2-25】 将线段 AB 从点 C 处打断为两条线段 AC、BC，如图 2-98 所示。

◆ 输入命令 BREAK，按【Enter】键。

◆ 命令行提示：BREAK 选择对象：//选择要打断的对象，按【Enter】键。

◆ 命令行提示：BREAK 指定第一个打断点：//在线段 AB 上的 C 点处单击鼠标左键完成。

图 2-98 打断于点

【例 2-26】 将图中的线段打断，如图 2-99 所示。

◆ 输入命令 BREAK，按【Enter】键。

◆ 命令行提示：BREAK 选择对象：//选择矩形。

◆ 命令行提示：BREAK 指定第二个打断点或［第一点（F）］：//输入 F，按【Enter】键。

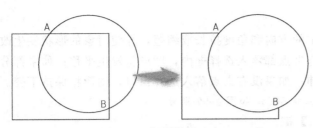

图 2-99　打断前后对比

◆ 命令行提示：指定第一个打断点：//指定第一个打断点 A。

◆ 命令行提示：指定第二个打断点：//指定第二个打断点 B，完成打断。

2.3.5.2　合并命令

调用命令的方法如下。

◆ 菜单栏：单击菜单栏中的"修改"→"合并"命令。

◆ 工具栏：单击"修改"工具栏"合并"按钮"￮￮"。

◆ 命令：在命令行输入合并命令 JOIN/J。

【提示】 合并对象是指将相似的图形对象合并为一个对象，可以合并的对象包括圆弧、椭圆弧、直线、多段线和样条曲线等。

【例 2-27】 将圆弧合并为圆，如图 2-100 所示。

◆ 输入命令 JOIN，按【Enter】键。

◆ 命令行提示：JOIN 选择源对象或要一次合并的多个对象：//选择圆弧，按【Enter】键。

◆ 命令行提示：JOIN 选择圆弧，以合并到源或进行［闭合（L）］：//输入 L，按【Enter】键完成。

图形示例，如图 2-101 所示。

图 2-100　合并图形示例

图 2-101　合并前后对比

2.3.5.3　光顺曲线

调用命令的方法如下。

◆ 菜单栏：单击菜单栏中的"修改"→"光顺曲线"命令。

◆ 工具栏：单击"修改"工具栏"光顺曲线"按钮"〜"。

◆ 命令：在命令行输入光顺曲线命令 BLEND/BL。

【提示】 "光顺曲线"命令用于在两图线间创建相切或平滑的样条曲线。

【例 2-28】 将两条直线的两个端点 AC 用光顺曲线连接，如图 2-102 所示。

◆ 输入命令 BLEND，按【Enter】键。

◆ 命令行提示：BLEND 选择第一个对象或［连续性（CON）］：//选择直线 AB。

◆ 命令行提示：BLEND 选择第二个点：//选择直线 CD，完成光顺曲线。

图形示例，如图 2-103、图 2-104 所示。

2.3.5.4　分解对象

调用命令的方法如下。

◆ 菜单栏：单击菜单栏中的"修改"→"分解"命令。

◆ 工具栏：单击"修改"工具栏"分解"按钮"￮￮"。

图 2-102　光顺曲线前后对比

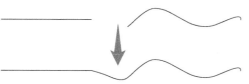

图 2-103　光顺曲线前后对比（一）

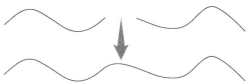

图 2-104　光顺曲线前后对比（二）

◆ 命令：在命令行输入分解命令 EXPLODE/X。

【提示】　"分解"命令用于将复合对象还原为一般对象，如多段线、图案填充和块等。

【例 2-29】　将灶头平面图例（块）进行分解，如图 2-105 所示。

◆ 输入命令 EXPLODE，按【Enter】键。

◆ 命令行提示：EXPLODE 选择对象：//选择直线对象，按【Enter】键完成分解。

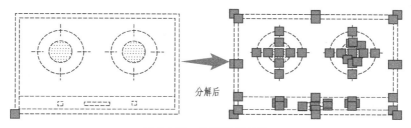

图 2-105　分解前后对比

2.3.6　倒角和圆角对象

2.3.6.1　倒角

调用命令的方法如下。

◆ 菜单栏：单击菜单栏中的"修改"→"倒角"命令。

◆ 工具栏：单击"修改"工具栏"倒角"按钮"◻"。

◆ 命令：在命令行输入倒角命令 CHAMFER/CHA。

【提示】　"倒角"命令用于两条或多条图线做出有斜度的倒角，用于倒角的对象一般为直线、多段线、矩形、多边形等，不能倒角的图线有圆、圆弧、椭圆和椭圆弧等。

命令执行中部分选项的含义如下。

◆ 多段线（P）：该选项可对由多段线组成的图形的所有角同时进行倒角。

◆ 角度（A）：该选项以指定一个角度和一段距离的方法来设置倒角的距离。

◆ 修剪（T）：该选项设定修剪模式，控制倒角处理后是否删除原角的组成对象，默认为删除。

◆ 多个（M）：该选项可连续对组对象进行倒角处理，直至结束命令为止。

【例2-30】 将300×150矩形的四个角倒角，第一个倒角距离为50，第二个倒角距离为30，如图2-106所示。

◆ 输入命令CHAMFER。

◆ 命令行提示：CHAMFER 选择第一条直线或［放弃（U）多段线（P）距离（D）角度（A）修剪（T）方式（E）多个（M）］：//输入M，按【Enter】键。

◆ 命令行提示：CHAMFER 选择第一条直线或［放弃（U）多段线（P）距离（D）角度（A）修剪（T）方式（E）多个（M）］：//输入D，按【Enter】键。

◆ 命令行提示：CHAMFER 指定第一个倒角距离＜0.0000＞：//输入50，按【Enter】键。

◆ 命令行提示：CHAMFER 指定第二个倒角距离＜50.0000＞：//输入30，按【Enter】键。

◆ 命令行提示：CHAMFER 选择第一条直线或［放弃（U）多段线（P）距离（D）角度（A）修剪（T）方式（E）多个（M）］：//选择第一条直线。

◆ 命令行提示：CHAMFER 选择第二条直线，或按住【Shift】键选择直线以应用角点或［距离（D）角度（A）修剪（T）方式（E）］：//选择第二条直线，按【Enter】键完成（按照命令行提示依次选择直线完成四个倒角）。

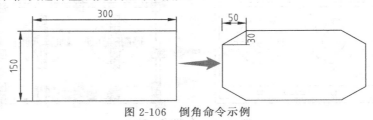

图2-106　倒角命令示例

图形示例，如图2-107、图2-108所示。

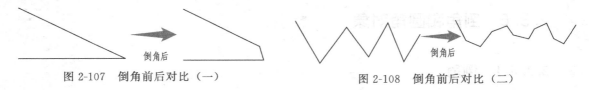

图2-107　倒角前后对比（一）　　　　图2-108　倒角前后对比（二）

2.3.6.2　圆角

调用命令的方法如下。

◆ 菜单栏：单击菜单栏中的"修改"→"圆角"命令。

◆ 工具栏：单击"修改"工具栏"圆角"按钮"⌒"。

◆ 命令：在命令行输入圆角命令FILLET/F。

【提示】 "圆角"命令用于将两条相交的直线通过一个圆弧连接起来，圆弧半径可以自由指定。

【例2-31】 用半径为100的圆弧将圆和直线连接，如图2-109所示。

◆ 输入命令FILLET，按【Enter】键。

◆ 命令行提示：FILLET 选择第一个对象或［放弃（U）多段线（P）半径（R）修剪（T）多个（M）］：//输入R，按【Enter】键。

◆ 命令行提示：FILLET 指定圆角半径＜30.0000＞：//输入 100，按【Enter】键

◆ 命令行提示：FILLET 选择第一个对象或［放弃（U）多段线（P）半径（R）修剪（T）多个（M）］：//选择第一个对象圆

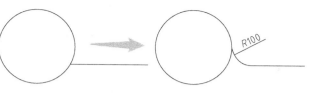

图 2-109　圆角命令示例

◆ 命令行提示：FILLET 选择第二个对象，或按住【Shift】键选择直线以应用角点或［半径（R）］：//选择第二个对象直线完成圆角。

图形示例，如图 2-110、图 2-111 所示。

图 2-110　圆角前后对比（一）　　　　图 2-111　圆角前后对比（二）

2.3.7　使用夹点编辑对象

夹点指的是图形对象上的一些特征点，如端点、顶点、中点、圆心、中心点等，图形的位置和形状通常是由夹点的位置决定的。单击图形对象进入夹点模式，图形对象以虚线显示，图形上的特征点将显示为蓝色的小方框，如图 2-112 所示。

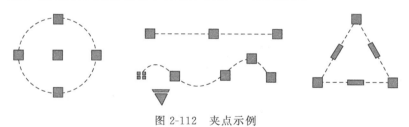

图 2-112　夹点示例

蓝色小方框显示的夹点处于未激活状态，单击某个未激活夹点，该夹点以红色小方框显示，处于被激活状态，被激活的夹点称为热夹点。以热夹点为基点，可以对图形对象进行拉伸、移动、旋转、缩放、镜像、基点、复制等操作。

【提示】　激活热夹点时按住【Shift】键，可以选择激活多个热夹点。

2.3.8　图案填充和渐变色

2.3.8.1　图案填充

调用命令的方法如下。

◆ 菜单栏：单击菜单栏中的"绘图"→"图案填充"命令。

◆ 工具栏：单击"绘图"工具栏"图案填充"按钮"Ⅲ"。

◆ 命令：在命令行输入图案填充命令 BHATCH/BH。

【例 2-32】 对以下图形进行图案填充。

◆ 输入命令 BHATCH

◆ 弹出"图案填充和渐变色"对话框，如图 2-113 所示。单击图案填充按钮，单击"样例"文本框中的图案，或单击"图案"列表右端的按钮"…"，打开"填充图案选项板"对话框，如图 2-114 所示，选择需要填充的图案。

图 2-113 "图案填充和渐变色"对话框

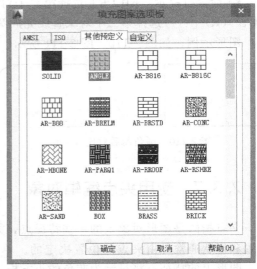

图 2-114 "填充图案选项板"对话框

图 2-115 图案填充示例

◆ 返回"图案填充和渐变色"对话框，设置填充比例为 0.5，然后单击"添加：选择对象"按钮"📷"，选择圆形作为填充边界，按【Enter】键，返回"图案填充和渐变色"对话框，单击确定完成圆形和矩形对象的填充，如图 2-115 所示。

【提示】

◆ 图案填充的对象一定是闭合的区域，图案的角度根据需要输入数值，各图案都有默认的比例，如果比例不合适（太密或太稀），可以输入数值给出新比例。

◆ "双向"复选框仅适用于用户定义图案，勾选该复选框，将增加一组与原图线垂直的线。

◆ "ISO 笔宽"选项决定运用 ISO 剖面线图案的线与线之间的间隔，它只在选择 ISO 线型图案时才可以用。

◆ "添加：拾取点"按钮"📷"用于在填充区域内部拾取任意一点，将自动搜索到包含该内点的区域边界，并以虚线显示边界。

◆ "添加：选择对象"按钮"📷"用于直接选择需要填充的单个闭合图形，作为填充边界。

◆ "删除边界"按钮""用于删除位于选定填充区内但不填充的区域。

◆ "查看选择集"按钮"🔍"用于查看所确定的边界。

◆ "注释性"复选框用于为图案添加注释特性。

◆ "关联"与"创建独立的图案填充"复选框用于确定填充图形与边界的关系，分别用于创建关联和不关联的填充图案。

◆ "绘图次序"下拉列表用于设置填充图案和填充边界的绘图次序。

◆ "图层"下拉列表用于设置填充图案的所在层。

◆ "透明度"用于设置填充图案的透明度，拖动滑块可以调整透明度值。

◆ "继承特性"按钮"🖋"用于在当前图形中选择一个已填充的图案，系统将继承该图案类型的一切属性并将设置为当前图案。

2.3.8.2 渐变色

调用命令的方法如下。

◆ 菜单栏：单击菜单栏中的"绘图"→"渐变色"命令。

◆ 工具栏：单击"绘图"工具栏"渐变色"按钮"▓"。

◆ 命令：在命令行输入图案填充命令 BHATCH/BH。

【提示】 "渐变色"选项卡如图 2-116 所示，单击右下角的"更多选项"扩展按钮"Ⓥ"，可展开右侧的"孤岛"选项。

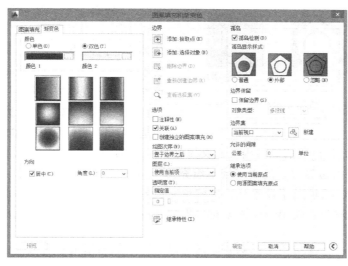

图 2-116 "渐变色"选项卡

◆ "单色"单选按钮用于以一种渐变色进行填充，"双色"单选按钮用于以两种颜色的渐变色作为填充色。双击该颜色框或者单击其右侧的"⋯"按钮，可以弹出"选择颜色"对话框，用户可根据需要选择所需的颜色，如

图 2-117 "颜色"选项卡

图 2-117、图 2-118 所示。

◆ 激活"单色",双色下方的显示框会变成"暗--明"滑动条,拖动滑动块可以调整填充颜色的明暗度,如图 2-119 所示。如果激活"双色"选项,此滑动条自动转换为颜色显示框,如图 2-120 所示。

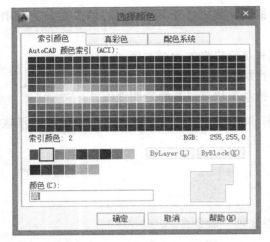

图 2-118 "选择颜色"对话框

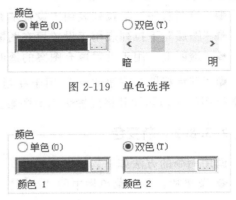

图 2-119 单色选择

图 2-120 双色选择

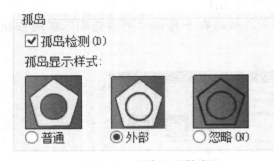

图 2-121 孤岛显示样式

◆ "角度"选项用于设置渐变填充的倾斜角度。

◆ "孤岛显示样式"选项组提供了"普通"、"外部"和"忽略"三种方式,如图 2-121所示。其中"普通"方式是从最外层的外边界向内边界填充,第一层填充,第二层不填充,如此交替进行;"外部"方式只填充从最外边界向内第一边界之间的区域;"忽略"方式忽略最外层边界以内的其他任何边界,以最外层边界向内填充全部图形(孤岛是指在一个边界包围的区域内又定义了另外一个边界,它可以实现对两个边界之间的区域进行填充,而内边界包围的内区域不填充。)

◆ "边界保留"选项用于设置是否保留填充边界,系统默认设置为不保留填充边界。

◆ "允许的间隙"选项用于设置填充边界的允许间隙值,在间隙值范围内的非封闭区域也可填充图案。

◆ "继承选项"选项组用于设置图案填充的原点,即使用当前原点还是使用源图案填充的原点。

2.3.9　图块及其属性

"图块"是指将多个图形对象集合起来,形成一个单一的组合图元,常用于绘制复杂、重复的图形。以方便用户对其进行选择、应用和编辑等。对象被定义成块前后的夹点效果如图 2-122 所示。

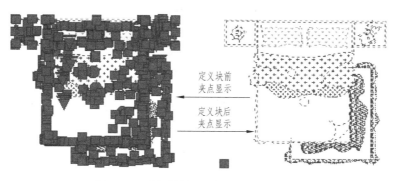

图 2-122   图形被定义成块前后夹点对比

2.3.9.1   创建块

"创建块"命令主要将一个或多个图形集合成为一个整体图形单元，一旦对象组合成块，保存于当前图形文件中，以供当前文件重复使用，就可以根据绘图需要，将这组图形单元插入到图中任意指定位置，避免重复绘制图形。

调用命令的方法如下。

◆ 菜单栏：单击菜单栏中的"绘图"→"块"命令。

◆ 工具栏：单击"绘图"工具栏"创建块"按钮 "⬚⬚"。

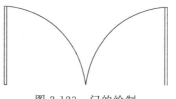

◆ 命令：在命令行输入创建块命令 BLOCK/B。

【提示】   图块名是一个不超过 255 个字符的字符串，可包含字母、数字、"-"、"_"及"$"等符号。在定位图块的基点时，一般将图形上的特征点进行捕捉。在"块定义"对话框中，勾选了"按统一比例缩放"复选框，那么在插入时，仅可以对块进行等比缩放。

图 2-123   门的绘制

【例 2-33】   绘制门图例将其定义成块，具体操作步骤如下。

◆ 绘制图形门，如图 2-123 所示。

◆ 单击"绘图"工具栏"创建块"按钮 "⬚⬚"，打开"块定义"对话框，如图 2-124 所示。

图 2-124   "块定义"对话框

◆ 在"名称"文本框内输入"门900"作为块的名称，如图 2-125 所示。

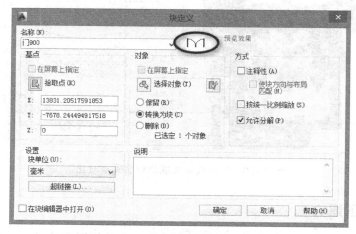

图 2-125　块命名

◆ 在"基点"组合框中，单击"拾取点"按钮""，捕捉门的特征点作为图块的插入点。

◆ 单击"选择对象"按钮""，在图形窗口中选择门图形，按【Enter】键返回"块定义"对话框。

◆ 在"块单位"下拉列表中选择"毫米"为单位。

预览效果，在"块定义"对话框内出现图块的预览图标。

◆ 单击 确定 按钮关闭"块定义"对话框，结果所创建的图块保存在当前文件内，此块将会与文件一起存盘。

【提示】

◆ 对象：用来设置组成块的对象，单击"选择对象"按钮，可以切换到绘图区选择组成块的个对象，也可单击"快速选择"按钮，在打开的"快速选择"对话框中，设置所选对象的过滤条件。

◆ 保留：选择该选项，创建块后仍在绘图区中保留组成块的各对象。

◆ 转化为块：选择该选项，创建块后将组成块的各对象保留并把它们转化成块。

◆ 删除：选择该选项，创建块后删除绘图区中组成块的各对象。

◆ 方式：该选项区域可以设置插入后的图块是否允许被分解、是否统一比例缩放等。

◆ 超链接：选择该选项，可打开"插入超链接"对话框，在该对话框中可以插入超级链接文档。

◆ 在块编辑器中打开：选择该选项，创建图块后，进入块编辑器窗口中，可进行"参数"、"参数集"等选项的设置。

2.3.9.2　写块

使用 BLOCK 命令定义的块为"内部块"，只能在定义该图块的文件内部使用。如果要让创建的图块不但可以被当前文件所使用，还可以供其他文件进行重复引用，就需要用"写块"命令（WBLOCK）定义外部块，具体创建过程如下。

◆ 在命令行输入 Wblock 或 W 后按【Enter】键，激活"写块"命令，打开"写块"对话框，如图 2-126 所示。

◆ 在"源"选项组内激活"块"选项，展开"块"下拉列表框，选择"门900"内部块，如果当前文件中没有定义的块，该选项按钮不可用。

◆ 在"基点"选项组确定插入基点，方法同块定义。

◆ 在"对象"选项组选择保存为块的图形对象，操作方法与定义块时相同。

◆ 在"目标"选项组"文件名和路径"文本框内，设置外部块的存盘路径、名称和单位。

◆ 单击"确定"按钮，"门900"内部块被转化为外部图块，以独立文件形式存盘。

图 2-126 "写块"对话框

【提示】

◆ "块"选项用于将当前文件中的内部图块转化为外部图块。

图 2-127 "源"选项组

◆ "整个图形"选项用于将当前文件中的所有图形对象，创建为一个整体图块进行存盘，如图 2-127 所示。

◆ "对象"选项是系统默认选项，用于有选择性地将当前文件中的部分图形或全部图形创建为一个独立的外部块，操作与创建内部块相同。

2.3.9.3 插入块

"插入块"命令是将内部块、外部块和已存盘的 DWG 文件，引用到当前图形文件中，组合成更为复杂的图形结构，如图 2-128 所示。

调用命令的方法如下。

◆ 菜单栏：单击菜单栏中的"插入"→"块"命令。

◆ 工具栏：单击"绘图"工具栏"插入块"按钮"🗔"。

◆ 命令：在命令行输入插入块命令 INSERT/I。

【例 2-34】 将外部块"门900"应用于当前文件。

◆ 工具栏：单击"绘图"工具栏"插入块"按钮"🗔"。

◆ 在插入对话框名称下拉列表，选择"门900"外部块作为需要插入的图块。

◆ 在"比例"选项组中勾选"统一比例"复选框，并设置块的参数。

◆ 单击 确定 按钮返回绘图区，命令行提示"指定插入点或〔基点（B）比例（S）旋转（R）〕:"//拾取一点作为块的插入点。

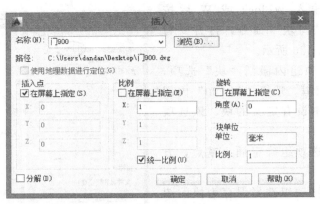

图 2-128 "插入"对话框

【提示】

◆ "名称"用于设置需要插入的内部块。

◆ 如需要插入外部块或已存盘的图形文件，单击 浏览(B)... 按钮，从"选择图形文件"对话框中选择相应的外部块或文件。

◆ "插入点"可勾选"在屏幕上指定"选项，直接在绘图区拾取一点，也可在 X、Y、Z 三个文本框中输入插入点的坐标值。

◆ "比例"选项组用于确定图块的插入比例。

◆ "旋转"选项组用于指定图块插入时的旋转角度，也可勾选"在屏幕上指定"复选框，直接在绘图区指定旋转的角度或者在"角度"文本框中输入图块的旋转角度。

2.3.9.4 编辑块

"块编辑器"命令，可以对当前文件中的图块进行编辑。

调用命令的方法如下。

◆ 选项卡：单击"视图"选项卡→"块"面板→"块编辑器"按钮"⌐з"。

◆ 菜单栏：单击菜单栏中的"工具"→"块编辑器"命令。

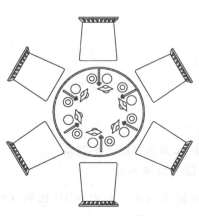

图 2-129 块文件

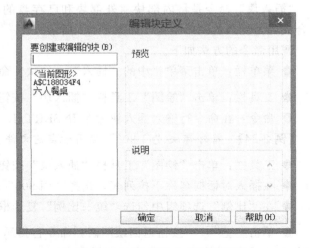

图 2-130 "编辑块定义"对话框

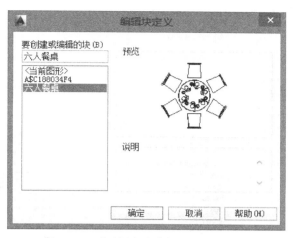

图 2-131 "要创建或编辑的块"选项组

◆ 命令：在命令行输入块编辑器命令 BEDIT/BE。

【例 2-35】 对块文件六人餐桌进行编辑，对餐椅进行图案填充。

◆ 打开块文件六人餐桌，如图 2-129 所示。

◆ 单击菜单栏中的"工具"→"块编辑器"命令，打开如图 2-130 所示的"编辑块定义"对话框。

◆ 在"编辑块定义"对话框中双击六人餐桌，如图 2-131 所示。

◆ 单击 确定 按钮，打开块编辑窗口，如图 2-132 所示。

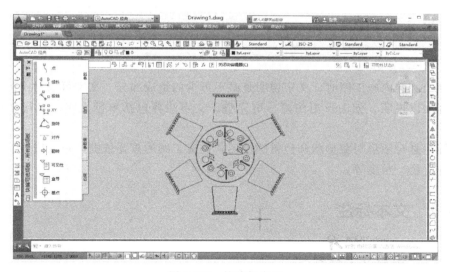

图 2-132 块编辑窗口

◆ 使用快捷键 H 打开"图案填充"命令，设置图案填充与参数，如图 2-133 所示。

◆ 椅子平面图填充结果如图 2-134 所示。

◆ 单击"块编辑器"选项卡"打开\保存"面板"保存块定义"，进行保存。

◆ 关闭块编辑器，结果六人餐桌图块被更新。

图 2-133 "图案填充和渐变色"对话框

图 2-134 椅子填充

2.4 文本与尺寸标注

文本在绘制室内施工图时，文字说明是必不可少的组成部分。文字可以对图形中不便于表达的内容加以说明，使图形更清晰、更完整。文字注释包括单行文字、多行文字和引线文字。

尺寸标注是对图形对象形状和位置的说明，是施工图的重要依据，包括线性、对齐、弧长、半径、直径、角度等。

2.4.1 文本标注

2.4.1.1 设置文字样式

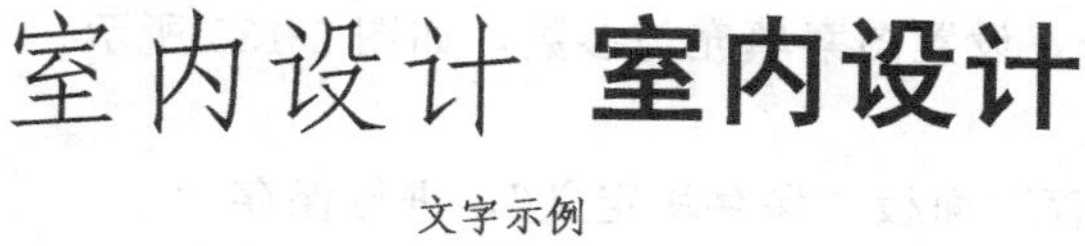

室内设计 **室内设计**

文字示例

图 2-135 文字样式示例

在标注文字之前，首先需要设置文字样式，使其更符合文字标注的要求。通过"文字样式"命令来完成，来设置字体、字号以及其他特殊效果等。相同的文字，使用不同的文字样式，其外观效果也不相同，如图 2-135 所示。

调用命令的方法如下。

◆ 选项卡：单击"默认"选项卡→"注释"面板→"文字样式"按钮"**A**"。

◆ 菜单栏：单击菜单栏中的"格式"→"文字样式"命令。

◆ 工具栏：单击"绘图"工具栏"文字样式"按钮"**A**"。

◆ 命令：在命令行输入文字样式命令 Style/ST。

【提示】如果设置了文字高度，当创建文字时，命令行就不会再提示输入文字高度，建议在此不要设置字体的高度；"注释性"复选框用于为文字添加注释特性。

国标规定工程图样中的汉字应采用长仿宋体，宽高比为 0.7，当此比值大于 1 时，文字宽度放大，否则将缩小。

【例 2-36】 设置名为"仿宋"的文字样式，具体步骤如下：

◆ 单击菜单栏中的"格式"→"文字样式"命令，打开"文字样式"对话框，如图 2-136所示。

图 2-136 "文字样式"对话框

◆ 单击新建按钮，在打开的"新建文字样式"对话框中输入"仿宋"，如图 2-137 所示。

◆ 设置字体。在"字体"选项组中展开"字体名"下拉表框，选择所需的字体。

◆ 设置字体高度。"高度"文本框中输入文字高度。

图 2-137 "新建文字样式"对话框

◆ 设置文字效果。"颠倒"复选框中可以设置文字为倒置状态；"反向"复选框中可以设置文字为反向状态；"垂直"复选框中可以设置文字呈垂直排列状态；"倾斜角度"文本框可以设置文字倾斜角度。

◆ 设置宽度比例。在"宽度因子"文本框中设置字体的宽高比。

◆ 单击删除按钮可以将多余的文字样式删除。

◆ 单击应用按钮，设置的文字样式被看作当前样式。

◆ 单击关闭按钮，关闭"文字样式"对话框。

2.4.1.2 标注单行文字

调用命令的方法如下。

◆ 菜单栏：单击菜单栏中的"绘图"→"文字"→"单行文字"命令。

◆ 工具栏：单击"文字"工具栏"单行文字"按钮 **A**。

◆ 命令：在命令行输入单行文字命令 TEXT/DT。

【例 2-37】 输入单行文字"三居室方案设计图"，如图 2-138 所示。

◆ 工具栏：单击"文字"工具栏"单行文字"按钮 **A**。

◆ 命令行提示：TEXT 指定文字起点或［对正（J）样式（S）］：//指定文字起点，并移动光标，确定文字方向。

◆ 命令行提示：TEXT 指定高度<2.5>：//输入文字高度 100。

◆ 命令行提示：TEXT 指定文字的旋转角度<0>：//输入文字旋转角度，输入文字。

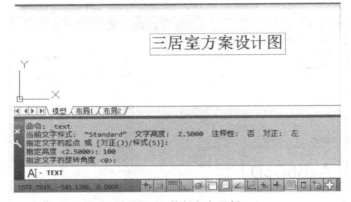

图 2-138　单行文字示例

【提示】 执行 TEXT 命令后，命令行提示"指定文字的起点或［对正（J）样式（S）］："提示下输入 J，命令行将显示如下提示：TEXT 输入选项［左（L）居中（C）右（R）对齐（A）中间（M）布满（F）左上（TL）中上（TC）右上（TR）左中（ML）正中（MC）右中（MR）左下（BL）中下（BC）右下（BR）］：

◆ 左：拾取一点作为文字基线的左端点，以基线的左端点对齐文字，此方式为默认方式。

◆ 居中：拾取文字的中心点，此中心点就是文字基线的中点，即以基线的中点对齐文字。

◆ 右：拾取一点作为文字基线的右端点，以基线的右端点对齐文字。

◆ 对齐：拾取文字基线的起点和终点，系统会根据起点和终点的距离自动调整字高。

◆ 中间：拾取文字的中间点，此中间点就是文字基线的垂直中线和文字高度的水平中线的交点。

◆ 布满：拾取文字基线的起点和终点，系统会以拾取的两点之间的距离自动调整宽度系数，但不改变字高。

◆ 左上：拾取文字的左上点，就是文字顶线的左端点，以顶线的左端点对齐文字。

◆ 中上：拾取文字的中上点，就是文字顶线的中点，以顶线的中点对齐文字。

◆ 右上：拾取文字的右上点，就是文字顶线的右端点，以顶线的右端点对齐文字。

◆ 左中：拾取文字的左中点，就是文字中线的左端点，以中线的左端点对齐文字。

◆ 正中：拾取文字的中间点，就是文字中线的中点，以中线的中点对齐文字。

◆ 右中：拾取文字的右中点，就是文字中线的右端点，以中线的右端点对齐文字。

◆ 左下：拾取文字的左下点，就是文字底线的左端点，以底线的左端点对齐文字。

◆ 中下：拾取文字的中下点，就是文字底线的中点，以底线的中点对齐文字。

◆ 右下：拾取文字的右下点，就是文字底线的右端点，以底线的右端点对齐文字。

2.4.1.3　标注多行文字

◆ 菜单栏：单击菜单栏中的"绘图"→"文字"→"多行文字"命令。

◆ 工具栏：单击"文字"工具栏"多行文字"按钮 A 或者单击"绘图"工具栏"多行文字"按钮 A。

◆ 命令：在命令行输入多行文字命令 MTEXT/T。

【例2-38】 创建多行文字，如图2-139所示。

◆ 单击菜单栏中的"绘图"→"文字"→"多行文字"命令。

◆ 命令行提示：MTEXT 指定第一角点：//指定文字起点，并移动光标，确定文字方向。

图纸说明

1.为了便于施工，在保证设计装饰效果不变的前提下，内部构造可根据施工方常用做法作适当调整，但必须确保安全、可靠；
2.图中单位以毫米计，标高以米计，为相对标高。

多行文字示例

图2-139　多行文字

◆ 命令行提示：MTEXT 指定对角点或［高度（H）对正（H）行距（L）旋转（R）样式（S）宽度（W）栏（C）］：//拾取对角点，打开如图2-140所示"文字格式"编辑器。在"文字格式"编辑器中设置字高，然后在下侧文字输入框内输入文字。向下拖曳输入框下侧的下三角按钮，调整列高，按【Enter】键换行，然后输入文字，如图2-140所示。

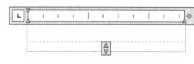

图2-140　"文字格式"编辑器

121

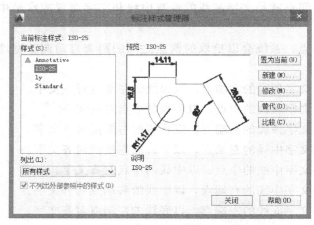
图 2-141 "标注样式管理器"对话框

2.4.2 尺寸标注

尺寸标注是绘图工作中的一个重要内容，图形真实大小以及相互之间的关系，需要通过尺寸标注来表示。在标注尺寸之前，要对尺寸样式进行设定，设定好箭头样式及大小、文字大小、尺寸标注线样式等。

2.4.2.1 设置尺寸标注样式

◆ 单击菜单栏中的"格式"→"标注样式"命令，打开"标注样式管理器"对话框，如图 2-141 所示。

◆ 单击"修改"按钮，打开"修改标注样式：ISO-25"对话框，对线的参数进行设置，如图 2-142 所示。

◆ 切换至"箭头和符号"选项卡，将"箭头"设置为"建筑标记"，在"箭头大小"数值框中，输入合适的数值，如图 2-143 所示。

◆ 切换至"文字"选项卡，设置合适的"文字高度"数值以及文字位置，如图 2-144 所示。

◆ 切换至"调整"选项卡，在"文字位置"选项区域中，选择"尺寸线上方，带引线"选项，如图 2-145 所示。

◆ 切换至"主单位"选项卡，将"精度"设置为 0，如图 2-146 所示。

◆ 设置完后，单击"确定"按钮，返回"标注样式管理器"对话框，单击"置为当前"按钮，单击"关闭"按钮，完成操作，如图 2-147 所示。

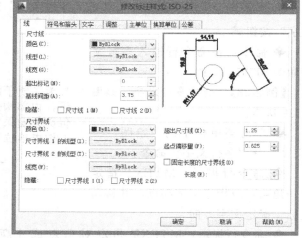
图 2-142 "修改标注样式"对话框

2.4.2.2 线性

"线性"标注主要用于标注两点之间的水平尺寸或垂直尺寸，是一种比较常见的标注工具。调用命令的方法如下。

◆ 单击"注释"选项卡→"标注"面板→"线性"按钮"⊢"。

◆ 菜单栏：单击菜单栏中的"标注"→"线性"命令。

◆ 工具栏：单击"标注"工具栏"线性"按钮"⊢"。

◆ 命令：在命令行输入线性标注命令 DIMLINEAR。

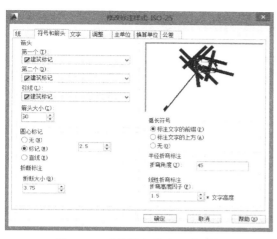

图 2-143 "符号和箭头"选项卡

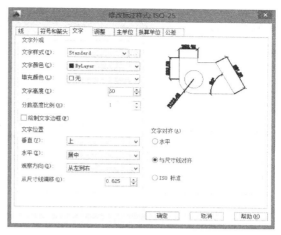

图 2-144 "文字"选项卡

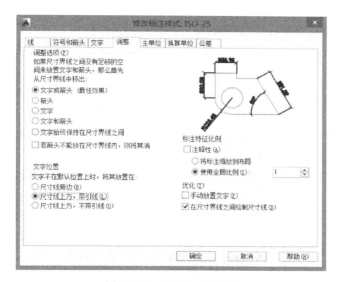

图 2-145 "调整"选项卡

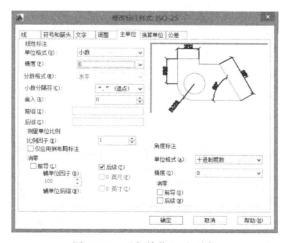

图 2-146 "主单位"选项卡

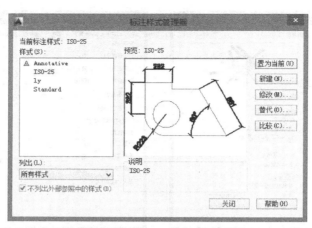

图 2-147 "标注样式管理器"对话框

【例 2-39】 标注门的长度，如图 2-148 所示。

◆ 单击菜单栏中的"标注"→"线性"命令。

◆ 命令行提示：指定第一个尺寸界线原点或<选择对象>：//捕捉图中所示的端点 1。

◆ 命令行提示：指定第二条尺寸界线原点：//捕捉图中所示的端点 2。

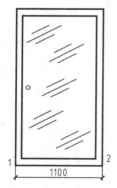

图 2-148 线性标注示例

◆ 命令行提示：指定尺寸线位置或 [多行文字（M）/文字（T）/角度（A）/水平（H）/垂直（V）/旋转（R）]：//向下移动光标，在适当位置拾取一点，以定位尺寸线的位置。

【提示】

◆ 多行文字：在"文字格式"编辑器内，手动输入尺寸的文字内容，或者为尺寸文字添加前后缀等。

◆ 文字：通过命令行，手动输入尺寸文字的内容。

◆ 角度：用于设置尺寸文字的旋转角度。

◆ 水平：用于标注两点之间的水平尺寸。

◆ 垂直：用于标注两点之间的垂直尺寸，当激活该选项后，无论如何移动光标，所标注的始终是对象的垂直尺寸。

◆ 旋转：用于设置尺寸线的旋转角度。

2.4.2.3 对齐

对于尺寸线倾斜的尺寸对象，让尺寸线始终与标注对象平行。

调用命令的方法如下。

◆ 菜单栏：单击菜单栏中的"标注"→"对齐"命令。

◆ 工具栏：单击"标注"工具栏"对齐"按钮"⚹"。

◆ 命令：在命令行输入对齐标注命令 DIMA-LIGNED。

【例 2-40】 对三角形的边长进行标注，如图 2-149

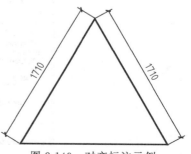

图 2-149 对齐标注示例

所示。

◆ 单击菜单栏中的"标注"→"对齐"命令。

◆ 命令行提示：指定第一个尺寸界线原点或<选择对象>：//捕捉边长的一个端点。

◆ 命令行提示：指定第二条尺寸界线原点：//捕捉边长的另外一个端点。

◆ 命令行提示：[多行文字（M）/文字（T）/角度（A）]：//移动光标，在适当位置拾取一点，以定位尺寸线的位置。

2.4.2.4 半径

调用命令的方法如下。

◆ 菜单栏：单击菜单栏中的"标注"→"半径"命令。

◆ 工具栏：单击"标注"工具栏"半径"按钮"⊙"。

◆ 命令：在命令行输入半径标注命令 DIMRADIUS。

【例 2-41】 标注圆的半径，如图 2-150所示。

◆ 单击菜单栏中的"标注"→"半径"命令。

◆ 命令行提示：选择圆弧或圆：//选择标注对象。

◆ 命令行提示：指定尺寸线位置或［多行文字（M）/文字（T）/角度（A）：//移动光标，在适当位置拾取一点，以定位尺寸线的位置。

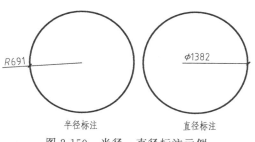

图 2-150 半径、直径标注示例

2.4.2.5 角度

该命令用于标注圆弧对应的中心角、相交直线形成的夹角和三点形成的夹角。

调用命令的方法如下。

◆ 菜单栏：单击菜单栏中的"标注"→"角度"命令。

◆ 工具栏：单击"标注"工具栏"角度"按钮"△"。

◆ 命令：在命令行输入角度标注命令 DIMANGULAR。

【例 2-42】 角度标注，如图 2-151 所示。

◆ 单击菜单栏中的"标注"→"角度"命令。

◆ 命令行提示：选择圆弧、圆或直线或<指定顶点>：//点选一条直线。

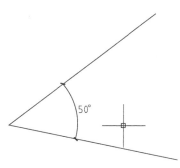

图 2-151 角度标注示例

◆ 命令行提示：选择第二条直线：//点选另一条直线。

◆ 命令行提示：指定标注弧线位置或［多行文字（M）文字（T）角度（A）象限点（Q）］：//移动光标，在适当位置拾取一点，以确定标注弧线位置。

2.4.3 引线标注

在进行多重引线标注时首先需要设置所添加多重引线的外观，具体步骤如下。

◆ 点击菜单栏中的"格式"→"多重引线样式",打开"多重引线样式管理器"对话框,如图 2-152 所示。

◆ 在该对话框中可以新建、修改以及删除多重引线样式。

◆ 单击对话框中的"新建"按钮,打开"创建新多重引线样式"对话框,如图 2-153 所示。在该对话框中指定所创建多重引线样式的名称为圆点,在室内设计制图中,通常采用的引线箭头样式为圆点。

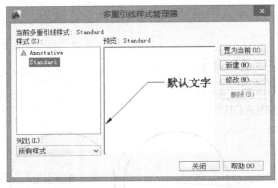

图 2-152 "多重引线样式管理器"对话框

图 2-153 "创建新多重引线样式"对话框

◆ 单击"继续"按钮,打开"修改多重引线样式"对话框对引线及内容进行详细的设置,如图 2-154 所示。

◆ 设置完参数后单击"确定",返回"多重引线样式管理器"对话框,单击"置为当前",设置完毕,如图 2-155 所示。

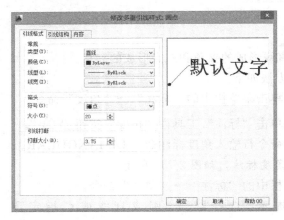

图 2-154 "引线格式"选项卡

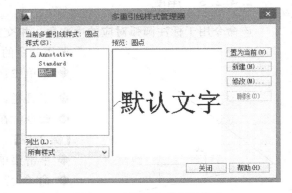

图 2-155 设置多重引线样式

思考与练习

1. 在 AutoCAD2014 中,如何创建点对象?

2. 直线、射线和构造线各有什么特点?如何使用它们绘制辅助线?

3. 如何创建多线样式?多线编辑工具有哪几种,各有什么功能?

4. 图层的建立与图层特性的设置。

5. 综合运用相关知识,绘制如图 2-156～图 2-163 所示图形。

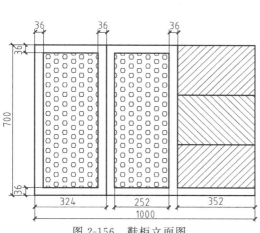

图 2-156　鞋柜立面图

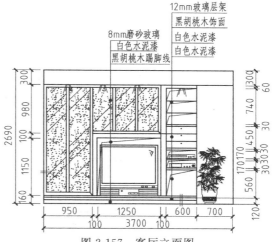

12mm玻璃层架
黑胡桃木饰面
白色水泥漆
白色水泥漆

8mm磨砂玻璃
白色水泥漆
黑胡桃木踢脚线

图 2-157　客厅立面图

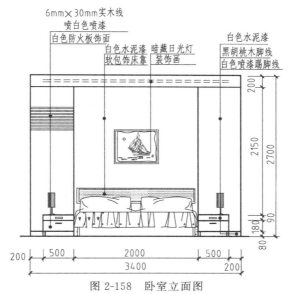

6mm×30mm实木线
喷白色喷漆
白色防火板饰面
白色水泥漆　暗藏日光灯
软包饰床靠　装饰画

白色水泥漆
黑胡桃木脚线
白色喷漆踢脚线

图 2-158　卧室立面图

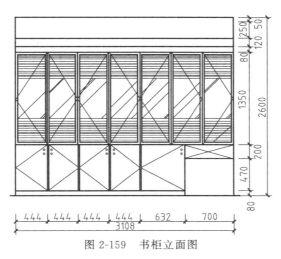

图 2-159　书柜立面图

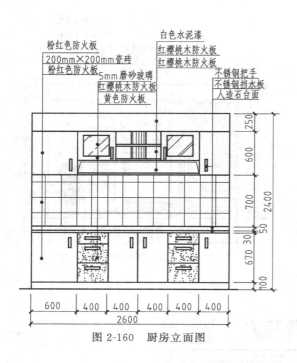

粉红色防火板
200mm×200mm瓷砖
粉红色防火板
5mm磨砂玻璃
红樱桃木防火板
黄色防火板

白色水泥漆
红樱桃木防火板
红樱桃木防火板
不锈钢把手
不锈钢挡水板
人造石台面

250 600 700 2400 50 30 670 100

600 400 400 400 400 400
2600

图 2-160 厨房立面图

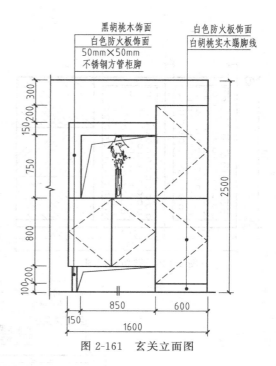

黑胡桃木饰面
白色防火板饰面
50mm×50mm
不锈钢方管柜脚

白色防火板饰面
白胡桃实木踢脚线

150 200 300
750
800
100 200

2500

850 600
150
1600

图 2-161 玄关立面图

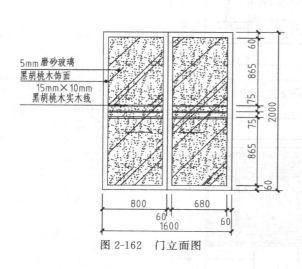

5mm磨砂玻璃
黑胡桃木饰面
15mm×10mm
黑胡桃木实木线

60 865 75 75 865 60
2000

800 680
60 60
1600

图 2-162 门立面图

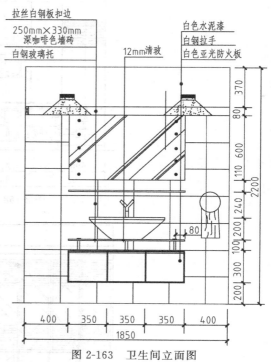

拉丝白钢板扣边
250mm×330mm
深咖啡色墙砖
白钢玻璃托

12mm清玻

白色水泥漆
白钢拉手
白色亚光防火板

370 80 600 110 240 200 200 100 300 200
2200

400 350 350 350 400
1850

图 2-163 卫生间立面图

3

室内装饰施工图绘制

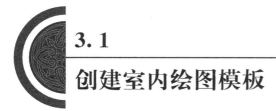

学习目标

知识目标

1. 掌握绘图样板模板的创建步骤。
2. 掌握常用图形的绘制步骤。

技能目标

1. 熟练掌握创建样板模板的命令和方法。
2. 熟练掌握绘制常用图形的命令和方法。

本章重点

掌握室内装饰施工图的绘制方法。

3.1

创建室内绘图模板

3.1

创建室内绘图模板

3.1.1 设置样板模板

样板模板的设置可以方便经常绘图的用户节省绘图环境设置时间,如:用户经常使用 A2 或 A3 幅面,绘图比例为 1∶50 或 1∶100 的图纸进行绘图,这时用户就可以根据自己平时绘图的经验和习惯按下面方法为自己创建一个或多个样板模板来方便用户以后的使用。下面就以 A3 幅面,图纸比例 1∶100 为例,来完成一个样板模板的创建[注:相关设置要符合《房屋建筑 CAD 制图统一规则》(GB/T 18112—2000)的规定]。

(1) 创建样板文件:单击"快速访问"中 ▢ 图标,在弹出的"选择样板"对话框中,选择 acadiso.dwt 文件打开,如图 3-1 所示。

(2) 设置图形单位:打开"格式"|"单位",弹出如图 3-2 所示对话框,设置长度单位精度为 0,单位为毫米(注:图形精度影响计算机的运行效率,精度越高运行越慢,绘制室内施工图时,精度为 0 足以运行)。

图 3-1 "选择样板"对话框

图 3-2 "图形单位"对话框

(3) 设置图形界限:打开"格式"|"图形界限",将图形界限设置为 A3 图幅,A3 图纸大小为 420×297(单位:mm)。但需要注意的是,要把真实物体的尺寸按照 1∶1 的比例绘制在 A3 图纸上是不可能的,因此需要在 A3 图纸上进行比例设置,常用的比例有 1∶100、1∶200、1∶500 等,在这里选择 1∶100。这时,"图形界限"设置就要按照如图 3-3 中所示进行设置。

指定左下角点或 [开(ON)/关(OFF)] <0.0000,0.0000>:

⊞ ▾ LIMITS 指定右上角点 <420.0000,297.0000>: 42000,29700

图 3-3　图形界限设置

（4）创建文字样式：打开"格式"|
"文字样式"，在弹出的"文字样式"对话框
中新建文字样式并命名"仿宋"，将其字体
名更改为"仿宋"（常用），再在"大小"中
将"注释性"选中，图纸文字高度设置为
5.0000（如图 3-4 所示）。

（5）创建尺寸标注样式：打开"格式"|
"标注样式"，新建标注样式如图 3-5 所示。

（6）创建多重引线样式：打开"格式"|
"多重引线样式"，新建多重引线样式如图
3-6所示。

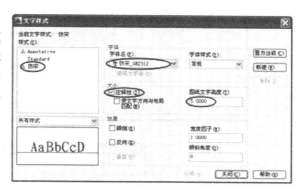

图 3-4　"文字样式"对话框

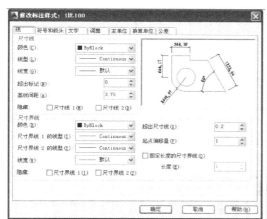

(a)

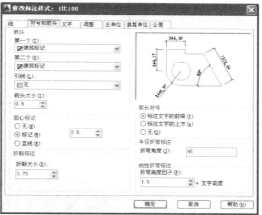

(b)

(c)

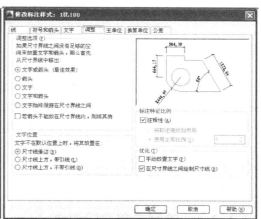

(d)

图 3-5　"标注样式"的设置

(7) 设置图层：打开"格式"｜"图层"，新建图层如图 3-7 所示。

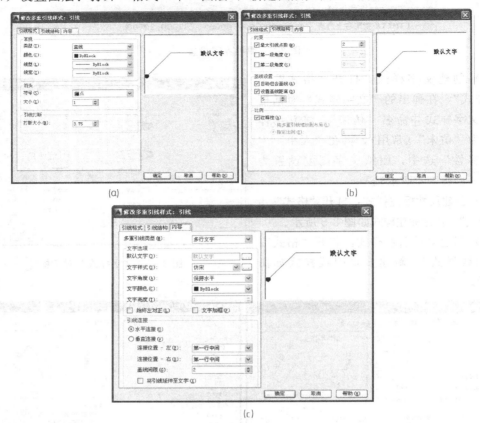

图 3-6 "多重引线样式"设置

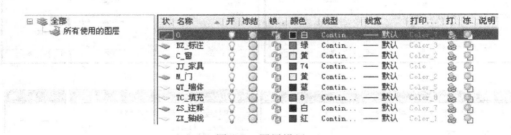

图 3-7 图层设置

(8) 保存样板文件：将文件另存为"AutoCAD 图形样板（＊.dwt）格式"，单击保存［如图 3-8（a）所示］，在弹出的"样板选项"对话框中将"测量单位"设置为公制，然后单击"确定"按钮［如图 3-8（b）所示］，绘图模板创建完毕。

3.1.2 绘制常用图形

3.1.2.1 绘制并创建门图块

(1) 绘制门图形：按照图 3-9 尺寸绘制门图形。

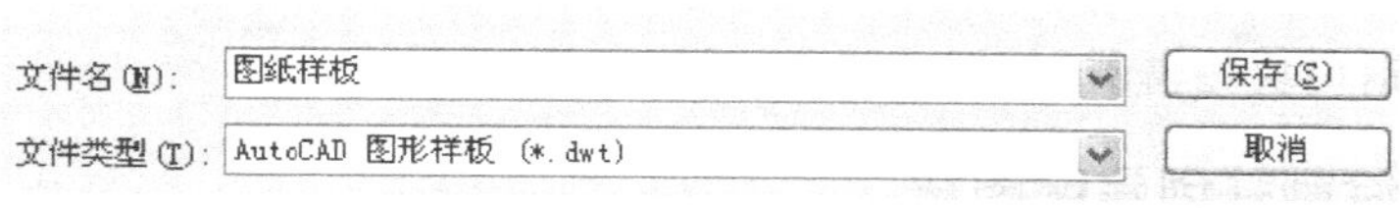

文件名(N): 图纸样板

保存(S)

文件类型(T): AutoCAD 图形样板 (*.dwt)

取消

(a)

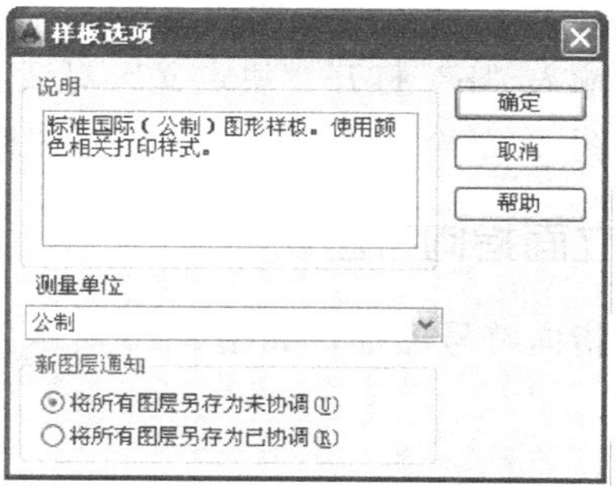

样板选项

说明

标准国际（公制）图形样板。使用颜色相关打印样式。

确定

取消

帮助

测量单位

公制

新图层通知

⊙ 将所有图层另存为未协调(U)

○ 将所有图层另存为已协调(R)

(b)

图 3-8　保存样板文件

（2）创建块：在命令栏里输入"b"打开"块定义"对话框（如图 3-10 所示），拾取左下角点为插入基点，创建门图块。

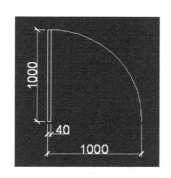

图 3-9　门图形尺寸

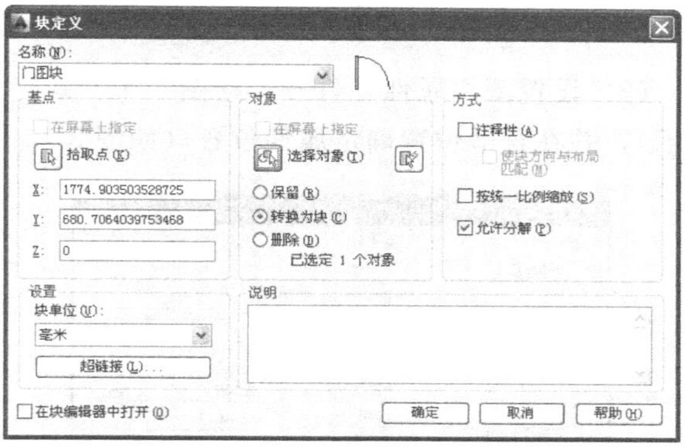

块定义

名称(N):

门图块

基点

□ 在屏幕上指定

拾取点(K)

X: 1774.903503528725

Y: 680.7064039753468

Z: 0

设置

块单位(U):

毫米

超链接(L)...

对象

□ 在屏幕上指定

选择对象(T)

○ 保留(R)

○ 转换为块(C)

○ 删除(D)

已选定 1 个对象

方式

□ 注释性(A)

□ 使块方向与布局匹配

□ 按统一比例缩放(S)

☑ 允许分解(P)

说明

□ 在块编辑器中打开(O)

确定　取消　帮助(H)

图 3-10　创建门图块

3.1.2.2 创建门动态块

（1）插入块：单击"插入" │ "块"，选择上面创建的门图块。

（2）创建动态块：在命令栏里输入"be"，打开块编辑器，使用 ⬚ 线性参数工具和 ⬚ 缩放动作工具添加线性缩放动作，使用 ⬚ 旋转参数工具和 ⬚ 旋转动作工具添加角度旋转动作，如图 3-11 所示。

（3）保存：单击 ⬚ 保存块

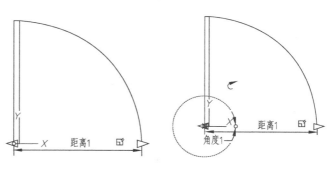

图 3-11　创建门动态块

定义。

（4）退出：退出块编辑器。

3.1.2.3 绘制并创建窗图块

（1）创建窗图形：按照图 3-12 尺寸绘制窗图形。

（2）创建块：在命令栏里输入"b"打开"块定义"对话框，拾取点选择图 3-12 绘制的窗图形的左下角点，对象选中图 3-12 绘制的窗图形，单击"确定"创建窗图块。

3.1.2.4 绘制并创建立面指向符图块

（1）绘制图形：绘制立面指向符号图形，如图 3-13 所示。

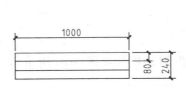

图 3-12　窗图形尺寸

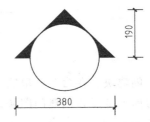

图 3-13　立面指向符号图形尺寸

（2）设置图块属性：打开"绘图"｜"块"｜"定义属性"，设置图块属性（如图 3-14 所示），并在合适位置确定属性位置（如图 3-15 所示）。

图 3-14　图块属性设置

图 3-15　图块属性位置

（3）创建块：在命令栏里输入"b"打开"块定义"对话框，拾取圆心为插入基点，创建立面指向符图块（如图 3-16 所示）。

3.1.2.5 绘制并创建图名动态块

（1）设置文字样式：打开"格式"｜"文字样式"，新建仿宋文字样式，将文字高度设置为 3，并置为当前，如图 3-17 所示。

（2）设置属性：打开"绘图"｜"块"｜"定义属性"，设置图名和比例属性，如图 3-18 所示。

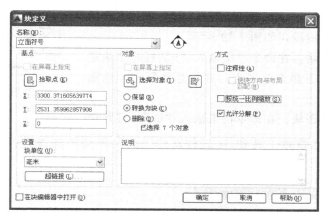

图 3-16　创建立面指向符图块

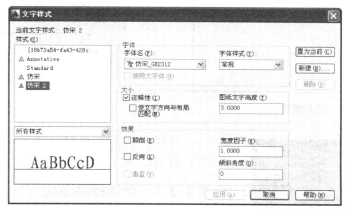

图 3-17　文字样式设置

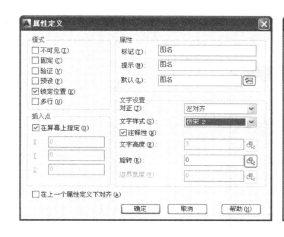

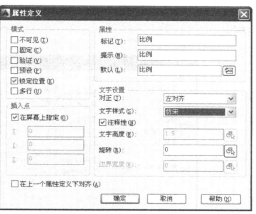

图 3-18　图名和比例属性设置

（3）绘制线段：使用  多线段工具，在文字下方绘制线宽为 0.2、0.02 的线段，如图 3-19 所示。

（4）创建图名图块：在命令栏里输入"b"打开"块定义"对话框，选择左下角点为基点，并勾选注释性，如图 3-20 所示。

图 3-19　图名图形

（5）创建图名动态块：在命令栏里输入"be"，打开块编辑器，使用  线性参数工具和 拉伸动作工具为图块添加线性拉伸动作，如图 3-21 所示。

图 3-20　图名图块设置

图 3-21　图名动态块创建

（6）保存：单击 保存块定义。

（7）退出：退出块编辑器。

3.1.2.6　创建标高图块

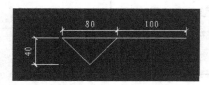

图 3-22　标高图形尺寸

（1）绘制标高图形：按照图 3-22 尺寸绘制标高图形。

（2）设置属性：打开"绘图"｜"块"｜"定义属性"，设置图名和比例属性，如图 3-23 所示。

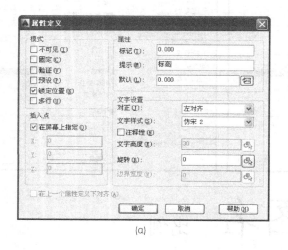

(a)

(b)

图 3-23　属性设置

（3）创建块：在命令栏里输入"b"打开"块定义"对话框，选择三角形下角点为基点，并勾选注释性，如图3-24所示。

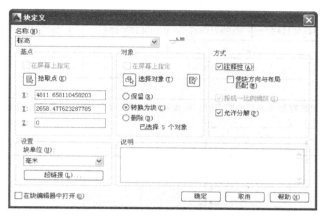

图 3-24　创建标高块

图 3-25　"选择样板"对话框

3.1.2.7　绘制 A3 图框

（1）新建文件：单击"快速访问"中  图标 ，在弹出的"选择样板"对话框中，选择 acadiso.dwt 文件打开，如图 3-25 所示。

（2）创建图层：创建粗实线和细实线两个图层，线型、线宽按图 3-26 所示进行设置。

图 3-26　图层设置

（3）绘制图纸幅面：按 1∶1 比例绘制 A3 图幅（横幅面），留装订边，如表 3-1 所示。

表 3-1　图纸幅面及图框尺寸

幅面代号	A0	A1	A2	A3	A4
$B×L$	841×1189	594×841	420×594	297×420	210×297
a	20			10	
a	10			5	
a	25				

注：在 CAD 绘图中对图纸有加长加宽的要求时，应按基本幅面的短边（B）成整数倍增加。

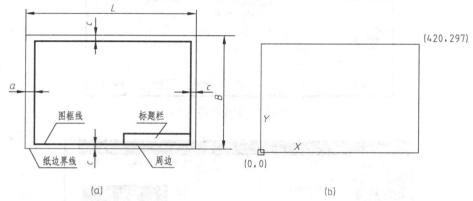

图 3-27　带装订的横幅面图纸

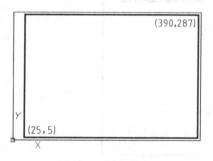

图 3-28　图框内框

1）绘制外框：将细实线层置于当前绘制外框。在命令栏里输入 rec 后回车，以原点（0，0）为起点、（420，297）为终点绘制矩形，如图 3-27（b）所示。

2）绘制内框：将粗实线层置于当前绘制内框。在命令栏里输入 rec 后回车，按表 3-1 中尺寸要求，以（25，5）为起点、（390，287）为终点绘制矩形。如图 3-28 所示。

3）绘制标题栏：标题栏线用粗实线绘制，表中分格线用细实线绘制，标题栏样式见图 3-29。

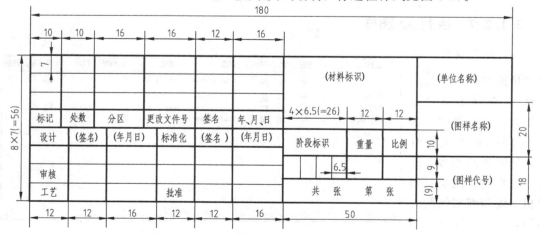

图 3-29　标题栏样式与尺寸

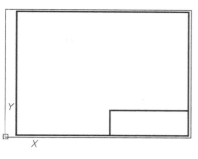

图 3-30　标题栏外框

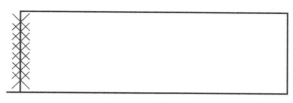

图 3-31　定数等分

a. 首先将粗实线图层置于当前，按图 3-30 标题栏尺寸要求绘制标题栏外框。

b. 将标题栏的左侧边框进行定数等分（在命令栏里输入 div 命令），等分数目为 8（注：可在"格式"→"点样式"中更改点样式），如图 3-31 所示。

c. 在对象捕捉中选中节点，如图 3-32 所示。

d. 执行"直线"命令，按图 3-33 绘制表中分格线。

e. 在标题栏中输入文字，如图 3-34 所示。

f. A3 图框效果如图 3-35 所示。

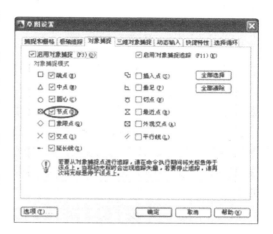

图 3-32　选中节点

3.1.2.8　绘制详图索引符号和详图编号

为了方便查找构件详图，用索引符号可以清楚地表示出详图的编号，详图的位置和详图所在图纸的编号，如图 3-36、图 3-37 所示。

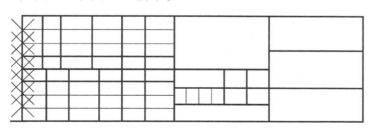

图 3-33　绘制分格线

标记	处数	分区	更改文件名	签名	年、月、日	（材料标识）			（单位名称）
设计	（签名）	（年月日）	标准化	（签名）	（年月日）	阶段标识	重量	比例	（图样名称）
审核									（图样代号）
工艺			批准			共　张　　第　张			

图 3-34　输入文字

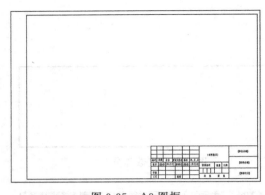

图 3-35　A3 图框

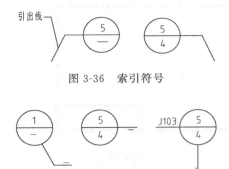

图 3-36　索引符号

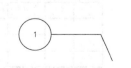

图 3-37　用于索引剖面详图的索引符号

（1）索引符号

① 绘制方法：引出线一端指在要画详图的地方，另外一端是细实线、直径为 10mm 的圆，引出线应对准圆心。在圆内过圆心画一水平细实线，将圆分为两个半圆；当索引符号用于索引剖面详图时，应在被剖切的部位绘制剖切位置线，引出线所在一侧应为投射方向。

② 编号方法：上半圆用阿拉伯数字表示详图的编号，下半圆用阿拉伯数字表示详图所在图纸的图纸号，若详图与被索引的图样在同一张图纸上，下半圆中间画一水平细实线，如图 3-38 所示；如详图为标准图集上的详图，应在索引符号水平直线的延长线上加注标准图集的编号。

| 详图与被索引的图样在同一图纸上 | 详图与被索引的图样不在同一图纸上 | 详图在标准图集上 |

图 3-38　索引符号编号方法

（2）详图符号　表示详图的位置和编号。

① 绘制方法：粗实线，直径 14mm。

② 编号方法：当详图与被索引的图样不在同一张图纸上时，过圆心画一水平细实线，上半圆用阿拉伯数字表示详图的编号，下半圆用阿拉伯数字表示被索引图纸的图纸号；当详图与被索引的图样在同一张图纸上时，圆内不画水平细实线，圆内用阿拉伯数字表示详图的编号，如图 3-39 所示。

（3）零件、钢筋、杆件、设备等编号

① 绘制方法：细实线，直径 6mm。

② 编号方法：用阿拉伯数字依次编号，如图 3-40 所示。

| 详图与被索引的图样在同一图纸上 | 详图与被索引的图样不在同一图纸上 |

图 3-39　详图符号编号方法

图 3-40　零件、钢筋等编号

【单元实训】 以 A2 幅面，1∶200 为例，创建一个室内绘图模板。

思考与练习

1. 阐述门动态块、图名动态块的创建方法。
2. 图纸幅面有几种？尺寸分别是多少？
3. 阐述详图索引符号和详图符号的作用。

3.2
建筑形体的表达方法

学习目标

知识目标

1. 了解建筑形体的视图。
2. 了解建筑平面图、立面图、剖面图的基础知识。
3. 熟悉国家规范对建筑平面图、立面图、剖面图的规定。

技能目标

1. 熟悉建筑平面图、立面图、剖面图的绘制过程。
2. 熟悉对建筑平面图、立面图、剖面图添加尺寸标注和文字说明的方法。

3.2.1 建筑平面图绘制

3.2.1.1 建筑平面图基础知识

（1）建筑平面图的内容 建筑平面图的作用是表示房屋的平面形状、顶层的平面布置，即各房间的分隔和组合、房间名称、出入口、门厅、走廊、楼梯等的布置和相互关系，各种门、窗的布置，室外的台阶、花台、室内外装饰以及明沟和雨水管的布置等。

（2）建筑平面图的制图规范和要求

1）图线 建筑图中的图线应粗细有别，层次分明。被剖到的墙、柱的断面的轮廓线用粗实线绘制，没有被剖到的可见轮廓线用中粗线绘制，尺寸线、标高符号、定位轴线的圆圈、轴线等用细实线和点画线绘制。

标示剖切位置的剖切线用粗实线绘制。

2）图例 平面图一般采用 1∶100、1∶200 和 1∶50 的比例来绘制，所以门、窗用规定的图例来绘制。门窗的具体形式和大小可在有关的建筑立面图、剖面图及门窗通用图集中查阅。

门窗表的编制是为了计算出每幢房屋不同类型的门窗数量，以供订货加工使用。中小型房屋的门窗表一般放在建筑施工图内。

在平面图中，凡是被剖切到的断面部分应画出材料图例，但在 1：200 和 1：100 的小比例的平面图中，剖到的砖墙一般不画材料图例（或在透明图纸的背面涂红表示），在 1：50 的平面图中往往也不绘制图例，但在大于 1：50 时，应该画上材料图例。剖到的钢筋混凝土构件的断面，一般当小于 1：50 的比例时（或断面较窄，不宜画出图例线时）可涂黑。

3）尺寸标注　在建筑平面图中，一般应标注三道尺寸线。最内侧的一道尺寸是外墙的门、窗洞的宽度和洞间墙的尺寸（从轴线算起）；中间的一道是轴线间距的尺寸；最外侧的一道尺寸是房屋两端外墙面之间的总尺寸。此外，还要标注某些局部图形，如各内外墙的厚度，各柱子的断面尺寸，内墙上门、窗洞洞口尺寸及其定位尺寸。以上尺寸，除了花饰等的装饰构件外，均不包括粉刷厚度。

平面图中还应注明楼地面、台阶顶面、阳台顶面、楼梯休息平台面以及室外地面等的标高。在平面图中凡需绘制详图的部位，应画上详图索引符号。

（3）定位轴线的画法和轴线编号的规定　在建筑施工图中的定位轴线是施工定位、放线的重要依据。凡是承重墙、柱子等主要承重构件应画上轴线来确定位置。对于非承重的分隔墙、次要的局部的承重构件等，则用分轴线或者注明其附近的有关尺寸来确定。

定位轴线采用细点画线来表示，并予编号。轴线的端部画实线圆圈（直径为 8～10mm）。平面图上定位轴线，应标注在下方和左侧，横向编号采用阿拉伯数值，从左向右的顺序编号；竖向编号采用大写拉丁字母，自下而上编写。

在两个轴线之间，如需附加分轴线，则编号可用分数表示。分母表示前一轴线的编号，分子表示附加轴线的编号（用阿拉伯数字顺序编写），如图 3-41 所示。

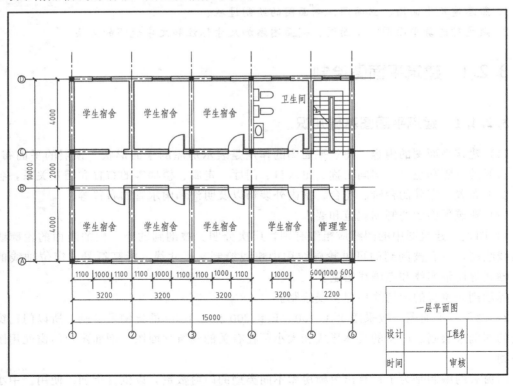

图 3-41　平面图

3.2.1.2　建筑平面图的绘制步骤

➢ 设置绘图环境

（1）新建图形文件　单击"文件"→"新建"命令，弹出"选择样板"对话框，如图 3-42 所示。采用系统默认值，单击"打开"按钮新建一个图形文件。

（2）设置单位

① 单击"格式"→"单位"命令，弹出"图形单位"对话框，如图 3-43 所示。

图 3-42　新建文件

图 3-43　单位设置

② 将"长度"中"精度"下拉列表中选择 0，用于缩放插入内容的单位选择"毫米"，设置后单击"确定"。

（3）设置图形界限　根据图中的结构来看，图纸可以采用 A4 幅面，图纸比例为 1∶100。虽然绘图比例是 1∶100，但在模型空间应按 1∶1 绘制，然后在布局空间中选用 A4 图纸大小即可。

A4 的图纸大小为 210×297，放大 100 倍即为图形界限。

在命令栏里输入"limits"，设置模型空间界限，左下角点为（0，0），右下角点为（21000，29700）。

（4）设置图层　单击"图层"工具栏上的"图层管理器"按钮，弹出"图层特性管理器"对话框，单击"新建"按钮，为轴线创建一个图层，然后设置图层

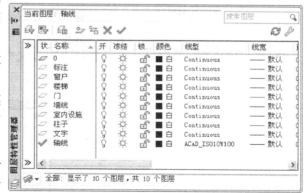

图 3-44　图层设置

名称为"轴线"即可完成"轴线"图层的设置。采用同样方法依次创建"标注"、"墙体"、"窗户"、"楼梯"、"阳台"、"文字"等图层，并将"轴线"图层置于当前，如图 3-44 所示。

➢ 绘制轴线及柱子

（1）绘制轴线

① 执行"直线"命令绘制两条正交的直线，直线的长度要比绘制的建筑物长，如图 3-45 所示。

② 执行"偏移"命令，对轴线进行偏移，竖直轴线向右的偏移距离依次为4000、2000、4000；横向直线向上的偏移距离依次为3200、3200、3200、3200、2200。轴线绘制完成后如图3-46所示。

③ 对轴线进行修剪，端部的距离为1500，修剪的结果如图3-47所示。

图 3-45　绘制正交直线　　　　图 3-46　偏移直线　　　　图 3-47　修剪直线

图 3-48　绘制柱子

（2）绘制柱子

① 将"柱子"图层设置为当前层。

② 单击"绘图"→"矩形"按钮，绘制一个长240、宽240的矩形，再使用"绘图"→"图案填充"命令，选择 SOLID 图案，对矩形进行填充，效果如图3-48所示。

③ 对绘制的柱子使用"复制"命令，将其复制到如图3-49所示的位置上。

➤ 绘制墙体

① 将"墙体"图层设置为当前图层。

② 执行"格式"→"多线样式"命令，打开"多线样式"对话框，单击"新建"按钮，在新样式名文本框中输入"多线"，如图3-50所示。

图 3-49　复制柱子

③ 单击"继续"按钮，打开"新建多线样式"对话框，在"图元"组合框中设置多线偏移距离，上下偏移120，如图3-51所示，设置后单击"确定"按钮。

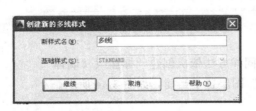

图 3-50　创建多线样式　　　　　　　　　图 3-51　设置多线距离

④ 将命名为"多线"的新样式置为当前，并点击"确定"按钮退出"多线样式"对话框。

⑤ 执行"绘图"→"多线"命令，在命令栏中根据提示，将"对正"设置为"无"，"比例"设置为"1"，"样式"设置为"多线"，如图 3-52 所示。

图 3-52　设置多线

⑥ 执行"绘图"→"多线"命令绘制墙体，绘制后效果如图 3-53 所示。

⑦ 执行"修改"→"对象"→"多线"命令，弹出"多线编辑工具"对话框，选择"T 形打开"选项，选择第一条多线，如图 3-54 所示。

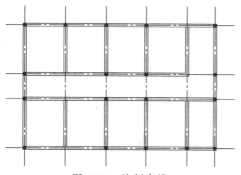

图 3-53　绘制多线

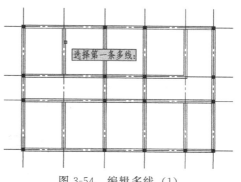

图 3-54　编辑多线（1）

⑧ 选择第二条多线，如图 3-55（a）所示，编辑后效果如图 3-55（b）所示。

（a）

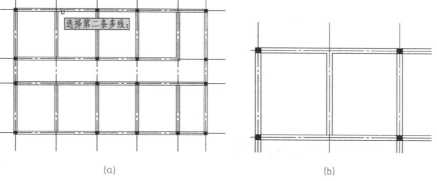

（b）

图 3-55　编辑多线（2）

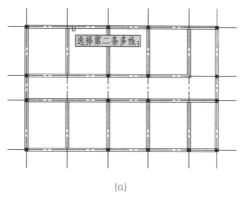

图 3-56　墙体效果

⑨ 重复上述操作，继续对墙体进行编辑，编辑后效果如图 3-56 所示。

➢ 绘制门窗

（1）设置门

① 将"门"图层设置为当前图层。

② 绘制一个长 800、宽 50 的矩形，如图 3-57 所示。

③ 使用"圆弧"命令，以图 3-58 中 1 点为起点，2 点为圆心，绘制一个半径为 800 的四分之一圆。

④ 在命令栏中输入"B"回车，弹出

"块定义"对话框，如图 3-59 所示。

图 3-57　绘制矩形　　　　图 3-58　绘制圆弧　　　　　　　图 3-59　打开块定义

⑤ 在"名称"中输入"门块"，单击"拾取点"按钮，指定矩形左下角点为基点，再单击"选择对象"按钮，选择刚绘制的左门，其他选择默认即可，如图 3-60 所示。

图 3-60　定义门块

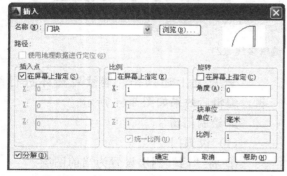

图 3-61　插入门块

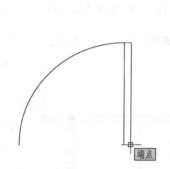

⑥ 单击"绘图"→"插入块"按钮，打开"插入"对话框，选择门块，插入点执行"在屏幕上指定"，选中左下角的"分解"选项，指定旋转角度为 0，如图 3-61 所示。

⑦ 单击"确定"按钮后，指定门插入的位置，插入后效果如图 3-62 所示。

⑧ 使用"直线"命令在图 3-63 所示的位置上绘制两条直线，再使用"修剪"命令将两条直线中间部分的"墙线"剪切掉，完成门洞的创建，效果如图 3-63 所示。

⑨ 用同样的方法，绘制出其他门洞，绘制完成后的门洞效果如图 3-64 所示。

（2）绘制窗户

① 将"窗户"图层设置为当前图层。

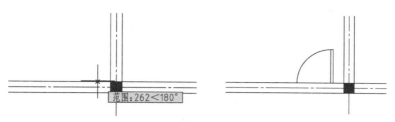

图 3-62　插入门块位置

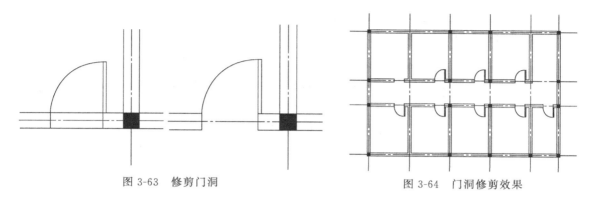

图 3-63　修剪门洞　　　　　　　　　　图 3-64　门洞修剪效果

② 按图中尺寸要求，使用"直线"、"偏移"、"复制"命令绘制出窗户的边界，再使用"修剪"命令，修剪出窗洞，如图 3-65 所示。

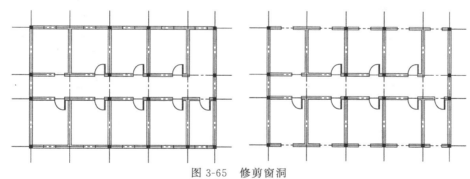

图 3-65　修剪窗洞

③ 绘制窗户，使用"矩形"命令绘制一个长 1000、宽 240 的矩形，绘制后将矩形分解，再使用"定数等分"（div）命令将左右两侧的窗线进行三等分，最后使用"直线"命令将左右两侧等分点连接即可，效果如图 3-66 所示（注：使用"定数等分"命令等分出的点叫做"节点"，只有将"捕捉"

图 3-66　绘制窗户

中的"节点"选中，绘制直线时才能捕捉到等分后的点）。

④ 将绘制后的窗户，使用"复制选择"命令复制到②中绘制的窗洞中，如图 3-67 所示。

➤ 绘制楼梯

① 将"楼梯"层设为当前层。

② 使用"偏移"命令，将轴线向上偏移 250，如图 3-68 所示。

③ 以偏移后轴线与墙线交点作为起始点，绘制一条直线，绘制后将②中偏移的轴线删

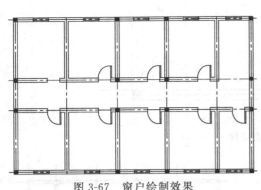

图 3-67　窗户绘制效果

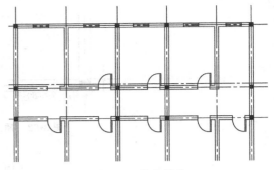

图 3-68　偏移轴线

图 3-69　绘制直线

除，如图 3-69 所示。

④ 再使用"偏移"命令对③中绘制的直线进行偏移，偏移距离为 250，偏移数量为 11，偏移后效果如图 3-70 所示。

⑤ 绘制一个长 3100、宽 300 的矩形，再使用"偏移"命令，将矩形向内偏移 70，作为楼梯的扶手，如图 3-71 所示。

⑥ 将矩形使用"移动"命令移动到图 3-72 所在的位置上。

⑦ 使用"修剪"命令减去穿过矩形的楼梯台阶线，效果如图 3-73 所示。

图 3-70　偏移直线

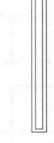

图 3-71　绘制矩形

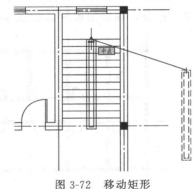

图 3-72　移动矩形

⑧ 使用"多段线"命令绘制楼梯起跑方向，绘制箭头时，指定起点宽度为 30，端点宽度为 0，绘制后效果如图 3-74 所示。

⑨ 最后使用"直线"命令，绘制楼梯剖断线，楼梯绘制完毕，效果如图 3-75 所示。

图 3-73　修剪台阶线

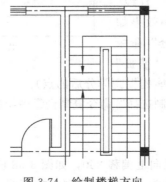

图 3-74　绘制楼梯方向

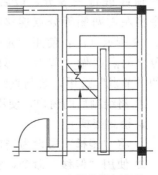

图 3-75　绘制楼梯剖断线

➢ 绘制卫生间

① 将"室内设施"层设为当前层。

② 用"矩形"、"圆"命令绘制马桶，先用"矩形"命令绘制一个水箱，然后再绘制一个矩形，并在矩形的顶部绘制出半圆。

③ 绘制洗手池。先绘制一个矩形，再在矩形的中间绘制一个椭圆，最终效果如图3-76所示。

➢ 尺寸标注

① 将"标注"层设置为当前层。

② 设置标注样式。单击"格式"→"标注样式"命令，弹出"标注样式管理器"对话框，单击"新建"按钮，弹出"创建新标注样式"对话框，输入新样式名"标注"后，单击"继续"按钮。

③ 单击"线"选项卡，将"超出尺寸线"、"起点偏移量"设置为"5"，其他为默认值，如图3-77所示。

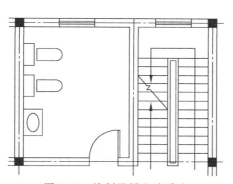

图 3-76　绘制马桶和洗手池

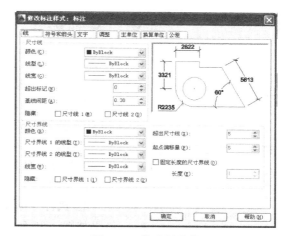

图 3-77　修改标注线

④ 单击"符号和箭头"选项卡，设置"箭头"选项为"建筑标记"，设置箭头大小为"2"，其他为默认值，如图3-78所示。

⑤ 单击"文字"选项卡，设置"文字高度"为"3"，"文字位置"中"垂直"为"上"，"从尺寸线偏移"设置为"2"，"文字对齐"选择"与尺寸线对齐"，其他为默认值，如图3-79所示。

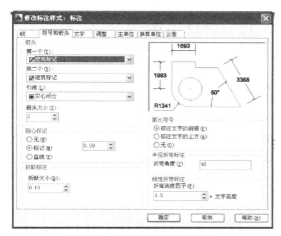

图 3-78　修改标注符号和箭头

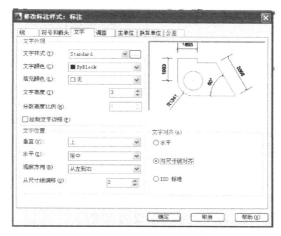

图 3-79　修改标注文字

⑥ 单击"调整"选项卡，设置全局比例为100，其他为默认值，如图 3-80 所示。

⑦ 单击"主单位"选项卡，设置精度为"0"，其他为默认设置，如图 3-81 所示。

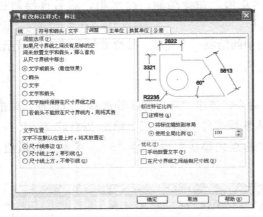

图 3-80　修改标注位置 　　　　　　图 3-81　修改标注主单位

图 3-82　尺寸标注

⑧ 单击"确定"按钮，返回"标注样式管理器"对话框，选中新建的"标注"样式，单击"置为当前"按钮，然后单击"关闭"按钮，关闭"标注样式管理器"。

⑨ 执行"标注"→"线性"命令，对平面图进行尺寸标注，第一个尺寸界线原点为相交两轴线的交点，标注效果如图 3-82 所示。

⑩ 执行"标注"→"连续"标注命令，依次完成其他标注，结果如图 3-83 所示。

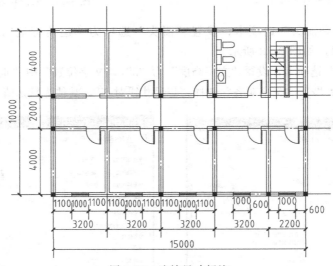

图 3-83　连续尺寸标注

➢ 文字标注

① 将"文字"层设为当前层。

② 执行"格式"→"文字样式"命令，弹出"文字样式"对话框，单击"新建"按钮，

创建样式名为"文字"的文字样式。具体其他设置参数如下：在"文字名"选项组中选择"仿宋_GB2312"，字体高度设置为300，其他选项均采用默认设置，如图3-84所示。

③ 执行"多行文字"命令，在命令栏里输入"t"回车，指定文字第一角点和对角点，此时输入所需文字即可，如图3-85所示。

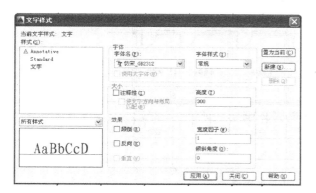

图 3-84　修改文字样式

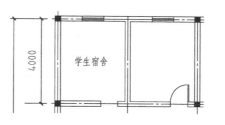

图 3-85　输入文字

④ 使用"多行文字"和"复制"命令完成其他文字标注，如图3-86所示。

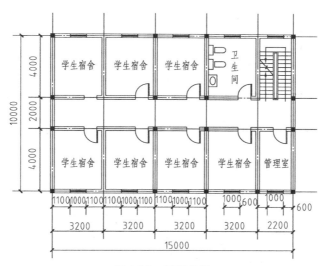

图 3-86　复制文字

➤ 添加轴线编号

绘制轴线编号，通过定义属性块的方式定义，属性块的定义方法在前面介绍过，这里不再赘述。圆半径设置为200，文字高度为300，编号后效果如图3-87所示。

➤ 添加图框和标题

① 新建一个绘图文件，将图框文件保存为"A4.dwg"。

② 定制A4图符，在命令栏里输入"limits"命令后回车，设置图纸界限左下角点为（0，0），右上角点为（21000，29700）。

③ 单击"绘图"工具栏中的按钮，绘制图符线。使用"矩形"命令，绘制一个第一角点为（0，0），另一角点为（29700，21000）的矩形。

④ 绘制图框线时，在建筑制图标准中，规定采用粗实线进行绘制。使用"多线段"命令，

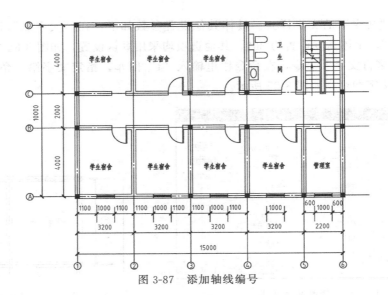

图 3-87 添加轴线编号

图 3-88 绘制标题栏

绘制一线宽为 60 的矩形,绘制起点为 (2500, 500)→指定下一点为 (@26700, 0)→指定下一点为 (@0, 20000)→指定下一点为 (@-26700, 0)→闭合 (c)。

⑤ 采用同样方法,绘制出标题栏,并在标题栏中分别填充相应的文字,如图 3-88 所示。

⑥ 将图框和标题保存为"A4.dwg"后插入到所绘制的平面图中,将比例设置为 1,选择适当的位置插入图形,如图 3-89 所示。

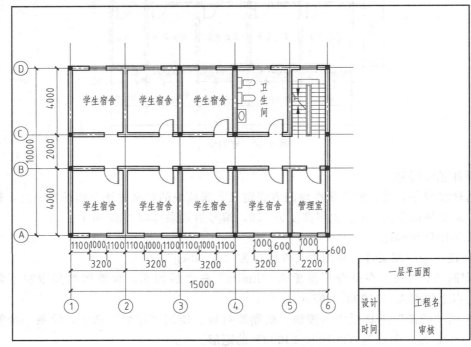

图 3-89 建筑平面图

3.2.2 建筑立面图绘制

3.2.2.1 建筑立面图基础知识

（1）建筑立面图的内容

建筑立面图主要包括以下几个方面的内容：

1）图名、比例。

2）立面图两端的定位轴线及其编号。

3）建筑物的外轮廓形状和大小。

4）门窗的形状、位置及其开启方向的符号。

5）各外墙面、台阶、花台、雨棚、窗台、阳台、雨水管、水斗、外墙装饰及各种线脚等的位置、形状、用料和做法（包括颜色）等。

6）标高及必须标注的局部尺寸。

7）详图索引符号。

（2）建筑立面图的制图规范和要求

1）定位轴线　在立面图中一般只画出两端的定位轴线及其编号，以便与平面图对应。

2）图线　房屋立面图最外轮廓线稍粗，室外地面线更粗，门窗洞、台阶、花台等轮廓线画成中粗线。门窗线及其分格线、花饰、雨水管、墙面分格线（包括引条线）、外墙勒角线以及用料注释引出线和标高符号等都用细实线。

3）图例　立面图中的门窗图例按规定绘制。立面图中用细实线表示窗的开启方向为向外

图 3-90　建筑立面图

开，细虚线表示向内开。对于窗的型号相同的，只要画其中的一个或两个窗的开启方向即可。

4）尺寸标注　立面图中高度尺寸主要由标高的形式来标注。应标注室内外地面、门窗洞口的上下口、女儿墙压顶面、水箱顶面、进口平台面，以及雨棚和阳台底面等的标高。

标高标注时，除门窗洞口外，要注意有建筑标高和结构标高之分。标注构件的上顶面标高时，应标注到包括粉刷层在内的装修完成后的建筑标高；标注构件的下表面标高时，应标注不包括粉刷层的结构底面的结构标高。

除了标高外，还应标注一些无详图表示的局部尺寸。

在立面图中，凡需绘制详图的部分，都应绘制详图（图 3-90）索引符号。

3.2.2.2　建筑立面图的绘制

➢ 设置绘图环境

（1）新建图形文件　单击"文件"→"新建"命令，弹出"选择样板"对话框，如图 3-91 所示。采用系统默认值，单击"打开"按钮新建一个图形文件。

（2）设置单位

① 单击"格式"→"单位"命令，弹出"图形单位"对话框，如图 3-92 所示。

② 将"长度"中"精度"下拉列表中选择 0，用于缩放插入内容的单位选择"毫米"，设置后单击"确定"，如图 3-92 所示。

图 3-91　新建图形文件

图 3-92　设置单位

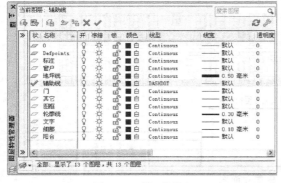

图 3-93　设置图层

（3）设置图形界限　在命令栏里输入"limits"，设置模型空间界限，左下角点为（0，0），右下角点为（59400，42000）。

（4）设置图层　单击"图层"工具栏上的"图层管理器"按钮，弹出"图层特性管理器"对话框，单击"新建"按钮，为辅助线创建一个图层，然后设置图层名称为"辅助线"即可完成"辅助线"图层的设置。采用同样方法依次创建"标注"、"窗户"、"地坪线"、"楼梯"、"阳台"、

"文字"等图层,并将"辅助线"图层置于当前,如图 3-93 所示。

➤ 绘制辅助线

① 绘制水平基准轴线。执行"直线"命令,以任意点为起点绘制一条长 41800 的直线,绘制后再使用"偏移"命令对直线进行向上偏移,偏移距离依次为 5000、5000、5000、5000、1000,绘制效果如图 3-94 所示。

图 3-94　绘制水平辅助线

② 按照上述方法,使用"直线"命令绘制垂直方向的辅助线,然后使用"偏移"命令对绘制的垂直辅助线进行偏移操作,偏移距离为 3800,偏移数量为 11,如图 3-95 所示。

➤ 绘制地坪线和轮廓线

（1）绘制地坪线

① 将"地坪线"图层设为当前层。

② 执行"多段线"命令,绘制一条长 52000、宽 50 的多段线,如图 3-96 所示。

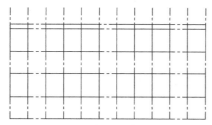

图 3-95　绘制垂直辅助线

图 3-96　绘制地坪线

（2）绘制轮廓线

① 将"轮廓线"图层设为当前层。

② 执行"直线"命令,绘制外轮廓线,如图 3-97 所示。

③ 执行"多线"命令,绘制内轮廓线,对正设置为"无"、比例设置为"200"、样式设置为"STANDARD",绘制后将辅助线层关闭,效果如图 3-98 所示。

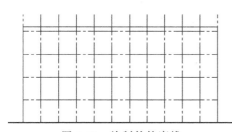

图 3-97　绘制外轮廓线

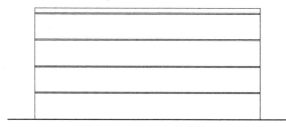

图 3-98　绘制内轮廓线

➤ 绘制门窗

从该建筑物的立面图来看,立面图每层有 9 个阳台和 18 扇卧室窗户,2 个楼道门和 9 个阳台门,其中窗户的形式有 2 种,门形式有 2 种,阳台的形式有 1 种,因此,在作图时只需将每种形式绘制出一个,其余复制即可。

（1）绘制门

① 将"门"图层设为当前层。

② 绘制楼道间的门。执行"矩形"命令，绘制一长1500、宽400的矩形，在距离其下方100的位置绘制一个长600、宽2700的矩形，并将其镜像到另一侧，三个矩形的位置如图3-99所示。

③ 绘制阳台上的门。执行"矩形"命令，以原点（0，0）为矩形第一个角点，（@600，3200）为第二个角点，绘制一个矩形，并以矩形右侧边为镜像线，向其右侧镜像一个相同的矩形，如图3-100（a）所示。

④ 执行"矩形"命令，指定第一角点为距离原点（100，400）的点，另一角点为（@400，800），再绘制一个矩形，其第一角点为距离原点（100，1600）的点，另一角点为（@400，1200），绘制后将两个矩形向右进行镜像，最终效果如图3-100（d）所示。

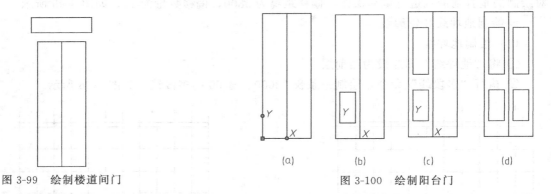

图3-99 绘制楼道间门   图3-100 绘制阳台门

⑤ 将以上绘制的两种门分别定义为块，然后插入到合适的位置，插入后效果如图3-101所示。

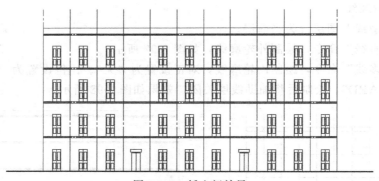

图3-101 插入门效果

（2）绘制窗户

① 将"窗户"图层设为当前层。

② 绘制上窗台。执行"矩形"命令，绘制一个长900、宽1440的矩形，再使用"直线"命令将刚绘制的矩形分成四部分，效果如图3-102所示。

③ 在以②中绘制的矩形的左上角点向外100的位置为起点绘制一个长1100、宽160的矩形，再将矩形镜像到下方，如图3-103所示。

④ 绘制楼梯间窗户。执行"矩形"命令绘制一个长900、宽1200的矩形，再将矩形向内偏移100，将偏移后的矩形使用"直线"命令分成四个部分，如图3-104所示。

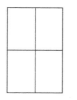
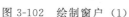

图 3-102　绘制窗户（1）

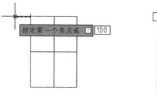

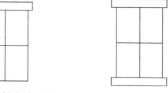

图 3-103　绘制窗户（2）

⑤ 按照③中的方法，在距离外矩形左上角点外 100 的位置为起点绘制一个长 1100，宽 160 的矩形，并将其镜像到下方，如图 3-104 所示。

⑥ 将两种窗户定义为块，然后插入到合适位置，如图 3-105 所示。

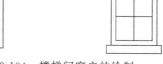

图 3-104　楼梯间窗户的绘制

➤ 绘制阳台

① 将"阳台"图层设置为当前层。

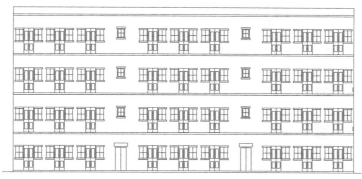

图 3-105　插入窗户块

图 3-106　绘制阳台上下护板

② 绘制阳台的上侧护板。执行"矩形"命令，绘制一个长 3600、宽 200 的矩形，再将绘制好的矩形进行复制，作为阳台下护板，两个护板之间距离为 600，如图 3-106 所示。

③ 将两护板的端部用直线连接，如图 3-107 所示。

④ 再使用"偏移"命令，将两护板左侧端部直线向右偏移 600，再将偏移后的直线向右偏移 150，以此类推，最后绘制出的阳台效果如图 3-107 所示。

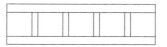

图 3-107　绘制后阳台效果

⑤ 将阳台定义为块，并将其插入到立面图合适的位置，如图 3-108 所示。

➤ 墙面装饰

① 将"其他"图层设置为当前层。

② 在命令栏里输入"H"，弹出"图案填充和渐变色"对话框，单击"图案"下拉列表后面的浏览按钮，弹出"填充图案选项板"对话框，在对话框中的"其他预定义"列表中选

图 3-108 插入阳台块

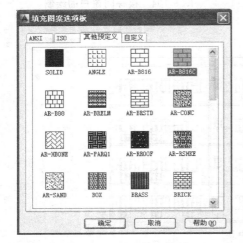

图 3-109 设置填充效果

择图案 "AR-B816C"，如图 3-109 所示。

③ 单击 "确定" 按钮后，重新回到 "图案填充和渐变色" 对话框中。单击 "添加：拾取点" 按钮，选择填充区域，选择完成后，按回车键，返回 "图案填充和渐变色" 对话框中，单击 "确认" 按钮完成图案的填充操作，填充效果如图 3-110 所示。

➤ 标注尺寸和标高

（1）标注尺寸

① 将 "标注" 层设置为当前层。

② 设置标注样式。单击 "格式"→"标注样式" 命令，弹出 "标注样式管理器" 对话框，单击 "新建" 按钮，弹出 "创建新标注样式" 对话框，输入新样式名 "标注" 后，单击 "继续" 按钮。

图 3-110 填充墙面

③ 单击 "线" 选项卡，将 "超出尺寸线"、"起点偏移量" 设置为 "5"，其他为默认值，如图 3-111 所示。

④ 单击"符号和箭头"选项卡，设置"箭头"选项为"建筑标记"，设置箭头大小为"2"，其他为默认值，如图 3-112 所示。

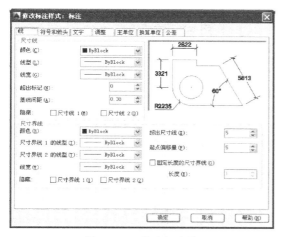

图 3-111　修改标注线

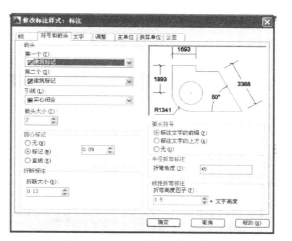

图 3-112　修改标注符号和箭头

⑤ 单击"文字"选项卡，设置"文字高度"为"3"，"文字位置"中"垂直"为"上"，"从尺寸线偏移"设置为"2"，"文字对齐"选择"与尺寸线对齐"，其他为默认值，如图 3-113 所示。

⑥ 单击"调整"选项卡，设置全局比例为 100，其他为默认值，如图 3-114 所示。

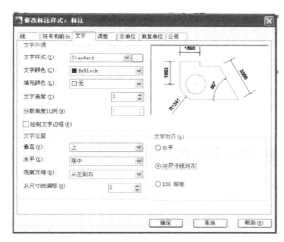

图 3-113　修改标注文字

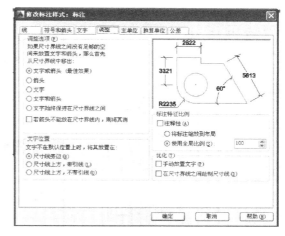

图 3-114　修改标注位置

⑦ 单击"主单位"选项卡，设置精度为"0"，其他为默认设置，如图 3-115 所示。

⑧ 单击"确定"按钮，返回"标注样式管理器"对话框，选中新建的"标注"样式，单击"置为当前"按钮，然后单击"关闭"按钮，关闭"标注样式管理器"。

⑨ 执行"标注"→"线性"命令，对立面图进行尺寸标注，标注效果如图 3-116 所示。

（2）标注标高

① 将"标注"图层设为当前层。

② 根据国家建筑图例和标准，绘制标高，并将其生成为块，如图 3-117 所示。

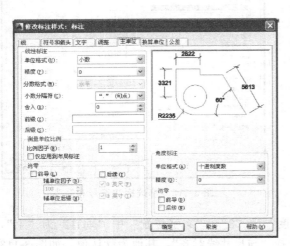

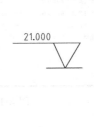

图 3-115　修改标注单位　　　　图 3-116　线性标注　　　图 3-117　绘制标高

③ 将标高插在需要的地方即可，如图 3-118 所示。

➢ 添加文字注释

① 将"文字"层设为当前层。

② 执行"格式"→"文字样式"命令，弹出"文字样式"对话框，单击"新建"按钮，创建样式名为"文字"的文字样式。具体其他设置参数如下：在"文字名"选项组中选择

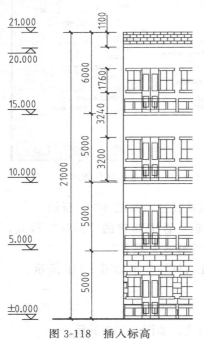

图 3-118　插入标高

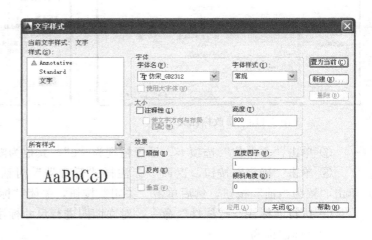

图 3-119　新建文字样式

"仿宋_GB2312"，字体高度设置为800，其他选项均采用默认设置，如图3-119所示。

③ 在命令栏里输入"t"回车，指定文字第一角点和对角点，此时输入所需文字即可，如图3-120所示。

建筑立面图1:100

图 3-120　插入文字

④ 在命令栏里输入"PL"，在文字下方绘制一段多线段，线宽100，绘制后如图3-121所示。

➤ 添加图框和标题

本例采用A2的图纸1:100打印出图，故图框采用59400×42000。

（1）图框

① 新建一个绘图文件，将图框文件保存为"A2.dwg"。

建筑立面图1:100

图 3-121　插入多线段

② 单击"绘图"工具栏中的按钮，绘制图符线。使用"矩形"命令，绘制一个第一角点为（0，0），另一角点为（59400，42000）的矩形。

③ 使用"偏移"命令将矩形向里偏移1000，如图3-122所示。

④ 执行"拉伸"命令，利用拉伸命令修改图框线，选择对象从右向左框选对角点，以左边顶点为基点，指定第二点的命令栏中输入1500，得到图框效果如图3-123所示。

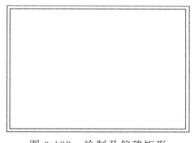

图 3-122　绘制及偏移矩形

图 3-123　拉伸矩形

⑤ 选中外层图框,将其线宽更改为 0.50mm,再执行"格式"→"线宽",在弹出的"线宽设置"对话框中,选中"显示线宽"选项,单击"确认"按钮后,关闭"线宽设置"对话框,效果如图 3-124 所示。

(2) 标题栏

① 按照同样方法绘制标题栏,尺寸为 20000×4000,添加图名,效果如图 3-125 所示。

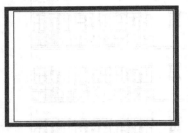

图 3-124　更改线宽

图 3-125　绘制标题栏

② 将绘制好的图框和标题存储为块,插入到立面图中合适的位置,效果如图 3-126 所示。

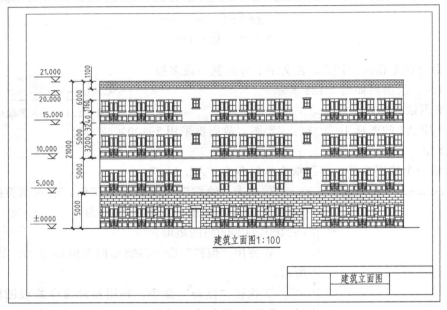

图 3-126　建筑立面图

3.2.3　建筑剖面图绘制

3.2.3.1　建筑剖面图基础知识

(1) 建筑剖面图的内容　建筑剖面图主要包括以下内容。

1) 图名、比例。

2) 外墙(或柱)的定位轴线及其间距尺寸。

3）剖切到的室内地面、楼地面、屋顶层、内外墙及其门窗、各种承重梁和联系梁、楼梯梯段、楼梯平台、雨棚、阳台及孔道等的位置、形状及其图例等。一般不用绘制地面以下的基础。

4）未剖切到的可见部分，如看到的墙面及其凹凸轮廓、梁、柱、阳台、雨棚、门、窗、踢脚、勒角、台阶（包括平台踏步）、水斗和雨水管，以及看到的楼梯段（包括栏杆扶手）和各种装饰等的位置的形状。

5）竖直方向的尺寸和标高。

6）详图索引符号。

7）某些用料注释。

（2）建筑剖面图的制图规范和要求

1）定位轴线　在剖面图中只需要绘制两端的轴线及其编号，以便与平面图对照。

2）图线　室内外地坪线画加粗线。剖切到的房间、走廊、楼梯、平台等的楼地面和屋顶层，在1:100的剖面图中可画两条粗实线以表示面层和结构层的总厚度。在1:50的剖面图中，则应在两条粗实线中加画两条细实线以表示面层。板底的粉刷层厚度一般均不表示，剖到的墙身轮廓线画粗实线，在1:100的剖面图中不包括粉刷层厚度，在1:50的剖面图中应加绘实线来表示粉刷层的厚度。其他可见的轮廓线如门窗洞、楼梯梯段及栏杆扶手、可见的女儿墙压顶、内外墙轮廓线、踢脚线、勒角线等均以中粗实线绘制，门、窗扇及其分格线、水斗及雨水管、外墙分格线（包括引条线）等画细实线，尺寸线、尺寸界线和标高符号均画细实线。

3）图例　在剖面图中，砖墙和钢筋混凝土中的材料图例绘制方法和平面图中相同。

4）尺寸标注　建筑剖面图中应标注剖到部分的必要尺寸，即竖直方向剖到部位的尺寸和标高。

外墙的竖向尺寸，一般也标注三道尺寸。第一道尺寸为门、窗洞及洞间墙的高度尺寸（将楼面以上和楼面以下分别标注）；第二道尺寸为层高尺寸；第三道为室外地面以上的总高尺寸。此外，还需标注某些局部尺寸，如内墙上的门洞高度、窗台的高度等。

建筑剖面图还应注明室内外部分的地面、楼面、楼梯休息平台面、阳台面、屋顶檐口顶面等的标高和某些梁的底面、雨棚的底面，以及必须标注的某些楼梯平台梁底面等的标高。

在建筑剖面图上，标高所注的高度位置与立面图一样，分为建筑标高和结构标高，即标注构件的上顶面标高时，应标注到粉刷完成后的顶面（如各层的楼面标高），而标注构件的底面标高时，应标注到不包括粉刷层的结构地面（如各梁底的标高），但门、窗洞的上顶面和下底面均标注到不包括粉刷层的结构面。

在剖面图中，凡需绘制详图的部位，均应画上详图索引符号。

3.2.3.2　建筑剖面图的绘制

➢ 设置绘图环境

（1）新建图形文件　单击"文件"→"新建"命令，弹出"选择样板"对话框，如图3-127所示。采用系统默认值，单击"打开"按钮新建一个图形文件。

（2）设置单位

① 单击"格式"→"单位"命令，弹出"图形单位"对话框，如图3-128所示。

② 将"长度"中"精度"下拉列表中选择0，用于缩放插入内容的单位选择"毫米"，

设置后单击"确定"，如图 3-128 所示。

图 3-127　创建图形文件

图 3-128　设置单位

（3）设置图形界限　在命令栏里输入"limits"，设置模型空间界限，左下角点为（0，0），右下角点为（21000，29700）。

（4）设置图层　单击"图层"工具栏上的"图层管理器"按钮，弹出"图层特性管理器"对话框，单击"新建"按钮，为辅助线创建一个图层，然后设置图层名称为"辅助线"即可完成"辅助线"图层的设置。采用同样方法依次创建"标注"、"窗户"、"地坪线"、"楼梯"、"阳台"、"文字"等图层，并将"辅助线"图层置于当前，如图 3-129 所示。

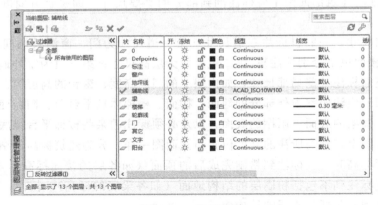

图 3-129　设置图层

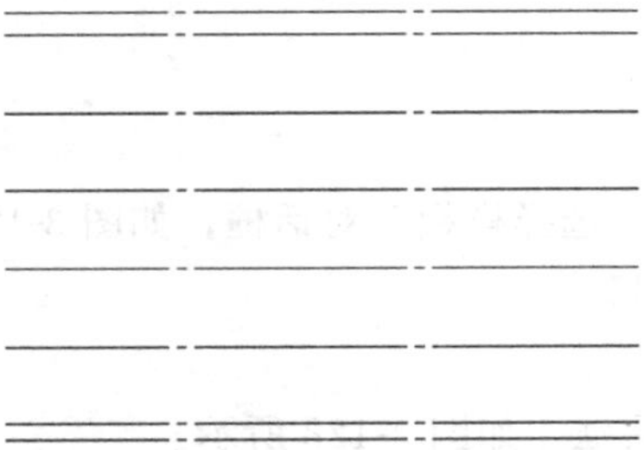

> 绘制辅助线

① 绘制水平方向的辅助线。执行"直线"命令，任意点为起点绘制一条长 24000 的直线，绘制后再使用"偏移"命令对直线进行向上偏移，偏移后直线与直线之间的距离分别为 600、3000、3000、3000、3000、3000、800，绘制效果如图 3-130 所示。

② 采用相同方法绘制垂直方向的辅助线，间距从左到右依次为 5000、1500、4000 个单位，如图 3-131 所示。

图 3-130　绘制水平辅助线

➤ 绘制地坪线

① 将"地坪线"图层，设为当前图层。

② 执行"多线段"命令，绘制一段宽度为 30 的多线段，并将绘制后的多线段向上偏移 600，如图 3-132 所示。

③ 将从左往右数第三条垂直的辅助线向右偏移，间距依次为 985、350，如图 3-133 所示。

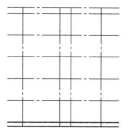

图 3-131　绘制垂直辅助线

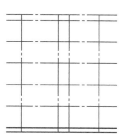
图 3-132　绘制地坪线

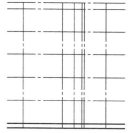
图 3-133　绘制垂直辅助线

④ 执行"直线"命令绘制台阶，绘制后将偏移后的辅助线删掉，如图 3-134 所示。

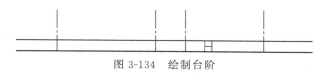
图 3-134　绘制台阶

⑤ 执行"修剪"命令，对地坪线进行修剪，修剪后效果如图 3-135 所示。

图 3-135　修剪地坪线

➤ 绘制轮廓线

① 将"轮廓线"图层，设为当前图层。

② 执行"多线"命令，绘制轮廓线，对正设置为"无"、比例设置为"200"、样式设置为"STANDARD"，效果如图 3-136 所示。

➤ 绘制楼板

① 执行"格式"→"多线样式"，打开"多线样式"对话框，单击"新建"按钮，新建"楼板"多线样式，如图 3-137 所示。

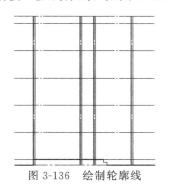
图 3-136　绘制轮廓线

图 3-137　新建多线样式

② 单击"继续"按钮，在"新建多线样板"对话框中的"图元"组合框中将多线偏移量分别设置为 50 和 −50，如图 3-138 所示，单击"确定"按钮后，将"楼板"样式置为当前，完成设置。

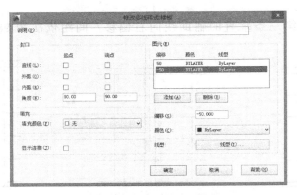

图 3-138　修改多线距离

③ 执行"多线"命令，绘制楼板，对正设置为"无"、比例设置为"1"、样式设置为"楼板"，绘制后效果如图 3-139 所示。

④ 使用"修改"→"对象"→"多线"命令，弹出"多线编辑工具"对话框，对多线进行"十字打开"、"T 形打开"，隐藏辅助线，效果如图 3-140 所示。

⑤ 将楼板多线长度留出 700，多余部分使用"剪切"命令剪切掉，如图 3-141 所示。

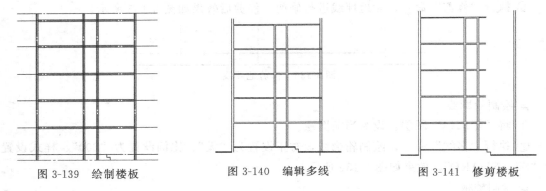

图 3-139　绘制楼板　　　　　图 3-140　编辑多线　　　　　图 3-141　修剪楼板

⑥ 将从下往上数第二条水平辅助线向上偏移 1550，再使用"多线"命令，在辅助线位置绘制一条长 700 的多线，对正设置为"上"、比例设置为"1"、样式设置为"楼板"，绘制后效果如图 3-142 所示。

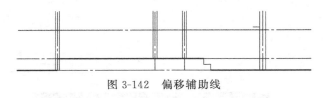

图 3-142　偏移辅助线

⑦ 使用"偏移"命令，将上面偏移的辅助线再向上进行偏移，偏移后辅助线间距从下往上依次为 3000、3000、3000，再在偏移后辅助线位置分别绘制长 700 的多线，设置同上，效果如图 3-143 所示。

⑧ 隐藏辅助线，使用"剪切"、"直线"等命令对多线进行补充，最后效果如图 3-144 所示。

➤ 绘制楼梯

① 将"楼梯"图层置为当前图层。

② 执行"直线"命令，绘制第一段台阶，在空白处以任意一点为起点，向上绘制一条长 200 的直线，再向右水平绘制一条长 300 的直线，再向上绘制一条长 200 的直线，再向右水平绘制一条长 300 的直线，重复长度为 300、200 的直线绘制。最后一节台阶尺寸略有不同，向上长度为 250，再向右水平绘制一条长 300 的直线，最终绘制效果如图 3-145 所示。

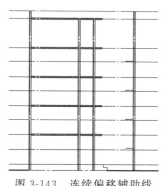

图 3-143　连续偏移辅助线

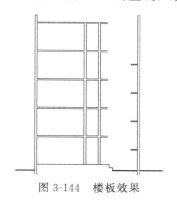

图 3-144　楼板效果

图 3-145　绘制楼梯

③ 执行"直线"命令绘制第二段台阶，选中图 3-146 中的起点位置，向上绘制一条长 200 的直线，再向左绘制一条长 300 的直线，再向上绘制一条长 200 的直线，重复长度为 300、200 的直线绘制，完成效果如图 3-146 所示。

④ 执行"多线"命令，对正设置为"无"、比例设置为"30"、样式设置为"STANDARD"，绘制出一条长 400 高的栏杆，如图 3-147 所示。

⑤ 执行"复制"命令，将栏杆复制到合适的位置，如图 3-148 所示。

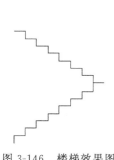

图 3-146　楼梯效果图

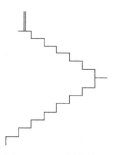

图 3-147　绘制栏杆

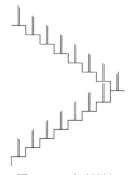

图 3-148　复制栏杆

⑥ 执行"多线"命令，对正设置为"上"、比例设置为"30"、样式设置为"STANDARD"，绘制出楼梯扶手，如图 3-149 所示。

⑦ 使用"延伸"、"修剪"、"分解"命令对楼梯的细部进行修剪，如图 3-150 所示。

⑧ 将绘制的楼梯使用"移动"命令放置在如图 3-151 所示的位置，再使用"直线"命令在两段楼梯下部添加两条轮廓线，完成后效果如图 3-151 所示。

⑨ 将绘制好的楼梯定义成块，单击"绘图"→"块定义"按钮，

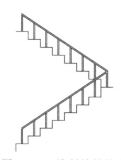

图 3-149　绘制楼梯扶手

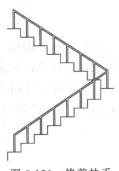

图 3-150　修剪扶手

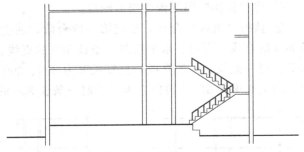

图 3-151　楼梯位置

定义"楼梯"图块，如图 3-152 所示。

⑩ 单击"插入"→"块"按钮，选择"楼梯"块，单击"确定"后，插入到合适的位置，并适当地使用"剪切"命令，效果如图 3-153 所示。

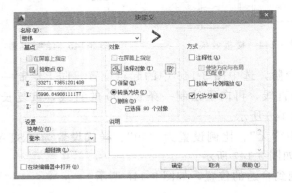

图 3-152　定义楼梯块

图 3-153　插入楼梯块

➢ **绘制门窗**

（1）**绘制窗户**　在建筑剖面图中，窗主要分为两类，被剖切到的窗和未被剖切到的窗。它们的绘制方法与建筑立面图中的绘制方法相同，本图的剖切位置，仅有一种被剖切的窗户，尺寸为 1500×200，其绘制步骤如下。

① 将"窗户"图层置为当前图层。

② 执行"矩形"命令，绘制一个长 1500、宽 200 的矩形，如图 3-154 所示。

③ 将矩形进行"分解"，再在命令栏里输入"div"命令将矩形上下两条边进行定数等分，等分数为 3（注：等分点被称为"节点"，只有打开"对象捕捉"中的"节点"才能选中），再使用"直线"命令，将上下边节点相连，如图 3-155 所示。

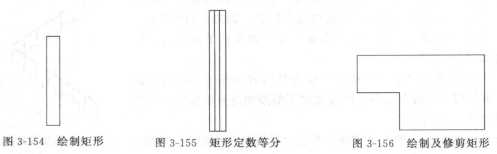

图 3-154　绘制矩形　　　　图 3-155　矩形定数等分　　　　图 3-156　绘制及修剪矩形

④ 执行"矩形"命令绘制一个长 300、宽 180 的矩形，再以大矩形左下角点为起点，向里绘制一个长 100、宽 90 的矩形，最后将小矩形从大矩形中剪切掉，如图 3-156 所示。

⑤ 将绘制好的"窗"、"窗台"定义成块，如图 3-157 所示。

图 3-157　定义窗、窗台块

⑥ 单击"插入"→"块"按钮，选择"窗"、"窗台"块，单击"确定"后，插入到合适的位置，效果如图 3-158 所示。

（2）绘制门　门分为被剖切的门和未被剖切到的门两种。

1）被剖切到的门的绘制步骤如下。

① 将"门"图层置为当前图层。

② 执行"矩形"命令，绘制一个长 2000、宽 200 的矩形，如图 3-159 所示。

③ 将矩形进行"分解"，再在命令栏里输入"div"命令将矩形上下两条边进行定数等分，等分数为 3，再使用"直线"命令，将上下边节点相连，如图 3-159 所示。

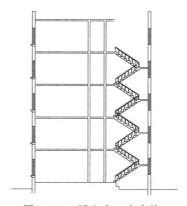

图 3-158　插入窗、窗台块

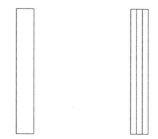

图 3-159　绘制被剖切的门

2）未被剖切的门的绘制步骤如下。

① 执行"矩形"命令，绘制一个长 1600、宽 500 的矩形，如图 3-160 所示。

② 执行"矩形"命令，在绘制的矩形中绘制一个长 400、宽 400 的矩形，如图 3-160 所示。

③ 执行"偏移"命令，将 400×400 矩形向内偏移 60，如图 3-160 所示。

④ 执行"矩形"命令，绘制一个长 400、宽 150 的矩形，如图 3-161 所示。

⑤ 执行"复制"命令，将刚绘制的矩形向下复制两个，并将门扇镜像到另一侧，如图 3-161 所示。

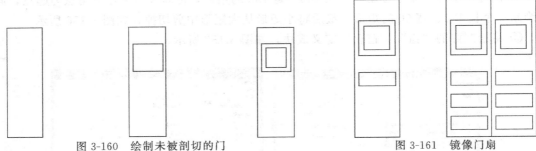

图 3-160　绘制未被剖切的门　　　　　　图 3-161　镜像门扇

⑥ 将绘制好的两种门定义成块，如图 3-162 所示。

图 3-162　定义门块

⑦ 单击"插入"→"块"按钮，选择"门 1"、"门 2"块，单击"确定"后，插入到合适的位置，效果如图 3-163 所示。

➤ 绘制阳台

① 将"阳台"图层置为当前图层。

② 执行"矩形"命令，绘制一个长 1200、宽 800 的矩形，再使用"分解"命令分解矩形，如图 3-164 所示。

③ 将矩形上边向下偏移 160，将矩形左边向右偏移，偏移距离分别为 200、500、800、900，如图 3-165 所示。

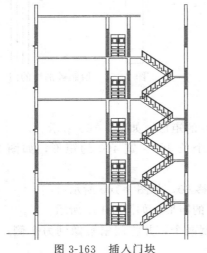

图 3-163　插入门块

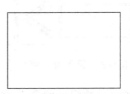

图 3-164　绘制矩形

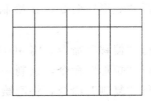

图 3-165　偏移直线

④ 执行"剪切"命令对图形进行剪切，剪切后如图 3-166 所示。

⑤ 执行"矩形"命令，以④中绘制的矩形的右上角点为起点，绘制一个长 2000、宽 1100 的矩形，绘制后将矩形进行"分解"，将分解后矩形的上边和左边分别向内偏移 200，如图 3-167 所示。

⑥ 将绘制后的图形定义成块，如图 3-168 所示。

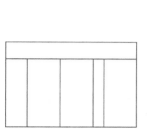

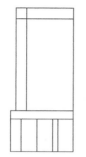

图 3-166　修剪直线　　图 3-167　阳台效果　　图 3-168　定义阳台块

⑦ 单击"插入"→"块"按钮，选择"阳台"块，单击"确定"后，插入到合适的位置，效果如图 3-169 所示。

➢ 绘制过梁

① 将"梁"图层置为当前图层。

② 使用"矩形"命令，绘制两个梁，一种是门窗的梁，一种是阳台下面的梁，尺寸分别为 180×240、200×240，绘制后对两个矩形进行填充，如图 3-170 所示。

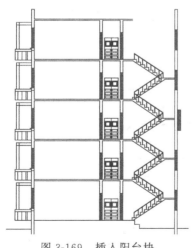

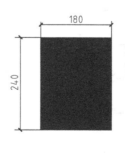

图 3-169　插入阳台块　　　　图 3-170　过梁的绘制

③ 将绘制后的图形定义成块，如图 3-171 所示。

④ 单击"插入"→"块"按钮，选择"梁 1"、"梁 2"块，单击"确定"后，插入到合适的位置，效果如图 3-172 所示。

➢ 图形装饰

① 将"其他"图层置为当前图层。

图 3-171　定义过梁块

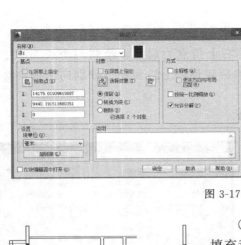

图 3-172　插入过梁块

② 单击"绘图"→"图案填充"命令，弹出"图案填充和渐变色"对话框，单击"图案"选项后的浏览按钮，弹出"填充图案选项板"对话框，选择"SOLID"图案，封闭图形进行填充，如图 3-173（a）所示。

③ 单击"绘图"→"图案填充"命令，弹出"图案填充和渐变色"对话框，单击"图案"选项后的浏览按钮，弹出"填充图案选项板"对话框，选择"ANSI31"图案，设置比例为 50，封闭图形对墙体进行填充，如图 3-173（b）所示。

④ 单击"绘图"→"图案填充"命令，弹出"图案填充和渐变色"对话框，单击"图案"选项后的浏览按钮，弹出"填充图案选项板"对话框，选择"AR-HBONE"图案，设置比例为 1，封闭图形对地坪进行填充，如图 3-174 所示。

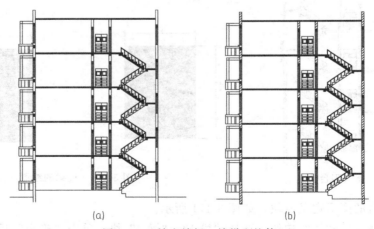

(a)   (b)

图 3-173　填充楼板、楼梯和柱体

➤ 标注尺寸和标高

（1）标注尺寸

① 将"标注"层设置为当前层。

② 设置标注样式。单击"格式"→"标注样式"命令，弹出"标注样式管理器"对话框，单击"新建"按钮，弹出"创建新标注样式"对话框，输入新样式名"标注"后，单击"继续"按钮。

③ 单击"线"选项卡，将"超出尺寸线"设置为 2，"起点偏移量"设置为"5"，其他为默认值，如图 3-175 所示。

④ 单击"符号和箭头"选项卡，设置"箭头"选项为"建筑标记"，设置箭头大小为"2"，其他为默认值，如图3-176所示。

⑤ 单击"文字"选项卡，设置"文字高度"为"3"，"文字位置"中"垂直"为"上"，"从尺寸线偏移"设置为"2"，"文字对齐"选择"与尺寸线对齐"，其他为默认值，如图3-177所示。

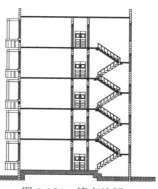

图 3-174　填充地坪

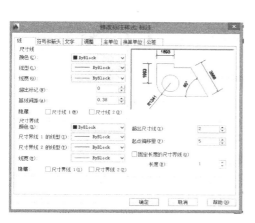

图 3-175　修改标注线

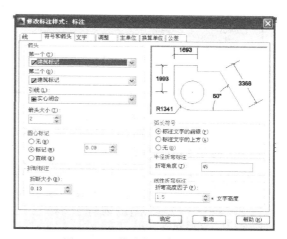

图 3-176　修改标注符号和箭头

⑥ 单击"调整"选项卡，设置全局比例为100，其他为默认值，如图 3-178 所示。

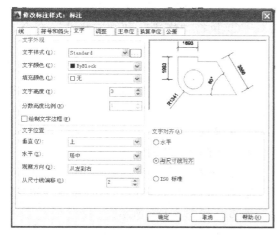

图 3-177　修改标注文字

图 3-178　修改标注位置

⑦ 单击"主单位"选项卡，设置精度为"0"，其他为默认设置，如图 3-179 所示。

⑧ 单击"确定"按钮，返回"标注样式管理器"对话框，选中新建的"标注"样式，单击"置为当前"按钮，然后单击"关闭"按钮，关闭"标注样式管理器"。

⑨ 执行"标注"→"线性"、"连续"命令，对剖面图进行尺寸标注，标注效果如图 3-180 所示。

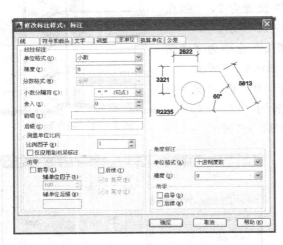

图 3-179 修改标注单位

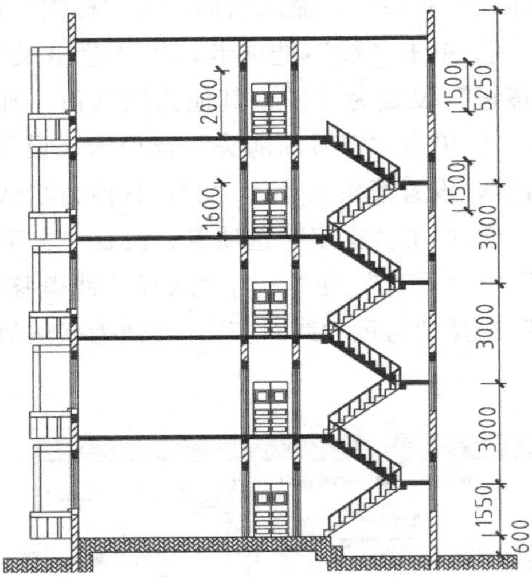

图 3-180 标注效果图

（2）标注标高和轴线符号

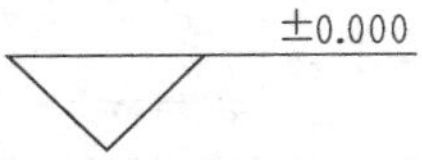

① 将"标注"图层设为当前层。

② 根据国家建筑图例和标准，绘制标高，并将其生成为块，如图 3-181 所示。

图 3-181 绘制标高

③ 将标高插在需要的地方即可，如图 3-182 所示。

④ 标注轴线符号，以表明立面图所在的范围，完成标注后的剖面图如图 3-183 所示。

➤ 标注文字

① 将"文字"层设为当前层。

② 执行"格式"→"文字样式"命令，弹出"文字样式"对话框，单击"新建"按钮，创建样式名为"文字"的文字样式。具体其他设置参数如下：在"文字名"选项组中选择"仿宋＿GB2312"，字体高度设置为 800，其他选项均采用默认设置，如图 3-184 所示。

③ 在命令栏里输入"t"回车，指定文字第一角点和对角点，此时输入所需文字即可，如图 3-185 所示。

④ 在命令栏里输入"PL"，在文字下方绘制一段多线段，线宽 100，绘制后如图 3-186 所示。

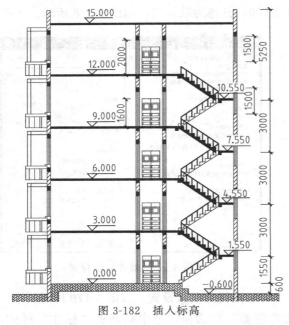

图 3-182 插入标高

➤ 添加图框和标题

本例采用 A4 的图纸 1：100 打印出图，故图框采用 21000×29700。

174

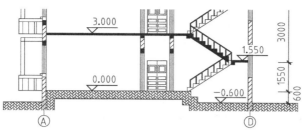

图 3-183　添加轴线符号

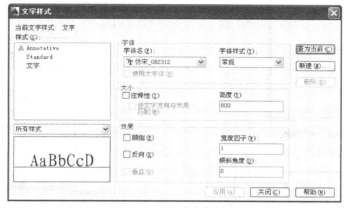

图 3-184　新建文字样式

（1）图框

① 新建一个绘图文件，将图框文件保存为"A4.dwg"。

② 单击"绘图"工具栏中的按钮，绘制图符线。使用"矩形"命令，绘制一个第一角点为（0，0），另一角点为（21000，29700）的矩形。

③ 使用"偏移"命令将矩形向里偏移 500，如图 3-187所示。

④ 执行"拉伸"命令，利用拉伸命令修改图框线，选择对象从右向左框选对角点，以左边顶点为基点，指定第二点的命令栏中输入 2000（可参考立面图框的绘制），得到图框效果如图 3-188 所示。

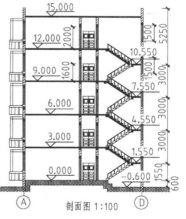

剖面图 1:100

图 3-185　插入文字

剖面图 1:100

图 3-186　绘制多线段

图 3-187　绘制及偏移矩形

图 3-188　拉伸矩形

⑤ 选中内层图框，将其线宽更改为 0.50mm，再执行"格式"→"线宽"，在弹出的"线宽设置"对话框中，选中"显示线宽"选项，单击"确认"按钮后，关闭"线宽设置"对话框，效果如图 3-189 所示。

（2）标题栏

① 按照同样方法绘制标题栏，尺寸为 4851×2733，添加图名，效果如图 3-190 所示。

② 将绘制好的图框和标题存储为块，插入到剖面图中合适的位置，效果如图 3-191 所示。

图 3-189　图框效果

图 3-190　绘制标题栏

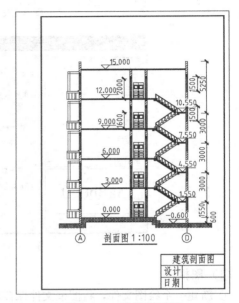

图 3-191　建筑剖面图

【单元实训】

为某酒店绘制一建筑施工图，要求包括：建筑平面图、立面图、剖面图。

 思考与练习

1. 建筑平面图、立面图、剖面图的内容都有哪些？

2. 建筑平面图、立面图、剖面图的制图规范和要求都有哪些？

3. 阐述详图索引符号和详图符号的作用。

3.3

室内装饰施工图

学习目标

知识目标

1. 掌握绘制室内装饰施工图的方法。

176

2. 掌握绘制室内常见物品的方法。

技能目标

1. 熟练掌握室内平面图、立面图、天花图的绘制过程。

2. 熟练掌握对室内平面图、立面图、天花图添加尺寸标注和文字说明的过程。

3. 熟练掌握室内常见物品的绘制过程。

3.3.1 常见户型平面图

如图 3-192 所示，为某常见户型的室内设计平面图，本节将通过介绍绘制这幅图的详细绘制步骤，使读者学习此类图纸的绘制方法。

绘制此类图纸基本的绘图步骤是：设置绘图环境——创建图层——绘制建筑轮廓——布置各个房间——添加文字注释与标注。接下来就按照上面所说的步骤进行绘图。

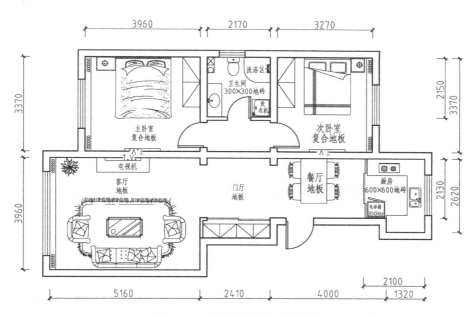

图 3-192　常见户型平面设计图

> 设置绘图环境

（1）新建图纸　运行 AutoCAD2014 之后，单击"快速访问"中  图标 ，在弹出的"选择样板"对话框中，选择 acadiso.dwt 文件作为样板，然后单击打开按钮新建图形。

（2）设置图形单位　单击"格式"→"单位"，在弹出的"图形单位"对话框中进行单位设置，设置情况如图 3-193 所示。

（3）设置图形界限　根据图 3-192 中的结构来看，图纸可以采用 A3 幅面，图纸比例为 1∶100。虽然绘图比例

图 3-193　单位设置

是1：100，但在模型空间应按1：1绘制，然后在布局空间中选用 A3 图纸大小即可。

A3 的图纸大小为 420×297，放大 100 倍即为图形界限。

在命令栏里输入"limits"，设置模型空间界限，左下角点为（0，0），右下角点为（42000，29700）。

➢ 创建图层

参考国家标准《房屋建筑 CAD 制图统一规则》（GB/T 18112—2000），并结合图形的需要，建立如表 3-2 所示的几个图层。

表 3-2 创建图层

图层名称	颜　　色	线　　型	线　　宽
墙体轮廓	白色	Continuous	0.30mm
辅助墙体	白色	Continuous	默认
门窗	白色	Continuous	0.20mm
家具	索引颜色——31	Continuous	0.09mm
灶台	索引颜色——31	Continuous	0.09mm
注释文字	白色	Continuous	默认
尺寸标注	白色	Continuous	默认
填充物	索引颜色——31	Continuous	默认

根据表 3-2 中的内容，打开"图层特性管理器"，单击"新建"按钮，创建 4 个图层，设置完毕后将"墙体轮廓"图层置为当前图层，单击"确定"按钮后，退出"图层特性管理器"。

➢ 绘制建筑轮廓

（1）绘制墙体轮廓

图 3-194 创建新的多线样式

1）创建多线样式

① 选择"格式"→"多线样式"，打开"多线样式"对话框。单击"新建"按钮，在弹出的"创建新的多线样式"中输入新样式名"墙体轮廓"后单击"继续"，如图 3-194 所示。

② 单击"继续"后，会弹出"新建多线样式：墙体轮廓"对话框。在弹出的对话框中，对多线的"偏移量"和"线型"进行修改。向上和向下均偏移 120，线型选择 Continuous。修改后样式及更改位置见图 3-195 标出位置所示，修改完成后单击"确定"按钮。

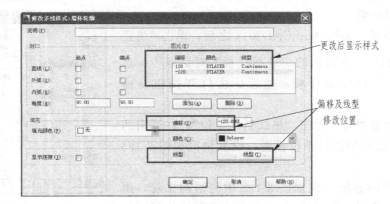

图 3-195 多线样式修改

③ 单击"确定"按钮后图 3-195 所示对话框自动关闭，在屏幕上还会保留图 3-196 所示的"多线样式"对话框，在对话框中选中"墙体轮廓"多线样式，并将其"置为当前"，单击"置为当前"按钮后，按钮会变成灰色，此时再单击"确定"按钮，完成多线样式的创建。

2）多线命令设置　在命令栏里输入"ML"后回车，在命令栏里会出现如图 3-197 所示的内容，灰色框里显示的是多线的当前设置，"对正＝上，比例＝20.00，样式＝墙体轮廓"，要将其设置为"对正＝上，比例＝1.00，样式＝墙体轮廓"。

设置方法：在如图 3-197（a）所示的白色框中输入"S"［图 3-197（b）所示］后回车，接着在命令栏里输入"1"［图 3-198（a）所示］后回车，命令栏里内容又回到设置前的显示，只是这时的当前设置中显示的是"对正＝上，比例＝1.00，样式＝墙体轮廓"，这表示多线设置成功［图 3-198（b）所示］。此时，不需要再执行回车命令，直接在绘图区域中进行墙体轮廓的绘制。

图 3-196　保留下来的多线样式对话框

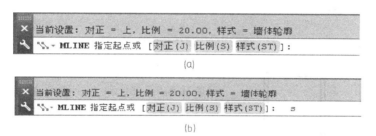

(a)

(b)

图 3-197　多线命令设置（1）

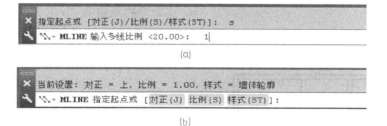

(a)

(b)

图 3-198　多线命令设置（2）

（2）绘制墙体轮廓

① 用设置完的多线绘制墙体轮廓。在命令栏里输入"ML"后回车，按照图 3-199 的尺寸和步骤进行墙体轮廓的绘制。

② 使用"菜单栏"中的"修改"→"对象"→"多线"命令对图 3-199（c）分别进行"T形打开"和"十字打开"的编辑，编辑后得到图 3-200 所示的墙体轮廓效果。

③ 在墙体上留出门的位置，即绘制门框。需要放置门的位置有 3 个，如图 3-201 所示。上面 2 个门框的宽度为 880，下面门框的宽度为 950。

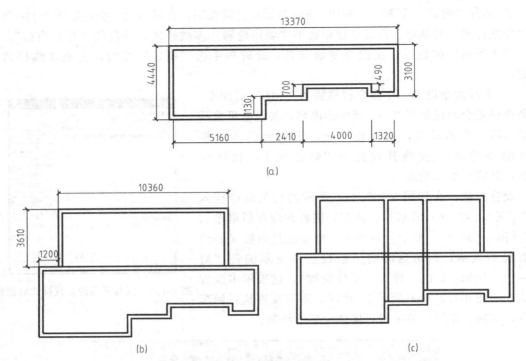

图 3-199 墙体轮廓尺寸

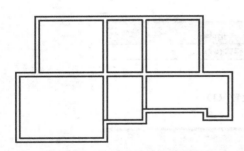

图 3-200 编辑后墙体轮廓效果

在命令栏里输入"L"后回车，分别绘制与中间墙体偏移 250 和 140 的 2 条直线（从下向上绘制），再将距离中间墙体 140 的直线通过偏移命令（"O"）将其向上偏移 880，另一侧画法相同。下面门框的绘制请读者自行完成，方法同上，尺寸如图 3-201 所示。

④ 在命令栏里输入"tr"后回车，对绘制的门框进行剪切，剪切后效果如图 3-202 所示。墙体轮廓绘制完成。

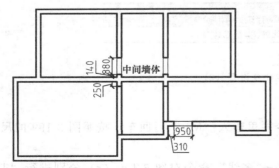

图 3-201 门框线位置与尺寸

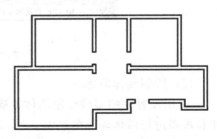

图 3-202 门框剪切后墙体轮廓效果

（3）绘制辅助墙体

1）更换图层 将"辅助墙体"图层置为当前。

2）绘制辅助墙体

① 在如图 3-203（a）所示的位置绘制辅助墙体，墙体尺寸如图3-203（b）所示。在命令栏里输入"L"后回车进行图中辅助墙体的绘制。

② 在命令栏里输入"ML"将比例设置为0.5，对正仍为上，绘制两条多线，此时绘制出的多线宽度应为120。接着确定多线起始点，多线距离门框距离为80，长度分别为700和670，然后将多线端部绘制两条直线将其闭合，具体如图3-204所示。

③ 选择"修改"→"对象"→"多线"，在弹出的"多线编辑工具"中选择"T形打开"对图 3-204 中绘制的辅助墙体进行编辑，编辑后效果如图 3-205 所示。

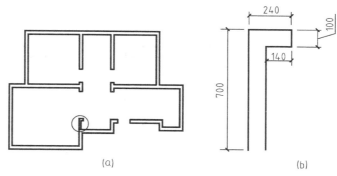

图 3-203　辅助墙体绘制（1）

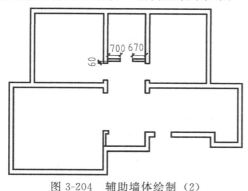

图 3-204　辅助墙体绘制（2）

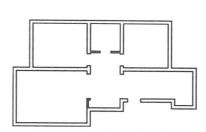

图 3-205　辅助墙体效果

➢ 门和窗的绘制

（1）更换图层　将"门窗"图层置为当前。

（2）绘制门

① 平面设计图中一共有 4 扇门，分为三种规格。1号、2号、3号位置的门宽尺寸分别为800、880、950，如图 3-206 所示。

② 绘制矩形，在命令栏里输入"rec"后回车，捕捉 1 号位置右门框中点为起始点，绘制长 60、宽 800 的矩形，效果如图 3-207 所示。

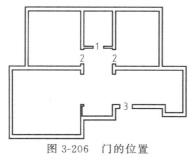

图 3-206　门的位置

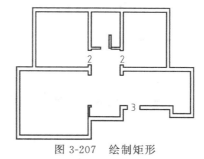

图 3-207　绘制矩形

③ 绘制圆弧，在命令栏里输入"a"后回车，将圆弧起点→圆弧第二点→圆弧端点，按

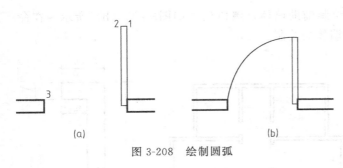

(a)   (b)

图 3-208　绘制圆弧

图 3-208 (a) 中 1—2—3 的顺序进行点选，效果如图 3-208 (b) 所示。

④ 绘制 2 号门，绘制方法与 1 号门相同，只是门宽尺寸不同。矩形长度为 880、宽为 60，绘制一侧 2 号门后，另一侧 2 号门使用镜像命令（mi）即可完成绘制，绘制效果如图 3-209 所示。

⑤ 3 号门的绘制，矩形尺寸为长 60，宽 950，绘制后效果如图 3-210 所示。

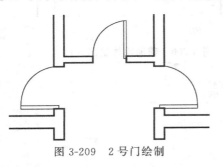

图 3-209　2 号门绘制

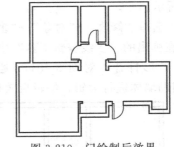

图 3-210　门绘制后效果

（3）绘制窗

① 平面设计图中一共有五扇窗，分为五种规格，窗的两端使用直线进行绘制，具体位置如图 3-211 所示。

② 在表示窗的两条直线中间绘制两条直线，完成窗体的绘制。墙厚 240，两条直线将墙体均分，即：墙体与直线、直线与直线之间的距离均为 80，绘制后效果如图 3-212 所示。

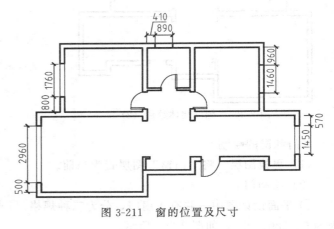

图 3-211　窗的位置及尺寸

➤ 布置各个房间

（1）布置客厅

1）绘制窗帘盒　在距离内墙体 200 的位置，绘制一条直线作为窗帘盒，如图 3-213 所示。

2）插入沙发图块

① 打开"工具"→"选项板"→"设计中心"，在选项板中选择"图块"文件夹，双击展开块对象，如图 3-214 所示。

② 右键单击要插入的"沙发"图块，选择"插入为块"，打开"插入"对话框，如图 3-215 所示。

③ 单击"确定"按钮进入绘图区，将"沙发"图块插入到图形中，插入效果如图 3-216 所示（注：插入时如果图块太大，可以使用缩放命令进行尺寸的更改。在命令栏里输入"SC"后回车，先选择要缩放的对象，再对对象选择基点，最后在命令栏里输入要缩放的尺寸）。

建筑室内设计制图与CAD

182

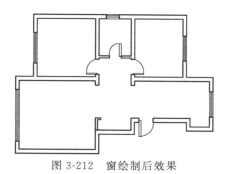

图 3-212　窗绘制后效果

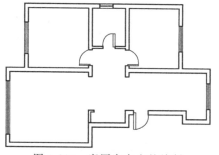

图 3-213　客厅窗帘盒的绘制

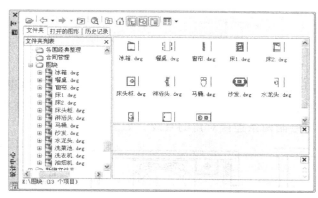

图 3-214　展开块对象

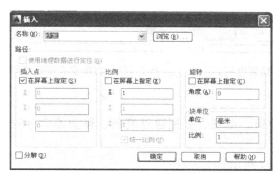

图 3-215　"插入"对话框

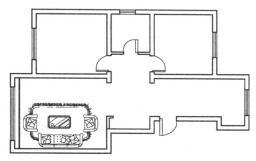

图 3-216　插入沙发图块

④ 使用同样的方法，将"图块"文件中的"窗帘"和"植物"图块插入到平面图中，如图 3-217 所示。

3）绘制电视柜　在与沙发正对的墙上绘制一个长 1800、宽 520 的矩形，作为电视柜。绘制后再在电视柜里面绘制一个长 1224、宽 93 的矩形作为电视，并使用文字输入命令（T）在电视里输入"T.V."，如图 3-218 所示。

（2）布置主卧室

1）绘制窗帘盒　在距离内墙体 200 的位置，绘制一条直线作为窗帘盒，并将客厅中插入的"窗帘"复制到主卧室内，如图 3-219 所示。

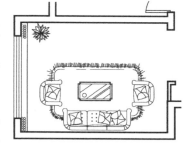

图 3-217　插入窗帘图块

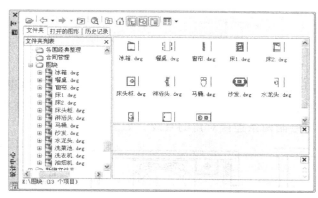

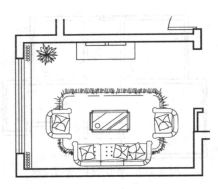

图 3-218　客厅的布置

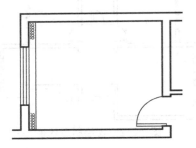

图 3-219　布置窗帘盒

2）插入床块

①　插入"床"和"床头柜"，如图 3-220 所示。

②　将客厅绘制的电视使用复制、旋转、移动命令，放置到主卧室里，如图 3-221 所示。

3）绘制衣柜　绘制一个长 600、宽 1800 的矩形作为衣柜外框，并将矩形两条长边的中点连接，作为隔板，再绘制两条连接对角的直线，如图 3-222 所示。

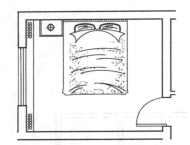

图 3-220　插入床和床头柜

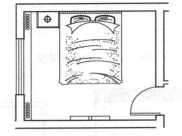

图 3-221　绘制电视

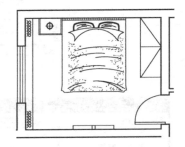

图 3-222　主卧室衣柜的绘制

（3）布置次卧室

1）布置窗帘、电视和衣柜　将主卧室的窗帘、电视、衣柜通过复制、移动等命令放置到次卧室中，具体位置如图 3-223 所示。

2）插入床块　插入床和床头柜，如图 3-224 所示。

（4）布置卫生间

插入洗脸池、洗衣机、坐便和淋浴头，并将它们放置在如图 3-225 所示的位置。

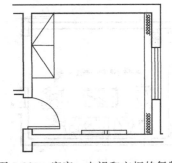

图 3-223　窗帘、电视和衣柜的复制

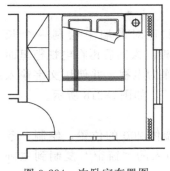

图 3-224　次卧室布置图

图 3-225　卫生间布置图

（5）布置门厅

在门厅绘制一个长 2310、宽 484 的矩形，并使用 3 条直线将矩形均分为 4 部分，再将四个小矩形的一条对角线首尾连到一起，如图 3-226（a）所示。在距离组合柜左侧内墙边部 10 的位置绘制一个长 1085、宽 40 的矩形作为组合柜的左侧门，同样在右侧绘制一个长 1085、宽 40 的矩形作为组合柜的右侧门，如图 3-226（b）所示。

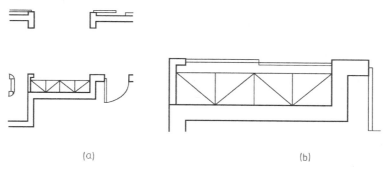

图 3-226　组合柜的绘制

（6）布置餐厅

插入餐桌，放置在如图 3-227 所示的位置。

（7）布置厨房

1）绘制厨房门　在距离室内入口左侧墙 1760 的位置绘制一条直线，如图 3-228 所示。再将直线四等分，绘制如图 3-229 所示的样式，门厚为 40。

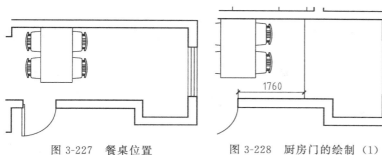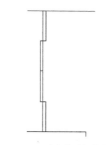

图 3-227　餐桌位置　　图 3-228　厨房门的绘制（1）　　图 3-229　厨房门的绘制（2）

2）绘制厨房台面　台面宽度 600，使用直线命令从上往下绘制台面，起始点距离厨房门距离为 43，确定起始点后向下绘制长为 600 的直线，再向右绘制 1377 的直线，再向下绘制 1420 的直线，再向左绘制 720 的直线，最后向下绘制 110 的直线，效果如图 3-230 所示。

3）插入块　插入油烟机、洗菜池和冰箱，位置如图 3-231 所示。

（8）平面图布置效果

绘制如图 3-232 所示平面图。

➢ 添加文字注释与标注

检查所有的图形绘制均无误后，可开始进行尺寸标注。尺寸标注前应该先建立标注样式，设定标注样式的各个参数，然后再标注尺寸。

（1）更换图层　将图层更换到"标注和文字"图层。

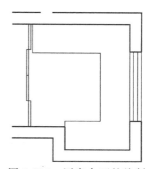

图 3-230　厨房台面的绘制

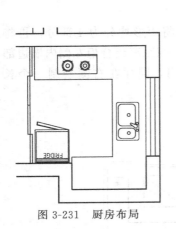

图 3-231　厨房布局

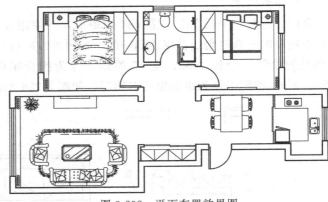

图 3-232　平面布置效果图

（2）新建标注样式　单击"菜单栏"中的"标注"→"标注样式"按钮，弹出"标注样式管理器"对话框，然后单击 新建(N)... 按钮，在弹出的"创建新标注样式"对话框中，输入新样式名为"平面布置图"，其他选项保持默认。然后单击 继续 按钮，弹出"新建标注样式"对话框后，设置如下选项，其余未设置选项保持默认。

①"线"选项卡：设置"尺寸线"和尺寸界限的颜色、线型和线宽为 ByLayer；设置"超出尺寸线"为 100；设置"起点偏移量"为 700。

②"符号和箭头"选项卡：设置"箭头"区域，第一个和第二个箭头形式均为"建筑标记"，引线为"无"，"箭头大小"为 150；在"弧长符号"区域，选择"标注文字的上方"单选框。

③"文字"选项卡：设置"文字颜色"为 ByLayer，"文字高度"为 250，"从尺寸线偏移"为 50。

④"主单位"选项卡：在"线性标注"区域设置"单位格式"为"小数"，"精度"为 0。

设置完成后，单击 确定 按钮，然后在标注样式管理器中单击 置为当前(U) 按钮，将"平面布置图"置为当前。

（3）标注墙体尺寸　尺寸标注应以墙体地面线为基准，在标注时捕捉相应角点或者辅助墙体图形之间的交点，标注相应的尺寸，效果如图 3-233 所示。

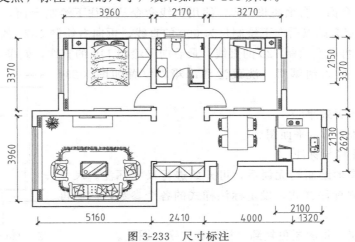

图 3-233　尺寸标注

（4）添加文字　在命令栏里输入"t"后回车，文字样式为"宋体、加粗"，房间划分文字高度为150；地面材质文字高度为120；电视机、冰箱、洗衣机、洗浴区文字高度为78，效果如图3-234所示。

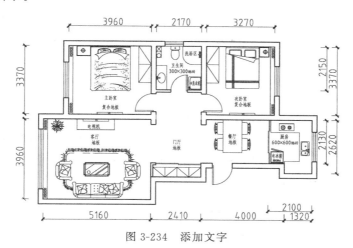

图3-234　添加文字

3.3.2　客厅立面图绘制

本节介绍电视背景墙立面图的绘制过程，希望通过本实例，读者能够熟练掌握室内设计立面图的一般绘制方法，并熟练掌握使用AutoCAD 2014绘制室内设计立面图的一些基本技巧。如图3-235所示。

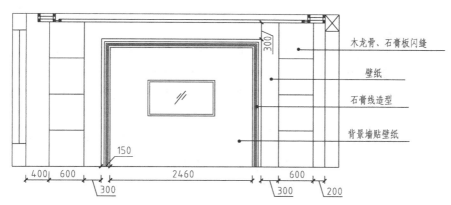

图3-235　客厅背景墙立面图实例

➢ 设置绘图环境

（1）新建图纸　运行AutoCAD 2014之后，单击"快速访问"中![icon]图标，在弹出的"选择样板"对话框中，选择acadiso.dwt文件作为样板，然后单击打开按钮新建图形。

（2）设置图形单位　单击"格式"→"单位"，在弹出的"图形单位"对话框中进行单位设置，设置情况如图3-236所示。

（3）设置图形界限　根据图3-235中的结构来看，图纸可以采用A3幅面，图纸比例为1∶100。虽然绘图比例是1∶100，但在模型空间应按1∶1绘制，然后在布局空间中选用

图 3-236 单位设置

A3 图纸大小即可。

A3 的图纸大小为 420×297，放大 100 倍即为图形界限。

在命令栏里输入"limits"，设置模型空间界限，左下角点为（0，0），右下角点为（42000，29700）。

➢ 创建图层

参考国家标准《房屋建筑 CAD 制图统一规则》（GB/T 18112—2000），并结合图形的需要，建立如表 3-3 所示的几个图层。

根据表 3-3 中的内容，打开"图层特性管理器"，单击"新建"按钮，创建 5 个图层，设置完毕后将"墙体轮廓"图层置为当前图层，单击"确定"按钮后，退出"图层特性管理器"。

表 3-3　创建图层

图层名称	颜　　色	线　　型	线　　宽
墙体轮廓	白色	Continuous	0.30mm
辅助墙体	白色	Continuous	默认
装饰材料	索引颜色——31	Continuous	默认
注释文字	白色	Continuous	默认
尺寸标注	白色	Continuous	默认

➢ 绘制墙体

绘制客厅背景墙立面图之前，需要先绘制出墙体的轮廓，然后才能绘制其他图形元素，并以墙体轮廓为基准确定其他图形元素在幅面中的位置。可按以下的步骤绘制墙体。

① 绘制矩形，在命令窗口中输入"rec"后回车，绘制一个长 5640、宽为 2700 的矩形，效果如图 3-237 所示。

② 分解矩形，在命令栏里输入"x"后回车，将上一步绘制的矩形分解为四条直线段。

③ 在命令栏里输入"O"后回车，将矩形上侧边向下偏移 50、100、150、300，左侧边向内偏移 120、240、440，右侧边向内偏移 240，下侧边向上偏移 400，效果如图 3-238 所示。

④ 单击"图层特性管理器"按钮，选中"辅助墙体"图层，并单击"置为当前"按钮，将其设置为当前图层，并将偏移后的直线放置到"辅助墙体"图层中。

⑤ 在命令栏里输入"tr"后回车，对图 3-238 中偏移的直线进行剪切，剪切效果如图 3-239 所示。

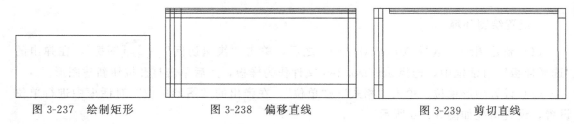

图 3-237　绘制矩形　　　　图 3-238　偏移直线　　　　图 3-239　剪切直线

⑥ 将左侧边偏移 440、被剪切的直线向右继续偏移，偏移距离为 38、262、300、362、400，如图 3-240 所示。

⑦ 在命令栏里输入"tr"后回车，对偏移后的直线进行剪切，剪切效果如图 3-241 所示。

⑧ 添加直线，在剪切后的图形中添加直线，如图 3-242 所示。

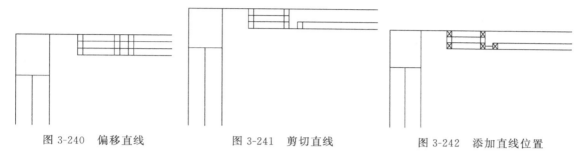

图 3-240　偏移直线　　　图 3-241　剪切直线　　　图 3-242　添加直线位置

⑨ 将图 3-242 中的图形通过镜像（MI）和移动（M）命令复制到另一侧，如图 3-243 所示。

图 3-243　镜像后效果

⑩ 在墙体右侧如图 3-244 所示的位置绘制两条直线，墙体外框绘制完毕。

图 3-244　墙体外框效果

> 绘制装饰线

① 单击"图层特性管理器"按钮，选中"装饰材料"图层，并单击"置为当前"按钮 ✓，将其设置为当前图层。

② 再将绘制墙体中分解的外墙体进行偏移。左侧边向内偏移 640、1240，右侧边向内偏移 440、1040，下侧边向上偏移 638、1275、

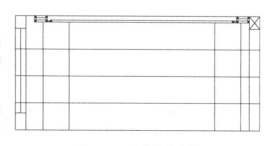

图 3-245　偏移墙体直线

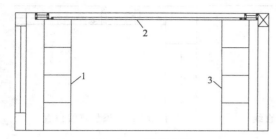
1913，并将偏移后的直线置于当前图层中，如图 3-245 所示。

③ 将图 3-245 中绘制后的直线进行剪切，剪切后效果如图 3-246 所示。

④ 将图 3-246 中所标记的三条直线分别向内偏移 300，偏移后再进行剪切，效果如图 3-247 所示。

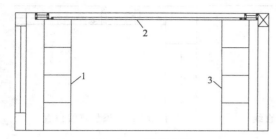

图 3-246　修剪直线

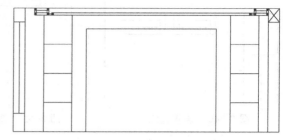

图 3-247　偏移、剪切后效果

⑤ 再将图 3-247 中偏移、剪切后的三条直线分别向内偏移 50、80、100、120、150，再将多余部分剪掉，最终得到图 3-248 所示效果。

➢ 绘制电视机

① 将"辅助墙体"图层置于当前。

② 在电视背景墙中间偏上的位置绘制一个长 1155、宽 629 的矩形，并将矩形向内偏移 30，作为电视机，如图 3-249 所示。

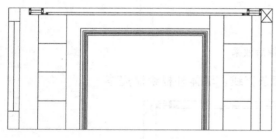

图 3-248　偏移直线

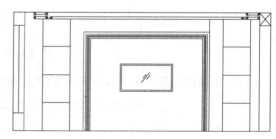

图 3-249　绘制电视

➢ 标注尺寸

（1）单击"图层特性管理器"按钮，选中"尺寸标注"图层，并单击"置为当前"按钮 ✔，将其设置为当前图层。

（2）新建尺寸样式。单击"菜单栏"中的"标注"→"标注样式"按钮，弹出"标注样式管理器"对话框，然后单击 [新建(N)...] 按钮，在弹出的"创建新标注样式"对话框中，输入新样式名为"立面图"，其他选项保持默认。然后单击 [继续] 按钮，弹出"新建标注样式"对话框后，设置如下选项，其余未设置选项保持默认。

① "线"选项卡：设置"尺寸线"和尺寸界限的颜色、线型和线宽为 ByLayer；设置"超出尺寸线"为 50；设置"起点偏移量"为 150。

② "符号和箭头"选项卡：设置"箭头"区域，第一个和第二个箭头形式均为"建筑标记"，引线为"无"，"箭头大小"为 50；在"弧长符号"区域，选择"标注文字的上方"单选框。

③"文字"选项卡：设置"文字颜色"为 ByLayer，"文字高度"为 100，"从尺寸线偏移"为 50。

④"主单位"选项卡：在"线性标注"区域设置"单位格式"为"小数"，"精度"为 0。

设置完成后，单击 [确定] 按钮，然后在标注样式管理器中单击 [置为当前⑪] 按钮，将"立面图"置为当前。

（3）对电视背景墙进行尺寸标注，标注后如图 3-250 所示。

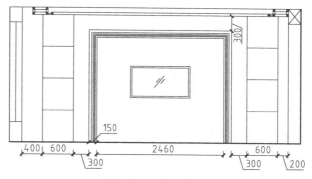

图 3-250　尺寸标注

➢ 注释文字

（1）单击"图层特性管理器"按钮 [图]，选中"注释文字"图层，并单击"置为当前"按钮 ✓，将其设置为当前图层。

（2）对电视背景墙进行文字注释，注释后效果如图 3-251 所示。

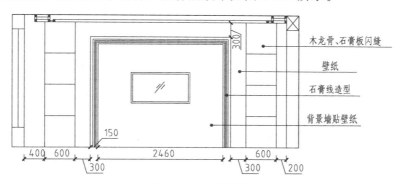

图 3-251　文字注释

3.3.3　室内天花设计图

绘制如图 3-252 所示天花设计图。

➢ 设置绘图环境与图层规划请参考前平面图相应部分。

➢ 绘制墙线与窗线

使用复制命令对前面绘制的平面布置图进行复制，再将填充的家具、门、文字等删掉，再使用矩形命令将房间入口处、卫生间门口、卧室门口进行封闭，最终得到如图 3-253 所示的效果。

➢ 绘制卧室天花造型

（1）以主卧室窗帘盒一角点为起点，绘制一个长 3660、宽 3270 的矩形，再将矩形向下移动 50，向右移动 50，最后将中间的矩形向内偏移 50，如图 3-254 所示。

（2）按同样的方法，在次卧室绘制一个长 2970、宽 3270 的矩形，再把绘制好的矩形向内偏移 50，如图 3-255 所示。

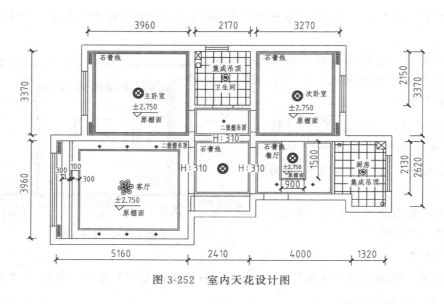

图 3-252　室内天花设计图

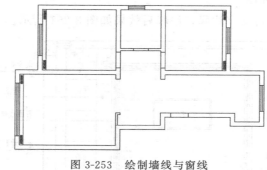

图 3-253　绘制墙线与窗线

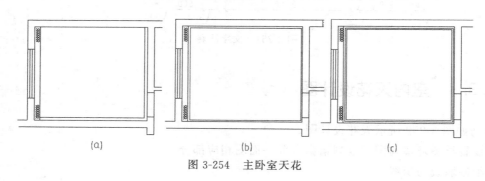

图 3-254　主卧室天花

（3）灯的绘制

① 在主卧室天花绘制两条对角线，如图 3-256 所示。

② 在两条对角线交点处，分别绘制半径为 10、15、35、135、150、185 的同心圆，如图 3-257 所示。

③ 以半径为 185 的圆的左侧象限点为圆心，绘制一个半径为 18 的圆，在使用移动命令将半径为 18 的圆向外移动 7，效果如图 3-258 所示。

④ 对小圆进行剪切，剪切后使用阵列命令（AR）对小圆进行极轴阵列，以圆心为阵列中心点，阵列项目数为 37，阵列后效果如图 3-259 所示。

⑤ 将图 3-259 绘制的对角线分别向两侧各偏移 5，如图 3-260 所示。

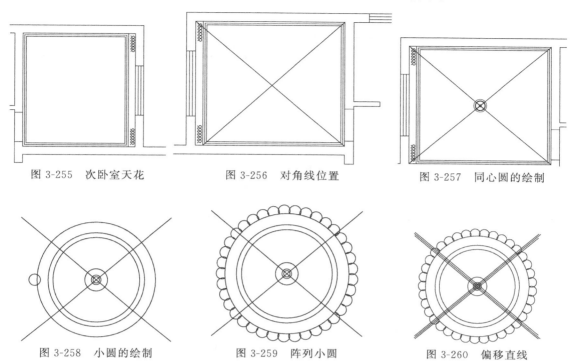

图 3-255　次卧室天花　　　　　图 3-256　对角线位置　　　　　图 3-257　同心圆的绘制

图 3-258　小圆的绘制　　　　　图 3-259　阵列小圆　　　　　图 3-260　偏移直线

⑥ 偏移后将对角线删除，再将偏移后的两条直线进行修剪，最后得到图 3-261 的效果。

⑦ 最后将完成的灯复制到次卧室，效果图如图 3-262 所示。

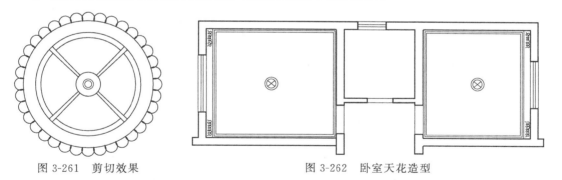

图 3-261　剪切效果　　　　　　　　图 3-262　卧室天花造型

➢ 绘制客厅天花造型

① 以图 3-263 的 "1" 点为起点，"2" 点为终点绘制一个矩形，再将矩形左侧边向内偏移 300、400。

② 绘制一个长 3860、宽 3160 的矩形，如图 3-264 所示的位置。

③ 将图 3-264 中绘制的矩形使用偏移命令向外偏移 50，并将其线型更改为虚线 "DASHED"，如图 3-265 所示。

④ 绘制两条相互垂直的直线，直线长度为 143，再将两条相交直线复制、旋转 45°，最后以两条直线交点为圆心，绘制一半径为 45 的圆，如图 3-266 所示。

⑤ 将绘制后的射灯布置在客厅如图 3-267 所示的位置。

⑥ 绘制三个同心圆，半径分别为 42、98、176，再以同心圆圆心为起点，向左绘制一条

长 226 的直线，再以直线另一端为圆心绘制半径分别为 22、87 的圆，如图 3-268 所示。

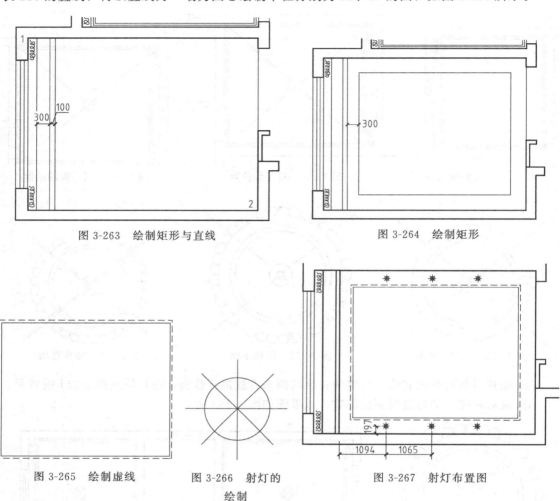

图 3-263　绘制矩形与直线　　　　　　　　图 3-264　绘制矩形

图 3-265　绘制虚线　　　　图 3-266　射灯的　　　　图 3-267　射灯布置图
　　　　　　　　　　　　　　　　绘制

⑦ 将图 3-268 绘制的直线向两侧各偏移 4，并通过直线、剪切命令，绘制成如图 3-269 所示的图形。

⑧ 使用阵列命令，将图 3-269 中左侧的两个同心圆及直线进行阵列，选择极轴阵列，阵列数为 6 个，阵列后再对其进行剪切，得到如图 3-270 所示的图形。

图 3-268　同心圆的绘制　　　　图 3-269　修剪直线　　　　图 3-270　阵列与剪切圆

⑨ 将图 3-270 绘制的灯具进行旋转，旋转角度为 22，如图 3-271 所示。

⑩ 绘制一长156、宽10的矩形，将其中心移动到灯具的中心位置，并进行一定角度的旋转，旋转后，将放置在中心的矩形进行剪切，完成灯具的绘制，如图3-272所示，并将其放置在客厅的顶部中心位置。

> 绘制卫生间天花造型

① 对卫生间进行填充，填充选择"NET"样式，比例为100，效果如图3-273所示。

② 在卫生间顶部绘制一半径为121的圆，并在圆中间绘制几条直线，作为卫生间的灯具，如图3-274所示。

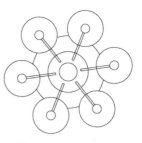

图3-271　旋转灯具

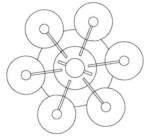

图3-272　客厅灯具的绘制

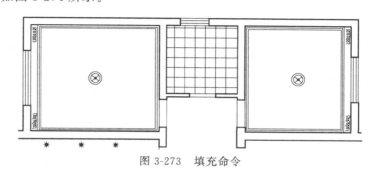

图3-273　填充命令

> 绘制门厅天花造型

① 以图3-275中"1"为起点，"2"为终点绘制一个矩形。

② 以图3-275绘制的矩形左上点为起点，绘制一个长2170、宽2130的矩形，并将绘制好的矩形向内偏移60，如图3-276所示。

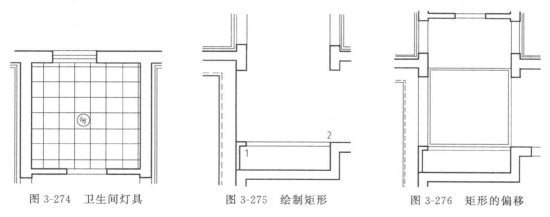

图3-274　卫生间灯具　　　　　图3-275　绘制矩形　　　　　图3-276　矩形的偏移

③ 以图3-277点为起点绘制一个长2170、宽1100的矩形，并将绘制好的矩形向内偏移60，并将卧室灯和客厅射灯复制到如图3-277所示的位置。

> 绘制餐厅天花造型

① 以图3-278的"1"点为起点，绘制一个长2980、宽2130的矩形，并将矩形向内偏移60。

② 以距离矩形左上角点990的位置为起点，向下绘制一条长1560的直线，再向右绘制一条长1020的直线，最后再向上绘制一条1560的直线与矩形，绘制后将三条直线分别向里偏移60，再对直线进行剪切，并将卧室灯复制到厨房顶部，最后得到如图3-279所示的图形。

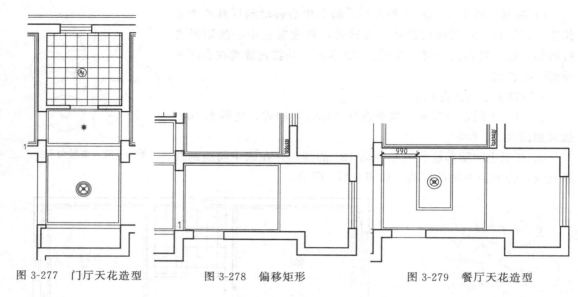

图 3-277　门厅天花造型　　　　图 3-278　偏移矩形　　　　图 3-279　餐厅天花造型

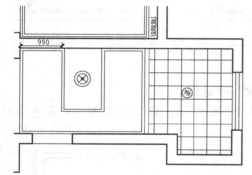

图 3-280　厨房天花造型

> 绘制厨房天花造型

在餐厅右侧天花旁边绘制一长 2130、宽 100 的矩形，绘制后，在厨房位置使用填充命令，对厨房进行填充，填充样式为"NET"、填充比例为 100，填充后将卫生间的灯具复制到厨房顶部，最终效果如图 3-280 所示。

> 标注尺寸

① 将"尺寸标注"图层置于当前。

② 对标注样式进行设置，设置请读者参考立面图尺寸标注的设置。对天花造型进行尺寸标注，标注后如图 3-281 所示。

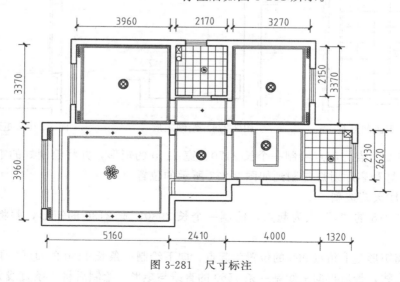

图 3-281　尺寸标注

> 注释文字

① 单击"图层特性管理器"按钮 ，选中"注释文字"图层，并单击"置为当前"按钮 ，将其设置为当前图层。

② 对天花造型进行文字注释，主卧室、次卧室、餐厅采用的是原棚面、石膏线造型，棚面标高为±2.750，客厅采用的是二级棚吊顶，原棚面标高为±2.750，门厅采用石膏线，两卧室之间采用二级棚吊线，卫生间及厨房采用集成吊顶，注释后效果如图 3-282 所示，最终效果如图 3-283 所示。

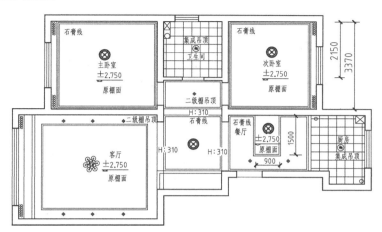

图 3-282　注释后效果

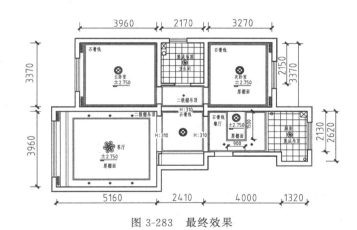

图 3-283　最终效果

3.3.4　室内常见物品图例

3.3.4.1　卫生间常用物品

卫生间内的设施主要由洗脸池、马桶、洗浴区、洗衣机以及物品架组成。

（1）绘制洗脸池

① 更换图层　将"家具和灶台"图层置为当前。

② 绘制脸池　在绘图区中绘制一个长 500、宽 1200 的矩形，绘制后使用分解命令（X）

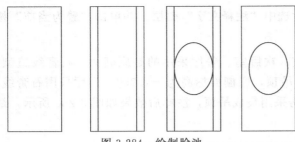

图 3-284　绘制脸池

将矩形分解，再将矩形 1200 长的两条直线向里偏移（O）70。再绘制一椭圆（EL），以图 3-284 中偏移后两条直线的中点为椭圆轴的两个端点，另一条轴长在命令栏里输入 250，绘制后将偏移的两条直线删除，绘制效果如图 3-284 所示。

③ 绘制水龙头　绘制一个长 35、宽 150 的矩形，绘制后以矩形右侧边中点为起点绘制一条长 52 的直线，再将直线向上、下各偏移 15，绘制效果如图 3-285（a）所示。再在空白处绘制一个半径为 20 的圆，绘制后以圆的上面切点为基点，将其移动到图 3-285（b）所示的位置；再在移动后圆所在的位置绘制一个同心圆半径为 25，绘制后效果如图 3-285（c）所示；绘制后将同心圆镜像到矩形的另一侧，如图 3-285（d）所示。

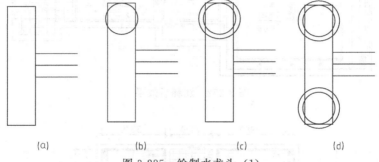

(a)　　　　(b)　　　　(c)　　　　(d)

图 3-285　绘制水龙头（1）

使用相切、相切、半径，在图 3-286（a）所示位置绘制一个半径为 20 的圆，再使用复制命令（CO），以圆的圆心为基点向左移动 2.5，如图 3-286（b）所示；再将两个圆以中间直线为轴，使用镜像命令镜像到另一侧，如图 3-286（c）所示。在如图 3-286（d）所示位置，绘制一个半径为 15 的圆，再使用复制命令将圆以圆心为基点向右移动 4，如图 3-286（e）图所示。

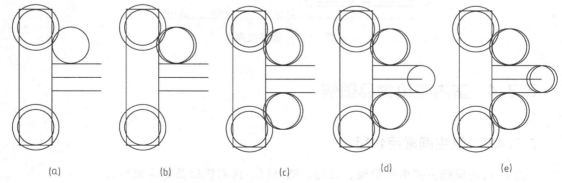

(a)　　　　(b)　　　　(c)　　　　(d)　　　　(e)

图 3-286　绘制水龙头（2）

将水龙头外框的矩形进行分解，分解后将左边直线向里进行偏移，偏移距离分别为：2.5 和 10，如图 3-287（a）所示；再以偏移 10 的直线中点为圆心绘制一个半径为 5 的圆，如图 3-287（b）所示；接着再绘制一个圆心在中间直线上的，半径为 30 的圆，具体位置如图 3-287（c）所示；将水龙头使用修剪命令修剪成图 3-287（d）所示的样式；再在两个同心圆中绘制几条直线，完成水龙头的绘制，如图 3-287（e）图所示。

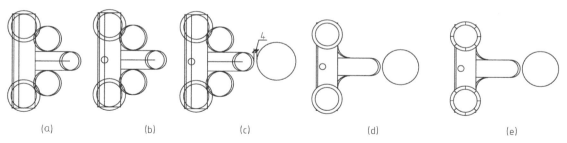

（a）　　　　　　　（b）　　　　　　　（c）　　　　　　　（d）　　　　　　　（e）

图 3-287　绘制水龙头（3）

将水龙头和洗脸池移动到一起，水龙头距离洗脸池边部距离为 22，如图 3-288 所示，洗脸池效果图如图 3-289 所示。

（2）绘制马桶

① 绘制矩形，在绘图区空白处绘制一个长 400、宽 160 的矩形，如图 3-290（a）所示，绘制后使用分解命令将矩形分解。分解后将矩形底部长边删除，将两条短边进行旋转，角度为 5°，如图 3-290（b）所示。

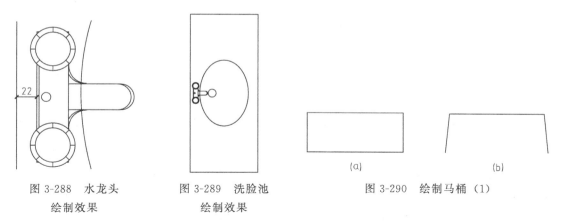

（a）　　　　　　　　　　　（b）

图 3-288　水龙头　　　图 3-289　洗脸池　　　图 3-290　绘制马桶（1）
　　绘制效果　　　　　　　绘制效果

② 使用圆弧命令绘制一圆弧，角度如图 3-291（a）所示，绘制后对四个角点进行倒圆角，圆角半径为 20，如图 3-291（b）所示，最后在绘制的封闭图形中绘制两个同心圆，半径分别为 23、15，如图 3-291（c）所示。

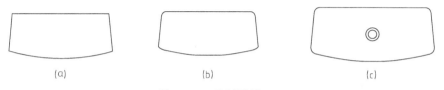

（a）　　　　　　　　　　（b）　　　　　　　　　　（c）

图 3-291　绘制马桶（2）

③ 使用圆弧命令绘制图 3-292（a）中的圆弧，该圆弧由三条圆弧构成，再将绘制后的圆弧镜像到另一边，如图 3-292（b）所示，再使用一次圆弧命令将两个端点连接，如图 3-292（c）所示，最后在距离水箱下 25 的位置绘制一条两端向下的三折直线，如图 3-292

(d) 所示。

(3) 绘制洗浴区

① 首先绘制一个长 900、宽 900 的矩形，作为浴室区的范围，如图 3-293 所示。

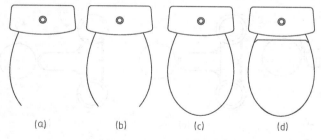

图 3-292　绘制马桶（3）

图 3-293　绘制浴室区

② 对矩形的左下角点进行倒圆角，圆角半径为 450，如图 3-294 所示。

③ 在空白处绘制两个长 20、宽 235 的矩形，如图 3-295 所示。

④ 在空白处绘制一个长 30、宽 100 的矩形，把它放置在如图 3-296 所示的位置。

⑤ 使用剪切命令将图 3-296 中绘制的矩形中间的直线剪掉，并在距离矩形上、下两条边 5 的位置绘制两条直线，如图 3-297 所示。

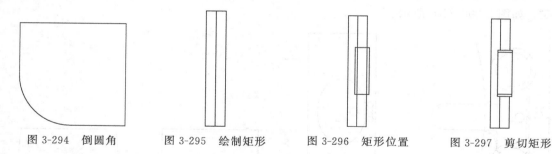

图 3-294　倒圆角　　　　图 3-295　绘制矩形　　　　图 3-296　矩形位置　　　　图 3-297　剪切矩形

⑥ 以③中绘制两矩形上中点为起点，绘制一个长 50、宽 25 的矩形，再在其左侧绘制一个长 40、宽 45 的矩形，右侧绘制一个长 15、宽 50 的矩形，将绘制好的三个矩形向左侧移动 5，如图 3-298 所示。

⑦ 对⑥中左、右绘制的两个矩形进行分解，分解后将左侧矩形左侧边向右偏移 10，将右侧矩形左侧边向右偏移 5，并将右侧矩形右侧边删除，如图 3-299 所示。

⑧ 对删除右侧边的矩形进行倒圆角，半径为 5，位置如图 3-300 所示。

⑨ 将左侧分解的矩形上下两条边分别向外侧旋转 9°，如图 3-301 所示。

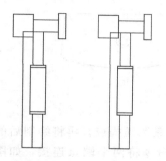
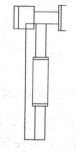
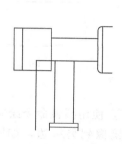

图 3-298　绘制矩形　　　　　图 3-299　分解矩形　　　　　图 3-300　倒圆角

⑩ 使用延伸命令（EX）将中间直线上、下两端延伸到旋转的直线上，如图 3-302（a）所示，再使用剪切命令将多余部分剪掉，最后使用直线命令进行封闭，如图 3-302（b）所示。

对图 3-302 中绘制完成的部分进行镜像，并将镜像后的图形进行剪切，剪切部分为图 3-303 中圆圈里部分。

在使用一次剪切命令，对图 3-304 中圈起的位置进行剪切，剪切后使用圆弧命令（起点、端点、半径）绘制一个半径为 17 的圆弧，如图 3-304 所示。

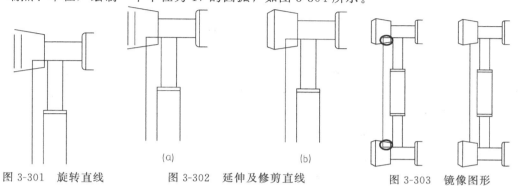

图 3-301　旋转直线　　　图 3-302　延伸及修剪直线　　　图 3-303　镜像图形

在中间位置绘制一个长 60、宽 40 的矩形，并在其左侧端部绘制一个半圆，如图 3-305 所示。

将图 3-305 中绘制好的矩形进行分解，分解后将左右两侧边删除，上下两侧边分别向内旋转 5°，并将多余部分剪切，如图 3-306 所示。

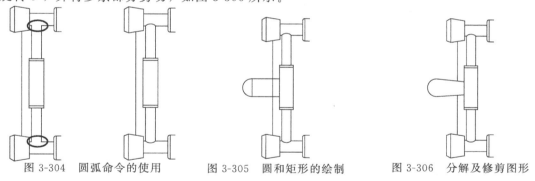

图 3-304　圆弧命令的使用　　　图 3-305　圆和矩形的绘制　　　图 3-306　分解及修剪图形

在以图 3-307 的"1"点为起始点，"2"点为端点绘制一个半径为 68 的圆弧，绘制后将其镜像到另一侧，如图 3-307 所示。

最后将其放置在适当位置，淋浴区绘制完毕，效果如图 3-308 所示。

3.3.4.2　床的绘制

首先绘制一个长 1600、宽 2000 的矩形，和一个长 1600、宽 54 的矩形，绘制后效果如图 3-309 所示。

对大矩形的四个角点和小矩形的下面两个角点分别进行倒圆角，圆角半径为 40，床绘制完毕，如图 3-310 所示。

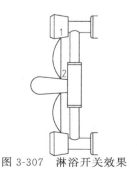

图 3-307　淋浴开关效果

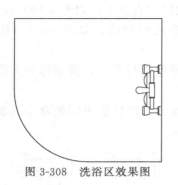

图 3-308　洗浴区效果图

图 3-309　矩形绘制

图 3-310　倒圆角

在空白处绘制一个长 594、宽 388 的矩形，并将其向内偏移 30，偏移后对两个矩形的八个角点分别进行倒圆角，圆角半径为 40，枕头绘制完毕，如图 3-311 所示。

将图 3-311 绘制的枕头放置在床上适当的位置，并将其进行镜像，效果如图 3-312 所示。

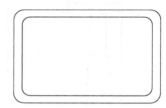

图 3-311　枕头的绘制

使用样条曲线命令在图 3-313 所示的位置上绘制一条曲线。

将位于样条曲线下方的枕头部分剪切掉，如图 3-314 所示。

最后使用直线和圆弧命令对床进行装饰，装饰后效果如图 3-315 所示，其中平行直线装饰线条之间距离为 30，可以使用偏移命令完成，床绘制完成。

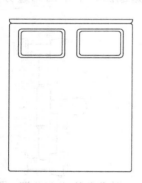

图 3-312　枕头位置

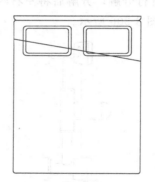

图 3-313　绘制直线

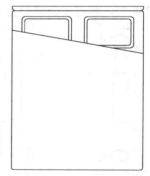

图 3-314　剪切命令

3.3.4.3　煤气灶的简单绘制

首先绘制一个长 704、宽 342 的矩形，绘制后使用分解命令对矩形进行分解，将分解后矩形的上边向下偏移 16，如图 3-316 所示。

确定圆心，绘制两条直线，以直线端点作为圆心，具体位置见图 3-317。

分别以两个直线端点为圆心进行画圆，以左侧直线端点为圆心的圆半径分别为 35、83、100，以右侧直线端点为圆心的圆半径分别为 32、65、83，如图 3-318 所示。

画好圆后，将两条直线删除，并在两组同心圆上分别绘制十字交叉的直线，如图 3-319 所示。

将十字交叉的直线使用旋转命令旋转 45°，旋转后对其进行剪切，剪切效果如图 3-320 所示。

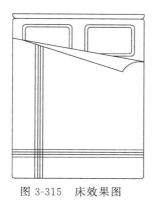

图 3-315　床效果图

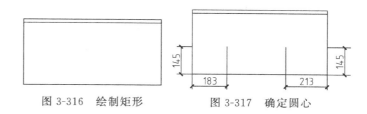

图 3-316　绘制矩形　　　　　图 3-317　确定圆心

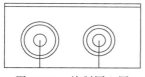

图 3-318　绘制同心圆

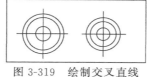

图 3-319　绘制交叉直线

图 3-320　旋转直线

3.3.4.4　洗菜盆的绘制

以原点为起点绘制一个长 693、宽 400 的矩形，如图 3-321 所示。

在距离原点（31，31）的位置为起点绘制一个长 398、宽 304 的矩形，如图 3-322 所示。

将坐标移动到右下角点，如图 3-323 所示。

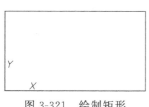

图 3-321　绘制矩形

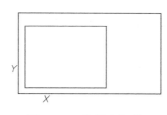

图 3-322　绘制小矩形

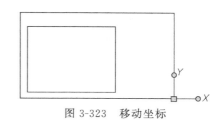

图 3-323　移动坐标

在距离原点（—31，31）的位置为起点绘制一个长 189、宽 304 的矩形，如图 3-324 所示。

对三个矩形进行倒圆角，外面矩形圆角半径为 31，里面两个矩形半径为 63，如图 3-325 所示。

以图 3-325 所示两个矩形上边中点为起点向下绘制长 118 的直线，再以直线端点为圆心绘制两个半径为 26 的圆，如图 3-326 所示。

在空白处绘制一个长 58、宽 136 的矩形，绘制后使用分解命令将矩形进行分解，之后将上面的两个角点进行倒圆角，圆角半径为 21，如图 3-327 所示。

将左右两侧直线进行旋转，以直线上端点为基点，分别向里旋转 10°、—10°，如图 3-328 所示。

使用延伸命令将旋转后的直线下端延伸到下面的水平直线上，之后使用修剪命令将图形多余部分修剪掉，水龙头绘制完毕，如图 3-329 所示。

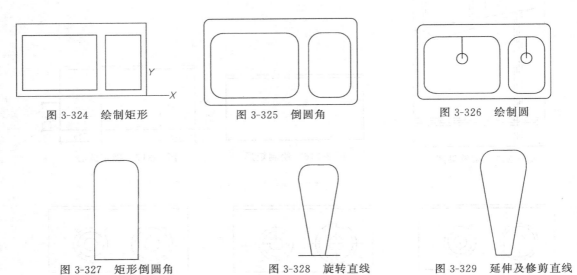

图 3-324　绘制矩形　　　　图 3-325　倒圆角　　　　图 3-326　绘制圆

图 3-327　矩形倒圆角　　　　图 3-328　旋转直线　　　　图 3-329　延伸及修剪直线

将图 3-329 中绘制的水龙头向左旋转 30°，旋转后将其放在洗菜盆中适当的位置，如图 3-330 所示。

在水龙头两侧绘制两个半径为 21 的圆作为开关，再使用修剪命令将水龙头和洗菜盆相交的部分剪切掉，洗菜盆绘制完毕，如图 3-331 所示。

3.3.4.5　餐桌的绘制

首先绘制一个长 900、宽 1600 的矩形作为餐桌的桌面，如图 3-332 所示。

在空白处绘制一个长 278、宽 565 的矩形，并将其分解，分解后将其右侧两个角点进行倒圆角，圆角半径为 43，如图 3-333 所示。

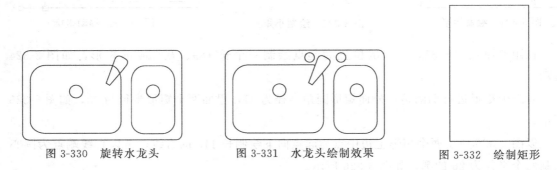

图 3-330　旋转水龙头　　　　图 3-331　水龙头绘制效果　　　　图 3-332　绘制矩形

将分解后矩形上下两条边向外旋转，旋转半径为 5°，如图 3-334 所示。

以矩形右侧边中点为起点向右绘制一条长 110 的直线，如图 3-335 所示。

使用偏移命令将直线向上分别偏移 3.5、42.5、49.5、85.5、92.5、165.5、198.5、212.5、219.5，如图 3-336 所示。

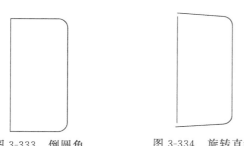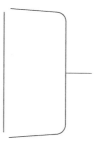

图 3-333　倒圆角　　　　　图 3-334　旋转直线　　　　　图 3-335　绘制直线

　　将从上往下数的第三条和第四条直线进行旋转，旋转角度为 3°，旋转后效果如图 3-337 所示。

　　将偏移后的直线对称的镜像到另一侧，如图 3-338 所示。

　　绘制一条圆弧，圆弧起点、端点距离为 519，圆弧半径为 712，绘制好后，再将其向外偏移 36，如图 3-339 所示。

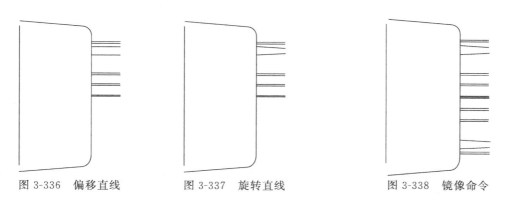

图 3-336　偏移直线　　　　　图 3-337　旋转直线　　　　　图 3-338　镜像命令

　　将两个圆弧用直线闭合，再在闭合端部绘制两个半径为 22 的圆弧，如图 3-340 所示。
　　以图 3-340 中圆弧中点为基点，将其移动至中心直线的端部，如图 3-341 所示。
　　将多余部分删除、剪切掉，最终完成餐椅的绘制，效果如图 3-342 所示。
　　将餐椅放到餐桌的右上角向下偏移 110 的位置，如图 3-343 所示。
　　对餐椅进行镜像，最终完成餐桌整体的绘制，如图 3-344 所示。

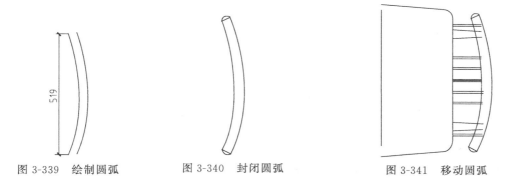

图 3-339　绘制圆弧　　　　　图 3-340　封闭圆弧　　　　　图 3-341　移动圆弧

3.3.4.6　茶几的绘制

绘制一个长 1236、宽 696 的矩形，并将矩形向内偏移 30、78，如图 3-345 所示。

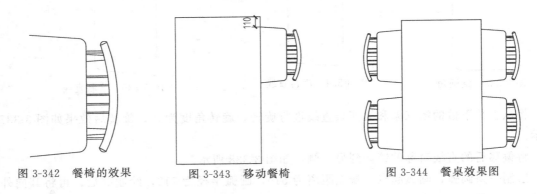

图 3-342　餐椅的效果　　　　图 3-343　移动餐椅　　　　图 3-344　餐桌效果图

在距离左下角点 73 的位置绘制两条直线，如图 3-346 所示。

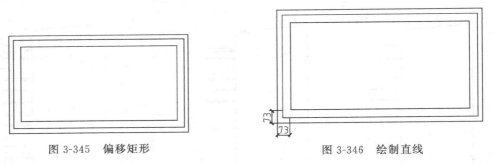

图 3-345　偏移矩形　　　　　　　　　　图 3-346　绘制直线

绘制圆弧，以直线的两端为圆弧的起点、端点，圆弧半径为 15，圆弧绘制后将直线删除，如图 3-347 所示。

将圆弧进行镜像，镜像效果如图 3-348 所示。

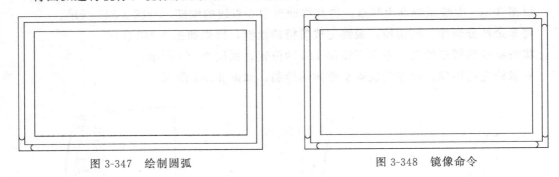

图 3-347　绘制圆弧　　　　　　　　　　图 3-348　镜像命令

绘制一条与第二个矩形角点相交的直线，如图 3-349 所示。

将绘制的直线向外偏移 24，偏移后再使用延伸命令（EX）对直线进行延伸，如图 3-350 所示。

将绘制的两条直线镜像到其他角点位置，如图 3-351 所示。

在茶几的中间面上使用不规则平行直线和圆形命令进行装饰，装饰后效果如图 3-352 所示。

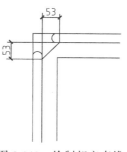

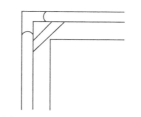

图 3-349　绘制相交直线　　　　图 3-350　偏移及延伸直线

图 3-351　镜像直线　　　　图 3-352　茶几效果图

3.3.4.7　沙发的绘制

绘制一个长 709、宽 700 的矩形，再使用分解命令对矩形进行分解，如图 3-353 所示。

将矩形的上边向上偏移 134，如图 3-354 所示。

在距离偏移直线左端 58 的位置绘制一条长 40 的直线，并将直线以中线为镜像线镜像到矩形另一侧，如图 3-355 所示。

使用圆弧命令（起点、端点、半径）绘制一个以图 3-356 中 1 点为起点、2 点为端点、半径为 2832 的圆弧。

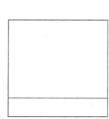

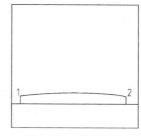

图 3-353　绘制矩形　　图 3-354　绘制直线　　图 3-355　镜像直线　　图 3-356　绘制圆弧

使用圆弧命令（起点、端点、半径）绘制一个以图 3-357 中 1 点为起点、3 点为端点、半径为 60 的圆弧，再将圆弧镜像到另一侧。

将绘制的两条短直线删除，再将绘制的图形以矩形一边为镜像线镜像到另一侧，如图 3-358 所示。

将图形左侧边向外偏移 134，再使用延伸命令（EX）将下边延伸到偏移的直线上，如图 3-359 所示。

对内侧角点进行倒圆角，圆角半径为 166，对外侧角点进行倒圆角，圆角半径为 300，最后将多余的部分删除，效果如图 3-360 所示。

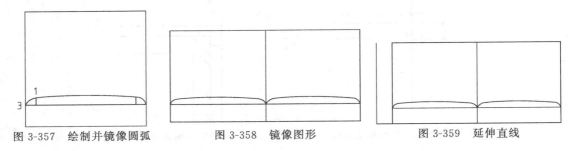

图 3-357　绘制并镜像圆弧　　　　　图 3-358　镜像图形　　　　　图 3-359　延伸直线

将作为沙发扶手的外侧向下缩回 54、里侧向上延伸 30，如图 3-361 所示。

绘制一个半径为 50 的圆，并只保留右上方的四分之一圆，如图 3-362 所示。

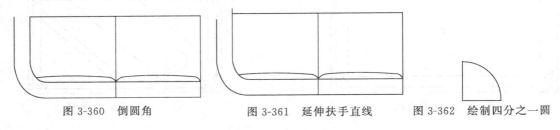

图 3-360　倒圆角　　　　　图 3-361　延伸扶手直线　　　　　图 3-362　绘制四分之一圆

将四分之一圆移动到如图 3-363 所示的位置。

再以四分之一圆的另一端为起点绘制一条长 34 的直线，如图 3-364 所示。

图 3-363　移动四分之一圆　　　　　　　　　图 3-364　绘制扶手直线

以图 3-365 中 1 为起点、2 为终点绘制一个半径为 73 的圆弧，效果如图 3-365 所示。

使用圆弧命令在圆角处绘制三条圆弧，并将左侧沙发镜像到另一侧，将沙发坐垫前方进行半径为 60 的倒圆角，效果如图 3-366 所示。

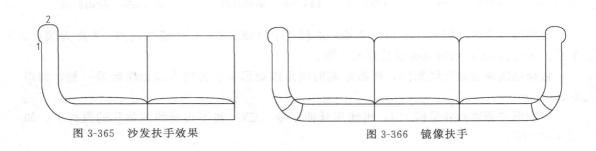

图 3-365　沙发扶手效果　　　　　　　　　图 3-366　镜像扶手

建筑室内设计制图与CAD

复制一个带扶手的沙发，并在中间绘制一条长 914 的直线，如图 3-367 所示。

以直线中心线为镜像线对扶手进行镜像，并将多余的部分剪切掉，如图 3-368 所示。

以图 3-368 中 1 为起点、2 为端点绘制一条半径为 1984 的圆弧，并将图中的直线删除，如图 3-369 所示。

沙发效果图，如图 3-370 所示。

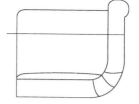

图 3-367　复制带扶手的沙发

图 3-368　镜像扶手

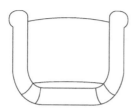

图 3-369　单沙发效果

图 3-370　沙发效果图

【单元实训】

根据如图 3-371 平面图，使用 AutoCAD 2014 对该户型进行室内设计，设计图纸要求包括：室内平面布置图、客厅立面图、天花布置图。

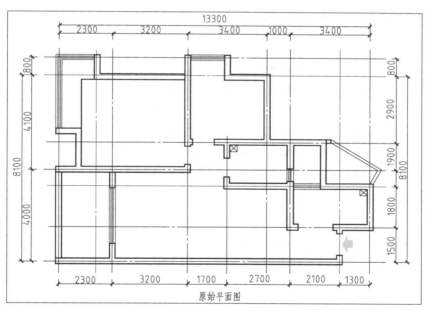

图 3-371　平面图

思考与练习

1. 室内装饰施工图包括什么？

2. 绘制室内装饰施工图时，有哪些相同的创建步骤？

3. 绘制其他室内常见物品。

4

家具设计图的绘制

4.1
家具设计概述

4.1.1　家具与家具设计

家具是日常生活必需的用具，人类的生活离不开家具，家具设计是对家具的形状、结构、材质、颜色、装饰等要素进行分析与研究，创造性地开发出造型新颖别致、结构科学合理、功能实用舒适的家具形象的过程。

家具是为人服务的，人体工程学是家具设计最主要的依据，必须充分了解人体工程学的相关知识。

家具具有组织、分隔、识别和划分空间的作用，家具设计者应在了解家具结构、材质、工艺的基础上，结合家具的功能及使用空间做出科学合理的设计。

家具的类型、种类多种多样，按结构可分为框架式家具、板式家具、折叠式家具、拆装式家具、组合式家具等；按材料可分为人造板家具、实木家具、金属家具、玻璃家具、塑料家具、竹家具、藤制家具、复合材料家具等；按功能及使用场合的不同，又可分为民用家具、办公家具、酒店家具等。

家具设计的过程包括资料收集、造型构思、绘制草图、评价、试样、再评价、绘制生产图等。

不同时代、地域、文化背景下的家具风格特色各不相同，一件精美的家具带给人们的不只是实用、美观、舒适，它还必须是历史与文化的传承者。

4.1.2　家具图样

家具图样是家具生产、加工、安装等的重要图形资料，是表达家具设计思想的重要媒介，是家具行业必不可少的技术文件和家具从业人员技术交流的主要语言，广泛用于家具生产制造、安装销售以至维修保养等诸多环节。

家具图样主要包括家具设计草图、家具设计图、家具结构装配图、家具零部件图、家具工艺图、家具包装图、家具三维模型图等。

在计算机辅助绘图日益普及的今天，使用 AutoCAD 进行家具图样绘制已成为家具技术人员普遍采用的工作方式和必须掌握的基本技能。

家具图样的绘制必须遵循相应的家具国家标准和行业规范，以下列举了一些常用的家具标准和规范。

GB/T 3324　　木家具通用技术条件

GB/T 3325　　金属家具通用技术条件

GB/T 3326　　家具　桌、椅、凳类主要尺寸

GB/T 3327　　家具　柜类主要尺寸

GB/T 3328　　家具　床类主要尺寸

GB/T 3976　　学校课桌椅功能尺寸

QB/T 1338　　家具制图

QB/T 3658　　木家具　公差与配合

QB/T 3659　　木家具　形状和位置公差

QB/T 4450　　家具用木制零件断面尺寸

QB/T 4451　　家具功能尺寸的标注

QB/T 4452　　木家具　极限与配合

QB/T 4453　　木家具　几何公差

GB/T 14531　　办公家具　阅览桌、椅、凳

GB/T 14532　　办公家具　木制柜、架

GB/T 24821　　餐桌 餐椅

4.2

家具设计样板文件

　　样板文件是 AutoCAD 为某个特定用途预先设置好绘图环境的空文件，在样板文件的基础上绘图，可省去每次都设置绘图环境的重复性工作，不仅能提高绘图效率，而且能使所绘制的图样具有统一的风格。

　　AutoCAD 本身提供了一定的样板文件，这些系统自带的样板文件存储在安装路径下的 Template 文件夹中，用户可根据需要选用。

　　AutoCAD 样板文件的扩展名为 .dwt。

4.2.1　系统样板文件的使用

　　(1) 在 AutoCAD 工作界面中，点击菜单栏的"文件"—"新建"命令或单击工具栏的"新建"按钮，出现"选择样板"窗口，如图 4-1，在"名称"列表框中显示有不同的样板文件名称，在右侧的预览区域可看到所选样板文件的外观。

　　(2) 选择适合的样板文件，然后单击"打开"按钮，就可以以选择的样板新建一个空白的 .dwg 文件，此文件包含了预设的部分绘图环境及一些默认的绘图设置，如对象捕捉、栅格、极轴、单位、精度、方向等，用户可利用这些已有设置绘图。

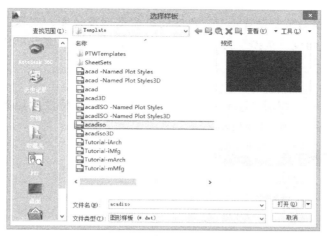

图 4-1　选择样板

4.2.2　用户自定义家具设计样板文件的创建

系统提供的样板文件虽可直接使用，但这些样板文件设置的绘图环境有限，特别是缺少实际绘图中使用更多的图层、文字样式、标注样式等的设置，往往难以满足家具绘图者的使用要求。为此，用户可在遵循制图规范的基础上结合家具绘图需要及个人习惯创建自己的样板文件，并将其保存在任何可用的位置（如便携的可移动存储器中）以方便应用，家具绘图实践中这种自定义的样板文件使用更为普遍。

家具设计样板文件提供了家具图样绘制的初始环境，一般包括单位类型、精度、线型、图块、图层、文字样式、尺寸标注样式、表格样式、标题栏、图框、布局等项目。下面介绍如何运用 AutoCAD 2014 创建自己的家具设计样板文件。

（1）启动 AutoCAD 2014，建立一个新的 .dwg 空白文件，如图 4-2 所示。

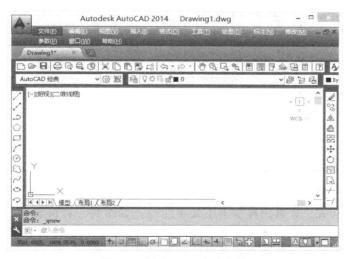

图 4-2　新建 .dwg 空白文件

（2）执行"格式"—"单位"菜单命令，或在命令行输入"units"（简写为 UN），弹出"图形单位"窗口，根据需要设置长度、角度的单位类型及精度，家具图样中一般设置长度"类型"为"小数"，角度"类型"为"十进制度数"，"精度"均为"0"，其余取默认值即可，如图 4-3 所示。

（3）建立图层

1）执行"格式"—"图层(layer/LA)"命令，弹出"图层特性管理器"窗口，此时只有系统默认的"0"图层，如图 4-4 所示。

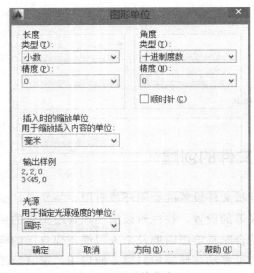

图 4-3　图形单位窗口　　　　　　　　图 4-4　图层特性管理器

2）建立并设置适用于家具图样绘制的新图层。根据家具图样的特点及绘制内容创建新的图层，并对图层进行线型、线宽及颜色的设置，以方便对图形对象进行管理。家具设计样板文件中的图层可参照表 4-1 创建。

表 4-1　家具设计样板文件图层设置

序号	图层名	颜色	线型	线宽
1	轮廓线	1(红)	Continuous	默认
2	粗实线	1(红)	Continuous	0.35
3	细虚线	6(洋红)	DASHED	0.09
4	中心轴线	2(黄)	CENTER	0.09
5	尺寸标注	4(青)	Continuous	0.09
6	文字	3(绿)	Continuous	默认
7	辅助线	9	Continuous	0.09
8	剖面线	253	Continuous	0.09
9	视口	7(白)	Continuous	默认
10	符号	5(蓝)	Continuous	0.09

图层创建完成后如图 4-5 所示。

（4）设置文字样式。家具图样少不了文字注写，如图名、材料名称、结构及工艺说明、构配件明细表、比例等，都需要通过文字标注来表达。不同的标注内容可采用不同的文字样式，绘图前可预先设置适当的文字样式以方便应用。

执行"文字样式（style/ST）"命令，弹出"文字样式"窗口，在"样式"区显示有系统

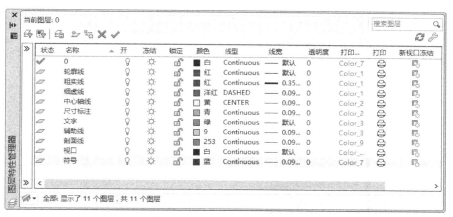

图 4-5　创建完成的图层设置

默认提供的 Annotative、Standard 两种文字样式，选择 Standard 文字样式，勾选"使用大字体"复选框，在大字体下拉列表中选择"gbcbig.shx"，其余默认；建立"H"（黑体）文字样式，将"使用大字体"复选框中钩选掉，设置字体为"黑体"，其余默认；建立"CFS"（长仿宋）文字样式，设置字体为"仿宋"，宽度因子为"0.7"，其余默认，结果如图 4-6所示。

（5）设置尺寸标注样式。尺寸标注是对图形对象几何大小的注释，是家具图样必不可少的组成部分，家具图样可根据不同的标注需求采用不同的标注样式。

图 4-6　创建文字样式

1）执行"标注样式（dimstyle/D）"命令，弹出"标注样式管理器"窗口，此时，只有系统提供的 Annotative、ISO-25 两种默认样式。

2）单击右侧的"新建"按钮，新建"DIM"标注样式，选择基础样式为"ISO-25"，勾选"注释性"选项，单击"继续"按钮，弹出"新建标注样式：DIM"对话框，在"主单位"选项卡将单位精度设为"0"。

3）同样的方法新建"DIM-2"标注样式，选择基础样式为"DIM"，将"注释性"勾选去掉，在"调整"选项卡"标注特征比例"区域选择"使用全局比例"，并输入"2"。

标注样式创建完成后如图 4-7 所示。

（6）建立图框、标题栏图块。正规图纸都要有图框和标题栏，家具 CAD 绘图一般将图框和标题栏创建成图块保存于样板文件中，以方便打印出图时使用。

1）在"0"图层绘制如图 4-8 所示的 A4 图框、A3 图框，注意将内框线线宽指定为0.35；外框线代表图纸的边界，用细线绘制即可，结果如图 4-8。

2）执行"创建块（block/B）"命令，捕捉外框左下角点为块基点，将绘制的图框分别创建为块，此处创建的图框块分别命名为"A4-H-E"，"A3-H-AC"。

3）在"0"图层绘制如图 4-9 所示的标题栏，注意左边及上边用粗线绘制。标题栏可采

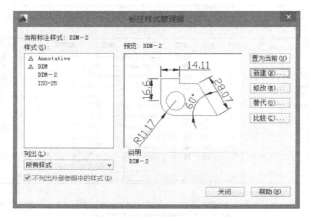

图 4-7　创建完成的标注样式

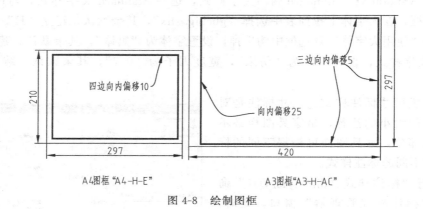

A4图框"A4-H-E"　　　　　　　　A3图框"A3-H-AC"

图 4-8　绘制图框

用"直线（L）"来绘制，也可用"表格（table）"命令绘制，建议采用后一种方法。

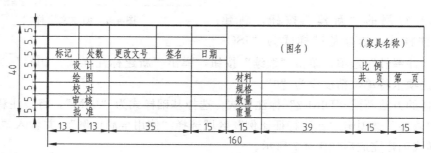

图 4-9　绘制标题栏

4）执行"创建块（Block/B）"命令，捕捉标题栏右下角点为块基点，将其创建为"家具标题栏 160×40"图块。

此处也可将标题栏创建为带有属性定义的块，如对图名、材料、规格、数量等设置属性，这样，在块插入时系统就会提示输入各属性值，省去了将标题栏图块先行分解后再注写和修改文字的麻烦。

（7）建立家具孔位符号图块。家具图样中除了绘制家具不同部分的板材图形外，还需对各个板材的孔位进行绘制。孔位用孔位符号表示，实践中常将不同类型、大小的孔位集中建立成图块，以方便应用。

　　1）在"0"图层绘制如图4-10所示的各个图形。

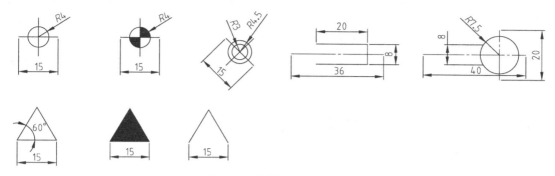

图4-10　绘制家具孔位符号

　　2）将绘制的每个图形分别创建为图块，代表着不同的孔位符号，各图块名称按表4-2命名。

表4-2　家具孔位符号表

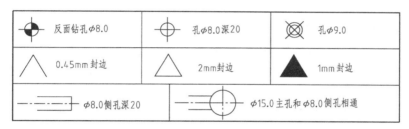

　　进行了以上一系列的相关设置后，执行"文件"—"保存"命令，弹出"图形另存为"窗口，指定文件类型、文件名及保存路径，将其保存为.DWT格式的"家具设计样板文件"，以后当绘制家具图样时，就可打开样板文件在以上设置的基础上进行图形绘制。

4.3

家具设计图样的绘制

　　工厂化生产下家具图样的标准性、规范性至关重要，应全面了解、熟悉家具制图的有关标准、规定与规范。

　　家具在生产过程中涉及的图样有三视图、轴测图、立体模型图、安装图、工艺图等，不同类型的图样有着不同的特点及应用，熟练掌握各类型家具图样的绘制方法与技巧是家具CAD制图的基本要求。

本部分以茶几生产设计图为例来介绍家具设计图样的绘制。

【单元实训】：茶几生产设计图绘制

茶几的种类、形式多种多样，此处以某款框架式实木茶几为例介绍其图样绘制，此茶几结构组成上包括面板、支撑腿、望板、拉档、底板、垫脚等。茶几生产中，首先需将组成茶几的各部件进行开料、打孔，而开料打孔的依据是各部件的三视图。各部件做好后，需将其按照一定的连接方式组装起来，形成一个完整的茶几。

本部分介绍组成茶几的各个部件及茶几整体的绘制方法，绘制的图样包括三视图、轴测图及三维模型图。

4.3.1　茶几各部件设计图的绘制

4.3.1.1　面板设计图的绘制

面板为茶几的最上层，此茶几的面板由居于中间的面板和周围的面板条组成，下面分别介绍它们的绘制。

（1）中间面板三视图的绘制　绘制面板图形前，用户可调用前述预先设置好的样板文件。

具体步骤如下：

1）启动 AutoCAD 2014 软件，在快速访问工具栏中单击"打开"按钮，将前述保存的样板文件打开，再单击"另存为"按钮，将其存为"茶几面板 .dwg"。

2）选择"轮廓线"图层置为当前图层，执行"矩形（REC）"命令，绘制 268×268 的矩形。

3）切换至"辅助线"图层，在矩形内部绘制如图 4-11 所示的辅助线。绘制时打开极轴（F10）和对象捕捉追踪（F11）以方便绘图。

绘图过程如图 4-11 所示。

4）执行"图层管理（LA）"命令，将"符号"图层置为当前层。

5）执行"插入块（I）"命令，在弹出的"插入"对话框中选择"侧孔 φ8.0"，将其插入到图形中。初始插入的孔位符号开口朝左，其他方向的孔位符号可通过执行"复制（CO）"、"旋转（RO）"、"移动（M）"命令——调整到位，结果如图 4-12 所示。

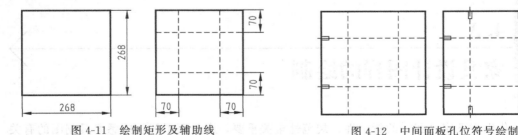

图 4-11　绘制矩形及辅助线　　　　　图 4-12　中间面板孔位符号绘制

至此，茶几中间面板的主视图绘制完成，下面绘制面板条。

6）切换到"轮廓线"图层，执行"矩形（REC）"命令，在主视图的下方适当位置绘制 268×26 的矩形，注意使其与主视图保持"长对正"的关系。

7）切换到辅助线图层，绘制如图 4-13 所示辅助线。

8）执行"复制（CO）"命令，将"φ8 孔符号"、"φ8 侧孔符号"复制到如图 4-14 所示的相应位置，此图形即为中心面板的俯视图。

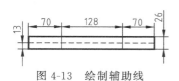

图 4-13　绘制辅助线

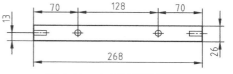

图 4-14　中心面板俯视图

9）此茶几中心面板的形状为正方形，四个侧面的孔位均相同，将刚绘制的中心面板俯视图进行"复制（CO）"、"旋转（RO）"、"移动（M）"操作，得到中心面板的左视图，如图 4-15 所示，注意使其与主视图"高平齐"。

10）将"尺寸标注"图层置为当前层，对图形进行尺寸标注，然后关闭"辅助线"图层，结果如图 4-16 所示。至此，中间面板的三视图绘制完成。

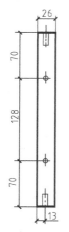

图 4-15　中心面板左视图

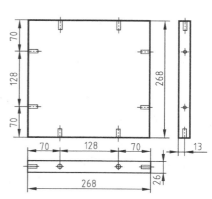

图 4-16　中间面板三视图

（2）中间面板立体模型图的绘制

立体模型图为做出来的成品的真实模拟，绘制立体模型图，一般应将工作空间切换为"三维建模"，此工作空间能够方便地使用诸多的三维图形绘制与编辑功能。

面板三维模型图的绘制可在前述面板平面三视图的基础上进行，步骤如下。

1）在绘图区左上角处，点击屏幕菜单，将视图切换为"西南等轴测"，关闭"尺寸标注"、"辅助线"图层，以便于观察及后续操作。

2）在"常用"面板中单击"拉伸"按钮或执行拉伸命令（EXT），选择主视图的矩形，指定拉伸高度为 26，将矩形拉伸为实体，如图 4-17 所示。

3）视图切换为"左视-西南等轴测"，执行"圆（C）"命令，采用"两点（2P）"模式，捕捉点绘制如图 4-18 所示的圆。

4）执行"拉伸（EXT）"命令，拉伸高度为 −20，将圆拉伸成圆柱实体，如图 4-19 所示。

5）按［F8］键打开正交，执行"移动（M）"命令，将圆柱实体向上移动 13，结果如图4-20 所示。

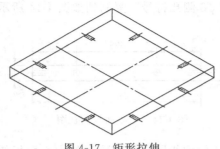

图 4-17　矩形拉伸

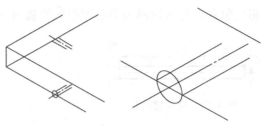

图 4-18　绘制圆

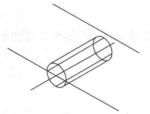

图 4-19　拉伸形成圆柱

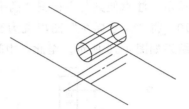

图 4-20　向上移动

6）执行"复制（CO）"命令，将圆柱实体沿 X 轴方向复制 128，结果如图 4-21 所示。

7）执行"镜像（MI）"命令，将绘制的 2 个圆柱镜像复制至相对的另一侧面；再选择相应的镜像线，将圆柱实体复制至面板的另两个侧面，结果如图 4-22 所示。

8）在"实体编辑"工具栏单击"差集"按钮，或命令行输入"SU"，执行差集命令，将面板中的四个圆柱减去，将视觉样式调整成"灰度"，显示面板实体的视觉效果，结果如图 4-23 所示。

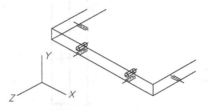

图 4-21　沿 X 轴复制

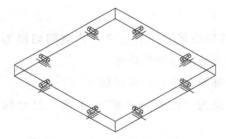

图 4-22　两次镜像复制结果

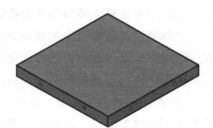

图 4-23　面板实体效果图

至此，该面板三维模型图绘制完成，键盘上按 CTRL＋S 组合键保存。

4.3.1.2　直角面板条设计图绘制

此茶几面板由刚绘制的中间面板和周侧两直角面板条与两弧形面板条结合构成。

（1）平面三视图的绘制

1）打开前述的"家具设计样板文件"，将其另存为"茶几直角面板条.dwg"。

2）将"轮廓线"图层置为当前层，绘制 268×26 的矩形，切换至辅助线图层，绘制如图 4-24 所示的辅助线。

3）切换至"符号"图层，执行"插入块（I）"命令，将"φ8 侧孔"图块插入到图形中，对其执行"旋转（RO）"、"复制（CO）"命令，将"φ8 侧孔"符号复制至图 4-25 所示相应位置，至此，直角面板条俯视图绘制完成。

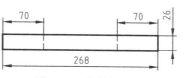

图 4-24　绘制辅助线

4）将图形垂直向上复制一份，与直角面板条俯视图对正，删除"φ8 侧孔"符号，将"φ8 孔"符号复制至如图 4-26 所示位置，此即为直角面板条主视图。

图 4-25　直角面板条俯视图

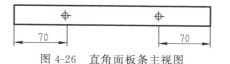

图 4-26　直角面板条主视图

5）切换至"轮廓线"图层，绘制 26×26 的矩形，与主视图平齐。

6）切换至"符号"图层，执行"复制（CO）"命令、"旋转（RO）"命令，将"φ8 侧孔"符号复制到如图 4-27 所示位置，此即为直角面板条左视图。

7）关闭"辅助线"图层，切换至"尺寸标注"图层，对图形进行尺寸标注，结果如图 4-28 所示。至此，该直角面板条三视图绘制完成，保存。

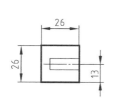

图 4-27　直角面板条左视图

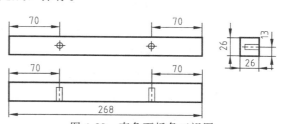

图 4-28　直角面板条三视图

（2）三维模型图的绘制

1）将工作空间切换为"三维建模"，将刚才绘制的平面三视图另复制一份，将视图切换为"西南等轴测图"，如图 4-29 所示。

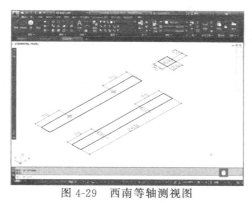

图 4-29　西南等轴测视图

2）关闭"尺寸标注"图层，执行"拉伸（EXT）"命令，将俯视图的矩形拉伸，拉伸高度为 26，结果如图 4-30 所示。

3）切换视图为"前视"—"西南等轴测视图"，执行"圆（C)"命令，在侧孔位置以"两点（2P）"模式绘制圆。

4）执行"拉伸（EXT）"命令，将两个圆拉伸为实体，拉伸高度为－12。

5）执行"移动（M）"命令，将两个圆柱实体垂直向上移动距离为 13，绘图步骤如图 4-31 所示。

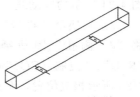

图 4-30　矩形拉伸

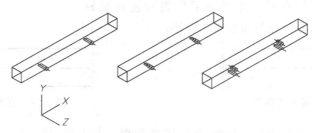

图 4-31　绘制圆并拉伸和移动

6）关闭"符号"图层，执行"差集（SU）"命令，从直角面板条中减去两个圆柱，将视图切换为"灰度"，结果如图 4-32 所示。至此，直角面板条三维模型图绘制完成。

4.3.1.3　弧形面板条设计图绘制

直角面板条与面板结合后，再与弧形面板条结合，构成整个茶几台面。

（1）平面三视图的绘制

1）启动 AutoCAD 2014，打开前面保存的"家具设计样板.dwt"文件，将其另存为"茶几弧形面板条.dwg"文件。

2）将"轮廓线"图层置为当前层，绘制 320×26 的矩形；切换至"辅助线"图层，绘制相应的辅助线。

3）将矩形垂直向下复制一份，切换至"符号"图层，在上面矩形图示位置插入"ϕ8孔"符号，在下面矩形图示位置插入"ϕ8 侧孔"符号，结果如图 4-33 所示。

图 4-32　直角面板条三维模型图

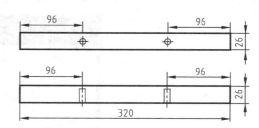

图 4-33　矩形垂直向下复制一份并插入孔位符号

4）执行"圆角（F）"命令，对图 4-34（a）所示矩形的左上角、右上角进行圆角，圆角半径为 20，结果如图 4-34（b）所示。

5）切换至"轮廓线"图层，在主视图的右侧绘制 26×26 的矩形，与主视图平齐；切换至"符号"图层，将"ϕ8 侧孔"符号复制至矩形右边中点处，结果如图 4-35 所示。

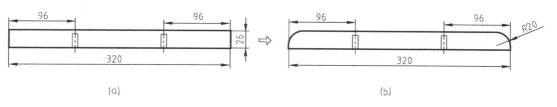

图 4-34　对矩形进行圆角

6）切换至"尺寸标注"图层，对整个图形进行尺寸标注，结果如图 4-36 所示，至此，弧形面板条三视图绘制完成。

（2）三维模型图的绘制　三维模型图在平面三视图的基础上绘制，步骤如下：

1）将工作空间切换为"三维建模"，将平面三视图另复制一份，将视图切换为"西南等轴测"，关闭"尺寸标注"图层，如图 4-37 所示。

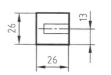

图 4-35　插入 $\phi 8$ 侧孔符号

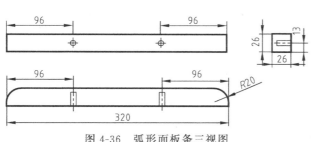

图 4-36　弧形面板条三视图

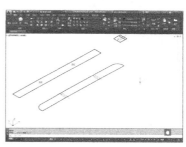

图 4-37　西南等轴测

2）执行"拉伸（EXT）"命令，将俯视图的圆角矩形拉伸为实体，拉伸高度为 26，结果如图 4-38 所示。

3）将视图依次调整为"前视"—"西南等轴测视图"，执行"圆（C）"命令，在侧孔位置以"两点（2P）"模式分别绘制两个圆，如图 4-39 所示。

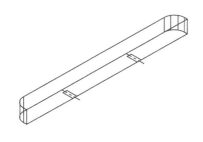

图 4-38　圆角矩形拉伸

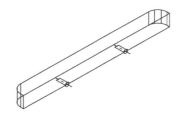

图 4-39　两点模式分别绘制两个圆

4）执行"拉伸（EXT）"命令，将两个圆拉伸为实体，拉伸高度为－12，结果如图 4-40 所示。

5）执行"移动（M）"命令，将两个圆柱实体垂直向上移动距离为 13，结果如图 4-41 所示。

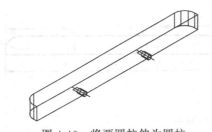

图 4-40 将两圆拉伸为圆柱

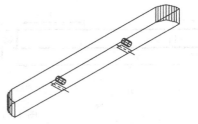

图 4-41 向上移动圆

6）关闭"符号"图层，执行"差集（SU）"命令，从弧形面板条中减去两个圆柱，将视图切换为"灰度"，结果如图 4-42 所示，至此，弧形面板条三维模型图绘制完成。

[−][西南等轴测][灰度]

4.3.1.4 拉板设计图的绘制

拉板与茶几脚、垫条相结合，构成了支撑面板的重要组成部分。

（1）平面三视图的绘制

1）启动 AutoCAD 2014，打开前面保存的"家具设计样板.dwt"文件，将其另存为"茶几拉板设计图.dwg"文件。

图 4-42 弧形面板条三维模型图

2）在"轮廓线"图层绘制 240×25 的矩形，在"辅助线"图层绘制如图 4-43 所示的辅助线。

3）切换到"符号"图层，执行"插入（I）"命令，在如图 4-43 所示辅助线交点位置插入"ϕ8孔"符号，切换到"细虚线"图层，绘制 15×16.5 的矩形，并将其移至如图所示的位置。

图 4-43 绘制辅助线

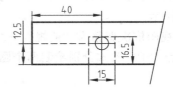

图 4-44 插入 ϕ8 孔并绘制矩形

4）执行"镜像（MI）"命令，将 ϕ8 孔与所绘矩形一起镜像复制至右侧，结果如图 4-45 所示。

5）切换到"轮廓线"图层，执行"矩形（REC）"命令，在图形上方绘制 240×40 的矩形作为主视图，切换至"辅助线"图层，执行"直线（L）"命令，在图 4-46 所示位置绘制辅助线，再执行"插入（I）"命令，将"ϕ15 主孔与 ϕ8 侧孔相通"块符号插入图中相应位置。

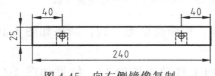

图 4-45 向右侧镜像复制

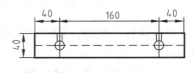

图 4-46 插入"ϕ15 主孔与 ϕ8 侧孔相通"符号

6）切换到"轮廓线"图层，执行"矩形（REC）"命令，在主视图右方绘制 25×40 的矩形，切换至"细虚线"图层，在矩形内部绘制 $\phi15$ 主孔与 $\phi8$ 侧孔相通结构，如图 4-47 所示。

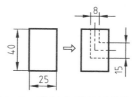

图 4-47　绘制内部相通结构

7）切换至"尺寸标注"图层，对整个图形进行尺寸标注。至此，拉板平面三视图绘制完成，结果如图 4-48 所示。

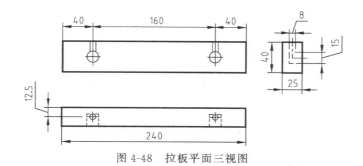

图 4-48　拉板平面三视图

（2）三维模型图的绘制　三维模型图在平面三视图的基础上绘制，步骤如下：

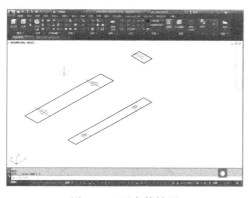

图 4-49　西南等轴测

1）将工作空间切换为"三维建模"，将平面三视图另复制一份，将视图切换为"西南等轴测"，关闭"尺寸标注"图层，如图 4-49 所示。

2）执行"拉伸（EXT）"命令，将俯视图的矩形拉伸为实体，拉伸高度为 40，将左侧"$\phi8$ 孔"的圆拉伸为实体，拉伸高度为 20；再执行"移动（M）"命令，将圆柱实体垂直向上移动，移动距离为 20。

3）将视图再调整为"前视"—"西南等轴测"视图，执行"圆（C）"命令，在 $\phi15$ 主孔位置以"两点（2P）"模式绘制圆，绘制过程如图 4-50 所示。

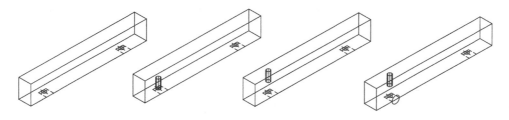

图 4-50　矩形拉伸，绘制圆并拉伸、移动

4）执行"拉伸（EXT）"命令，将圆拉伸为实体，拉伸高度为 −16.5；执行"移动（M）"命令，将圆柱实体垂直向上移动距离为 20；执行"并集（UN）"命令，将大小两个圆柱合并为一体；执行"复制（CO）"命令，将并集后的圆柱实体复制至另一侧孔位处，绘制

过程如图 4-51 所示。

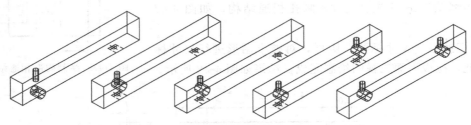

图 4-51　通孔的绘制：拉伸、移动、并集、复制

5）执行"差集（SU）"命令，从拉板条中减去两个孔位处的圆柱实体，至此，拉板条三维模型图绘制完毕，结果如图 4-52 所示。

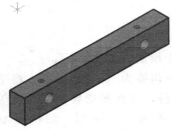

图 4-52　拉板条三维模型图

4.3.1.5　垫条设计图的绘制

垫条用于连接拉板，再与茶几脚一起组成茶几支撑座。

（1）平面三视图的绘制

1）启动 AutoCAD 2014，打开前面保存的"家具设计样板.dwt"文件，将其另存为"茶几垫条设计图.dwg"文件。

2）在"轮廓线"图层绘制 79×25 的矩形，然后执行"倒角（CHA）"命令，对矩形进行倒角，绘制过程如图 4-53。

3）切换至"辅助线"图层，绘制如图 4-54 所示的辅助线。

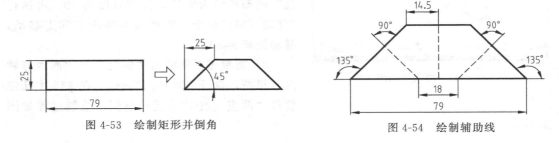

图 4-53　绘制矩形并倒角

图 4-54　绘制辅助线

4）执行"偏移（O）"命令，将辅助线按照图 4-55 所示的距离进行偏移，再进行相应的修剪与延伸，结果如图所示。

5）在"轮廓线"图层执行"矩形（REC）"命令，在图形上方绘制 79×40 的矩形，切换至"辅助线"图层，绘制如图 4-56 所示的辅助线，然后执行"插入（I）"命令，将"φ8 孔"符号插入至图中所示的位置。

6）关闭"辅助线"图层，切换至"尺寸标注"图层，对整个图形进行尺寸标注。至此，垫条平面图绘制完成（此处省去左视图），结果如图 4-57 所示。

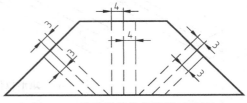

图 4-55　偏移辅助线并修剪（延伸）

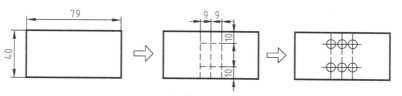

图 4-56 绘制矩形并插入 φ8 孔符号

（2）三维模型图的绘制　三维模型图在平面三视图的基础上绘制，步骤如下：

1）将平面三视图另复制一份，将工作空间切换为"三维建模"，将视图切换为"西南等轴测"，关闭"尺寸标注"图层，执行"拉伸（EXT）"命令，将俯视图的梯形拉伸为实体，拉伸高度为 40，结果如图 4-58 所示。

2）将视图调整为"前视"—"西南等轴测"视图，执行"圆（C）"命令，捕捉如图 4-59 所示的点绘制直径为 6 的圆。

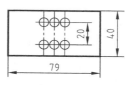
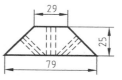

图 4-57　垫条平面图

3）执行"拉伸（EXT）"命令，将圆拉伸为实体（此处输入拉伸高度－40，保证得到一贯通的圆柱实体，在随后进行差集时，可得到穿透垫条的斜通孔），结果如图 4-60 所示。

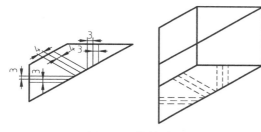

图 4-58　拉伸梯形

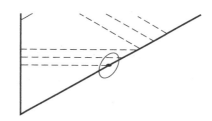

图 4-59　绘制圆

4）单击"修改"面板中的"三维旋转"工具按钮或执行"三维旋转（3DR）"命令，选择圆柱实体，以前面圆的圆心为旋转基点，在系统提示"拾取旋转轴"时单击蓝色水平圆圈（即以 Y 轴为旋转轴），将圆柱旋转 45°，调整视图为俯视，结果如图 4-61 所示。

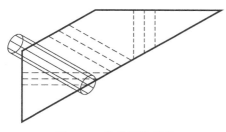

图 4-60　拉伸圆为圆柱

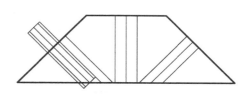

图 4-61　旋转圆柱

5）执行"移动（M）"命令，将圆柱实体与斜孔位对齐，如图 4-62 所示。

6）执行"镜像（MI）"命令，选择圆柱实体，以梯形中线为镜像线将圆柱实体向右镜像复制一份，结果如图 4-63 所示。

7）视图调整为"前视"—"西南等轴测"视图，执行"圆（C）"命令，捕捉如图 4-64

所示中间孔位两端点绘制圆，并将其拉伸，拉伸高度−40，结果如图 4-65 所示。

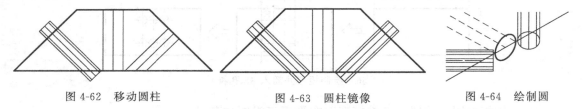

图 4-62　移动圆柱　　　　　图 4-63　圆柱镜像　　　　　图 4-64　绘制圆

8）执行"移动（M）"命令，将三个圆柱实体垂直向上移动 10，执行"复制（CO）"命令，将上步的三个圆柱体以 20 的高度向上复制一份，结果如图 4-66 所示。

9）执行"差集（SU）"命令，从梯形实体中减去六个圆柱实体，视图切换成"灰度"，结果如图 4-67 所示。至此，三维模型图绘制完成。

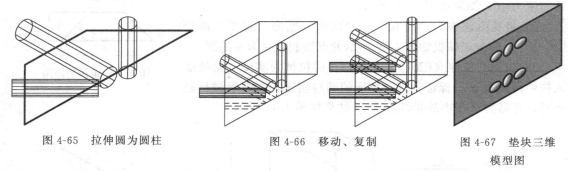

图 4-65　拉伸圆为圆柱　　　　　图 4-66　移动、复制　　　　　图 4-67　垫块三维
　　　　　　　　　　　　　　　　　　　　　　　　　　　　　　　　模型图

4.3.1.6　底板设计图的绘制

底板位于面板的下方，平行于面板，四角有四个缺口，用于放置茶几腿。

（1）平面图的绘制

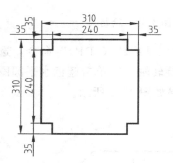

图 4-68　茶几面板轮廓

1）启动 AutoCAD 2014，打开"家具设计样板".dwt 文件，将其另存为"茶几底板设计图".dwg 文件。

2）执行"矩形（REC）"命令，在"轮廓线"图层绘制 310×310 的矩形，执行"分解（X）"命令，将矩形分解，执行"偏移（O）"命令，将矩形四条边各向内偏移 35，执行"修剪（X）"命令，将图形修剪成如图 4-68 所示，此即茶几面板轮廓。

3）切换到"符号"图层，执行"插入（I）"、"旋转（RO）"命令，将"φ15 主孔与 φ8 侧孔相通"符号插入至图 4-69 所示四个角缺口线段的中点处。

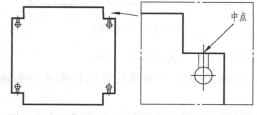

图 4-69　四角插入 φ15 主孔与 φ8 侧孔相通符号

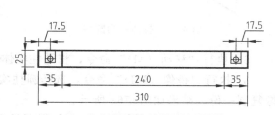

图 4-70　绘制辅助线并插入 φ8 孔符号

4）切换至"轮廓线"图层，在图形下方绘制 310×25 的矩形，并绘制如图 4-70 所示的直线与辅助线，切换至"符号"图层，执行"插入（I）"命令，将"ϕ8 孔"符号插入至图中辅助线中点位置。

5）执行"矩形（REC）"命令，绘制 15×18 的两个矩形，将它们移至如图 4-71 所示位置表示直径 15 的两个侧孔。

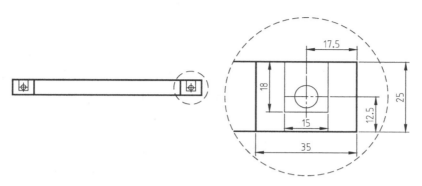

图 4-71　绘制直径 15 的侧孔

6）切换至"轮廓线"图层，在图形右方绘制 25×310 的矩形，并绘制如图 4-72 所示的两条直线；切换至"符号"图层，将"ϕ8 侧孔"符号插入至图中相应位置，再绘制 15×18 的两个矩形并将其"移动（M）"至如图所示位置，此图即为面板左视图，绘制过程如图 4-72 所示。

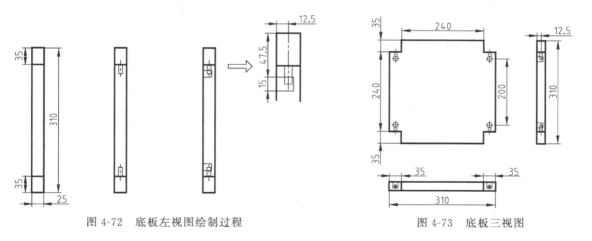

图 4-72　底板左视图绘制过程　　　　　图 4-73　底板三视图

7）关闭"辅助线"图层，切换至"尺寸标注"图层，对全部图形进行尺寸标注，结果如图 4-73 所示。

至此，底板三视图绘制完成，保存。

（2）三维模型图的绘制

1）将绘制的底板三视图另复制一份，视图切换至"西南等轴测"，关闭"尺寸标注"图层，执行"面域（REG）"命令，选择主视图的全部外轮廓线，将其形成一个面域。如图 4-74 所示。

2）执行"拉伸（EXT）"命令，将四个直径为 15 的圆孔拉伸为实体，拉伸高度为 18，如图 4-75 所示。

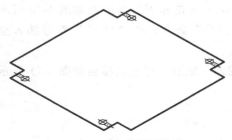

图 4-74　西南等轴测视图

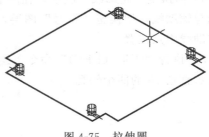

图 4-75　拉伸圆

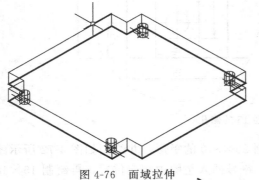

图 4-76　面域拉伸

3）执行"拉伸（EXT）"命令，选择所形成的面域，对其进行拉伸，拉伸高度为 25，形成底板，如图 4-76 所示。

4）视图依次调整为"前视"—"西南等轴测"，执行"圆（C）"命令，以两点（2P）模式捕捉 $\phi8$ 孔符号相应的点，绘制圆；再执行"拉伸（EXT）"命令，将 $\phi8$ 圆拉伸为实体，拉伸高度为 -20；再执行"移动（M）"命令，将 $\phi8$ 圆柱向上移动 12.5。绘图过程如图 4-77 所示。

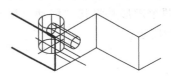

图 4-77　绘制圆并拉伸和移动

5）视图调整为"俯视"—"西南等轴测"，执行"镜像（MI）"命令，分别以相应的中线为镜像线，将 $\phi15$ 圆柱与 $\phi8$ 圆柱一起镜像复制至四个角，结果如图 4-78 所示。

6）执行"差集（SU）"命令，从底板实体中将所有圆柱体减去以形成孔，视图切换至"灰度"模式，如图 4-79 所示。

至此，该底板模型图绘制完成，进行保存。

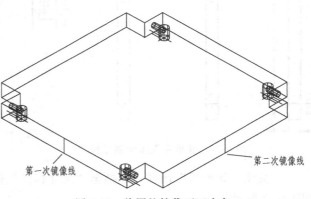

第一次镜像线　　　第二次镜像线

图 4-78　将圆柱镜像至四个角

4.3.1.7　茶几腿设计图的绘制

茶几腿将茶几的面板、底板等部件连接起来，形成茶几的主要支撑结构。

（1）平面图的绘制

1）启动 AutoCAD 2014，打开前面保存的"家具设计样板".dwt 文件，将其另存为"茶几腿设计图".dwg 文件。

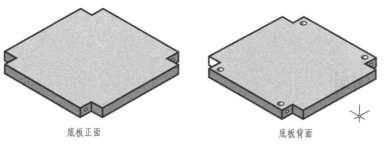

底板正面　　　　　　　　　底板背面

图 4-79　底板三维模型图

2）在"轮廓线"图层绘制 40×425 的矩形，切换到"辅助线"图层，绘制如图 4-80 所示的辅助线，然后将所得图形再复制一份。

3）切换到"符号"图层，在两个图中按图 4-81 所示插入"φ8 孔"符号和"φ8 侧孔"符号。

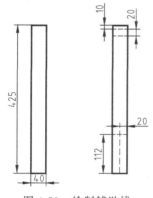

图 4-80　绘制辅助线

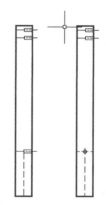

图 4-81　插入"φ8 孔"、"φ8 侧孔"符号

4）切换到"轮廓线"图层，执行"矩形（REC）"命令，在左边图形的正下方适当位置绘制 40×40 的矩形，并对矩形进行半径为 20 的圆角（F），如图 4-82 所示，切换到"辅助线"图层并绘制辅助线，切换到"符号"图层，将"φ8 侧孔"符号通过"复制（CO）"、"旋转（RO）"等命令插入到图示位置，将超出轮廓线的部分修剪掉，此即为茶几腿俯视图。由于孔位在俯视图中不可见，将其转换为虚线。

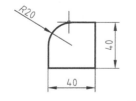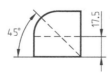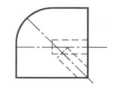

图 4-82　茶几腿俯视图绘制

5）将"辅助线"图层关闭，切换到"尺寸标注"图层，对整个图形进行尺寸标注，如图 4-83 所示。

至此，茶几腿三视图绘制完成，保存。

（2）三维模型图的绘制

1）将绘制的茶几腿三视图另复制一份，切换至"三维建模"空间，视图切换至"西南等轴测"，关闭"尺寸标注"图层。

2）执行"拉伸（EXT）"命令，将俯视图圆角矩形拉伸为实体，拉伸高度为425，结果如图4-84所示。

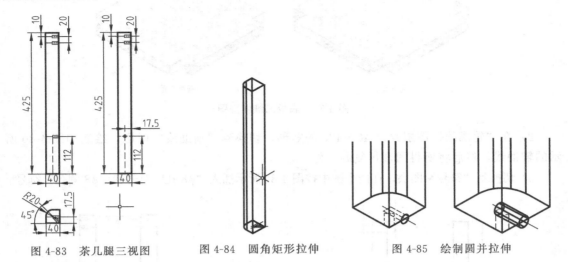

图4-83　茶几腿三视图　　　　图4-84　圆角矩形拉伸　　　　图4-85　绘制圆并拉伸

3）视图依次切换为"右视"—"东南等轴测"，执行"圆（C）"命令，按照"两点（2P）"模式捕捉交点绘制圆，再执行"拉伸（EXT）"命令，将圆拉伸为实体，拉伸高度为－20，绘制过程如图4-85所示。

4）执行"复制（CO）"命令，将圆柱复制到角点位置，再执行"三维旋转（3DR）"命令，选择复制的圆柱实体，将其旋转至如图4-86所示位置。

5）执行"移动（M）"命令，将旋转后的圆柱体垂直向上移动，移动距离为395，再执行"复制（CO）"命令，将移动后的圆柱再向上复制，复制距离为20，结果如图4-87所示。

6）执行"移动（M）"命令，将下方的另一个圆柱体垂直向上移动，移动距离为112，结果如图4-88所示。

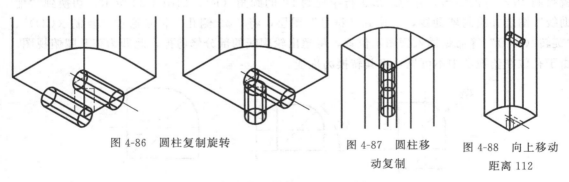

图4-86　圆柱复制旋转　　　　　　图4-87　圆柱移　　　图4-88　向上移动
　　　　　　　　　　　　　　　　　　动复制　　　　　　距离112

7）执行"差集（SU）"命令，从茶几腿中减去三个圆柱实体，得到茶几腿的三维模型图，视图切换至"东南等轴测"，视觉样式切换为"灰度"，结果如图4-89所示。

至此，三维模型图绘制完成，关闭"符号"图层，保存。

4.3.2　茶几整体三视图的绘制

茶几整体三视图是从茶几的前、左、上三个方向投影所得到的投影图。

4.3.2.1 茶几主视图的绘制

主视图反映了茶几的长、高尺寸和主视面的结构。

1）启动 AutoCAD 2014，打开前面保存的"家具设计样板".dwt 文件，将其另存为"茶几整体三视图".dwg 文件。

2）在"轮廓线"图层绘制 320×26 的矩形，在矩形下方左右各绘制 40×425 的矩形，分别代表茶几面、腿，如图 4-90 所示。

3）执行"矩形（REC）"命令，绘制 240×25 的矩形，并放置到如图 4-91 所示的位置，在其左右两侧各绘制 35×25 的矩形，将这两个矩形转换为虚线，此部分表示茶几底板。

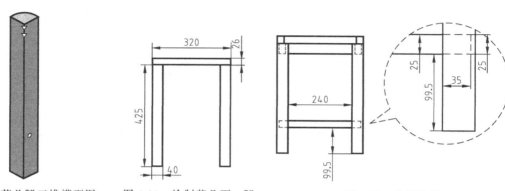

图 4-89　茶几腿三维模型图　　图 4-90　绘制茶几面、腿　　　　图 4-91　绘制底板

4）执行"矩形（REC）"命令，在如图 4-92 所示位置绘制 40×240 的矩形，在其两侧各绘制 25×40 的矩形，并将其转换为虚线，此部分表示拉板，注意虚线矩形与边缘存在 5 的距离。

5）执行"矩形（REC）"命令，绘制 26×26 的矩形，将其复制到如图 4-93 所示面板两侧的位置，至此，茶几主视图绘制完成，保存。

4.3.2.2 茶几左视图的绘制

左视图是茶几左侧面的投影图，反映了茶几的宽、高尺寸及侧向结构。

此茶几为方形，主、左视图的轮廓结构大同小异。

1）执行"复制（CO）"命令，将绘制好的主视图向右复制一份。

2）将上部两个 26×26 的矩形转换为虚线，如图 4-94 所示，此即为茶几左视图。

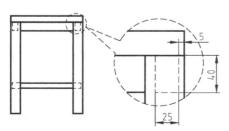 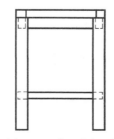 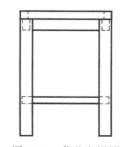

图 4-92　绘制拉板　　　　　图 4-93　茶几主视图　　　　图 4-94　茶几左视图

建筑室内设计制图与CAD

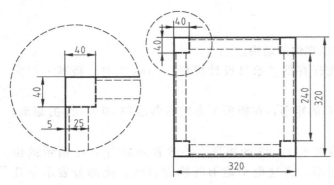

图 4-95　绘制茶几面及茶几腿

4.3.2.3　茶几俯视图的绘制

俯视图是茶几的顶面投影图，反映了茶几的长、宽尺寸。

1）执行"矩形（REC）"命令，在"轮廓线"图层绘制 320×320 的矩形，使其位于主视图正下方。

2）切换到"细虚线"图层，在四个角绘制 40×40 的矩形，表示茶几的四个腿，在茶几腿之间绘制 240×25 的矩形，表示拉板，注意拉

板到边缘的距离为 5，结果如图 4-95 所示。

3）切换至"轮廓线"图层，在上下边绘制 268×26 的两个矩形，在左右边绘制 320×26 的两个矩形，分别表示茶几直角面板条与弧形面板条，如图 4-96 所示。

4）执行"直线（L）"命令，过角点绘制 45°的直线，执行"偏移（O）"命令，将直线向右下偏移 25，执行"延伸（EX）"命令，对直线进行延伸，结果如图 4-97 所示。

5）执行"镜像（MI）"命令，对垫脚块进行镜像，将其复制至其他三个角，将所有垫脚块转换为虚线，结果如图 4-98 所示。

6）执行"圆角（F）"命令，对面板的四个直角进行半径为 20 的圆角处理，结果如图 4-99 所示。至此，茶几俯视图绘制完成。

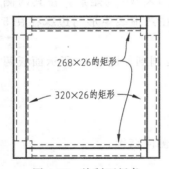
图 4-96　绘制面板条

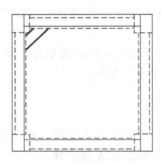
图 4-97　绘制垫脚块

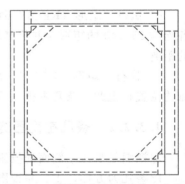
图 4-98　垫脚块复制至其他三个角

7）切换到"尺寸标注"图层，对整个图形进行尺寸标注，结果如图 4-100 所示。

至此，茶几三视图绘制完成，保存。

4.3.3　茶几整体轴测图的绘制

轴测图是在二维空间下按照轴测图环境来绘制的反映物体三维形状特征的平面图形，它具有一定立体感，能帮助人们更好地了解产品的结构特征。

AutoCAD 2014 提供了不同方向的正等轴测图绘制模

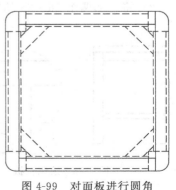
图 4-99　对面板进行圆角

234

式，能帮助用户方便地绘制所需的轴测图。

绘轴测图时需要将捕捉样式设置为"等轴测捕捉"，同时打开"正交"模式，绘制过程中通过按键盘上的【F5】功能键或【CtrL＋E】组合键，可在各轴测面间进行切换。

下面介绍茶几轴测图的绘制：

1）启动 AutoCAD 2014，打开前面保存的"家具设计样板".dwt 文件，将其另存为"茶几整体轴测图".dwg文件。

2）执行"草图设置（SE）"命令，弹出"草图设置"对话框，在"捕捉和栅格"选项卡中将"捕捉类型"设置为"等轴测捕捉"，如图 4-101 所示。

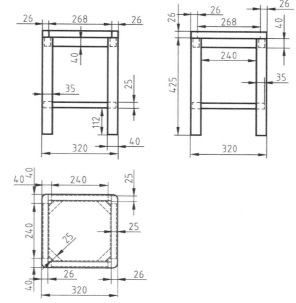

图 4-100　茶几整体三视图

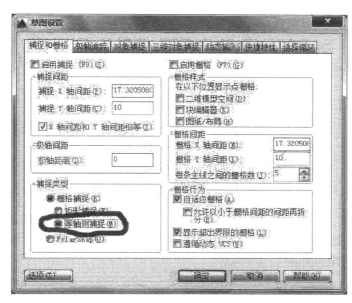

图 4-101　设置等轴测捕捉

3）切换到"辅助线"图层，按【F8】键打开正交模式，按【F5】键切换到"俯视"平面，执行"直线（L）"命令，绘制 240×240 的矩形，如图 4-102 所示。

4）切换到"轮廓线"图层，执行"直线（L）"命令，在矩形的四个顶点外侧绘制40×40 的矩形，执行"圆角（F）"命令，对四个小矩形按半径 20 进行圆角，结果如图 4-103 所示。

5）按【F5】键切换方向，执行"复制（CO）"命令，将四个圆角矩形向上复制，复制距离为 425，如图 4-104 所示。

6）执行"直线（L）"命令，捕捉源对象与复制后对象的对应点，绘制如图 4-105 所示的相应连接线。

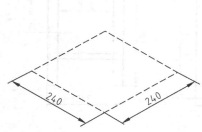
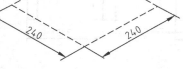
图 4-102　绘制 240×240 矩形

图 4-103　绘制 40×40 的圆角矩形

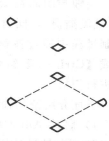
图 4-104　向上复制距离 425

7）执行"直线（L）"命令，连接四腿下侧外轮廓，执行"修剪（TR）"、"删除（E）"命令，对多余线段进行修剪和删除操作，结果如图 4-106 所示。

8）执行"移动（M）"命令，将腿底部连接线向上移动 99.5，再执行"复制（CO）"命令，向上复制 25，绘制出底板；执行"修剪（TR）"、"删除（E）"命令，对多余线段进行修剪和删除操作，结果如图 4-107 所示。

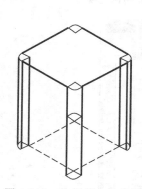
图 4-105　绘制相应连接线

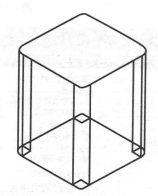
图 4-106　修剪删除多余线段

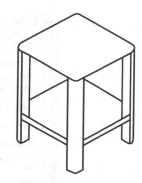
图 4-107　绘制底板

9）执行"直线（L）"命令，绘制如图 4-108 所示的底板与腿相交的两段直线。

10）执行"复制（CO）"命令，将图 4-109 选取的两条线段向上复制，复制距离为 260.5，表示拉板，结果如图 4-109 所示。

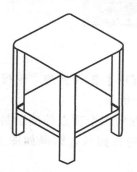
图 4-108　绘制底板上的两段直线

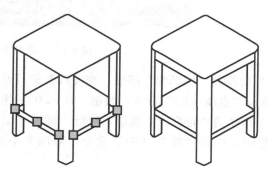
图 4-109　复制两段直线表示拉板

11）按【F5】键控制方向，将复制后的两条线段分别向右上、左上移动 5，执行"直线

（L）"命令，绘制如图所示的两段直线，然后执行"修剪（TR）"命令，对相应线段进行修剪，绘制过程如图 4-110 所示。

图 4-110　绘制拉板

12）执行"复制（CO）"命令，选择上部的圆角矩形，向上复制，高度为 26，结果如图 4-111 所示。

13）执行"直线（L）"命令，捕捉相应点绘制垂直线段，再执行"删除（E）"命令和"修剪（TR）"命令，对多余线段进行修剪和删除操作，形成茶几面板，结果如图 4-112 所示。

14）按【F5】键切换方向，执行"复制（CO）"命令，分别选择茶几面板的四条边向内复制，复制距离均为 26，结果如图 4-113 所示。

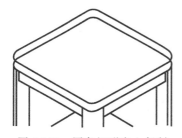
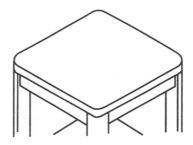
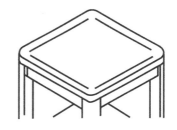

图 4-111　圆角矩形向上复制　　　图 4-112　绘制茶几面板　　　图 4-113　面板四条边向内复制

15）执行"延伸（EX）"命令，将复制的四条直线进行相应的延伸，再执行"直线（L）"命令，在相应位置绘制直线，至此，面板条绘制完成，结果如图 4-114 所示。

至此，茶几轴测图绘制完成，保存。

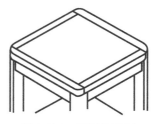

图 4-114　面板条绘制

4.3.4　茶几安装图的绘制

茶几安装图也是用等轴测图来表现的，可在前面绘制的轴测图的基础上进行绘制。

1）启动 AutoCAD 2014，打开前面保存的"家具设计样板".dwt 文件，将其另存为"茶几安装图".dwg 文件。

2）执行"复制（CO）"命令，将前述绘制的茶几轴测图复制 2 份，如图 4-115 所示。

3）执行"删除（E）"命令，按图 4-116 所示将第一个轴测图中上部线条删除。

4）执行"移动（M）"命令，选择"悬浮"的线段，将其垂直向下移动 26，结果如图

4-117 所示。

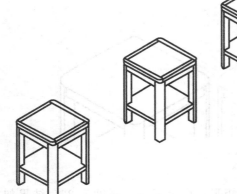

5）设置等轴测捕捉，执行"直线（L）"命令，捕捉茶几腿上部的相应端点，按【F5】键调整方向，绘制如图 4-118 所示线段。

6）执行"修剪（TR）"、"删除（E）"命令，剪除多余线条，结果如图 4-119 所示。

7）执行"直线（L）"命令，连接第四条腿，再执行"延伸（EX）"命令，将相应线段进长地延伸，结果如图 4-120 所示。

至此，完成第一步安装图的绘制。

图 4-115　轴测图复制 2 份

8）执行"复制（CO）"命令，将第一步安装图复制 1 份。

9）执行"直线（L）"命令，按【F5】键切换到俯视平面，捕捉腿上部相应端点绘制四段直线，然后执行"移动（M）"命令，将它们分别向内移动 5，绘图过程如图 4-121 所示。

图 4-116　删除上部线条

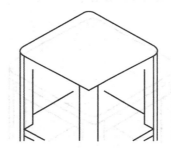

图 4-117　"悬浮"线段垂直下移

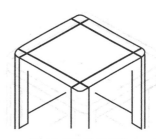

图 4-118　绘制线段

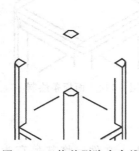

图 4-119　修剪删除多余线

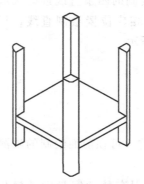

图 4-120　安装图第一步

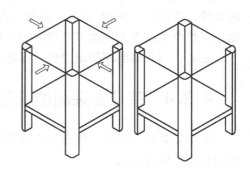

图 4-121　绘制直线并分别向内移动 5

10）执行"复制（CO）"命令，将移动后的四条直线向内复制 25，如图 4-122 所示。

11）执行"复制（CO）"命令，选择如图 4-123 中箭头所指的四条线，将它们向下复制 40。

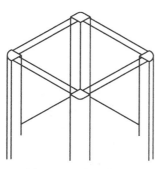

图 4-122　向内复制 25

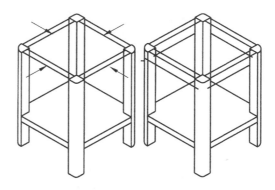

图 4-123　向下复制 40

12）执行"直线（L）"命令，捕捉端点，绘制如图 4-124 所示的两段直线。

13）执行"修剪（TR）"命令，剪除多余的线段，结果如图 4-125 所示。

14）执行"直线（L）"命令，绘制如图 4-126 所示的四段直线。

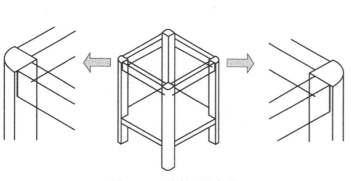

图 4-124　绘制两段直线

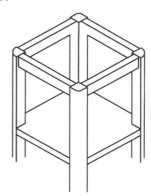

图 4-125　剪掉多余线段

15）按【F5】键切换至"等轴测平面－俯视"，执行"复制（CO）"命令，将四段直线沿着轴测轴方向各向内复制 35，然后执行"延伸（EX）"命令对其进行相应延伸，如图 4-127 所示。

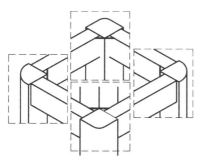

图 4-126　绘制四段直线

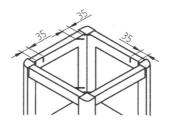

图 4-127　向内复制 35

16）执行"偏移（O）"命令，按图 4-128 所示将直线向下偏移 40，形成垫角块高度，再执行"直线（L）"命令绘制相应的两段直线。

17）执行"修剪（TR）"命令，剪除掉多余线段，结果如图 4-129 所示。

18）切换至辅助线图层，执行"偏移（O）"命令，绘制两条水平辅助线，执行"直线（L）"命令，绘制三条竖直辅助线，如图4-130所示。

19）执行"圆（C）"命令，捕捉交点，绘制半径为4的六个圆，表示垫脚块上的穿孔（此处以圆来表示穿孔以简化绘画），如图4-131所示。

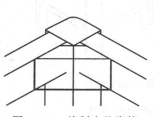

图4-128　绘制出垫脚块

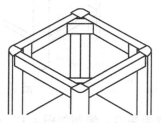

图4-129　剪除掉多余线段

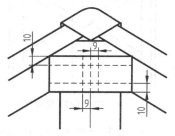

图4-130　绘制竖直辅助线

20）并闭辅助线图层，执行"复制（CO）"命令，选择如图4-132所示的两条线段（标示为粗线），分别向内各复制40，然后修剪，结果如图4-132所示。

21）执行"椭圆（EL）"命令，选择"等轴测（I）"模式，捕捉两条线段的中点绘制半径为4的等轴测圆，如图4-133所示。

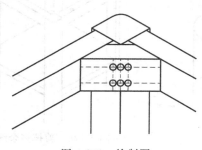

图4-131　绘制圆

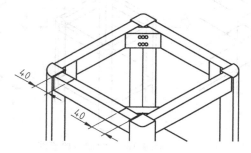

图4-132　复制并修剪

22）依次类推，在其他三个拉板上绘制同样的等轴测圆，然后执行"删除（E)"命令，将等轴测圆上的线段删除掉，结果如图4-134所示。

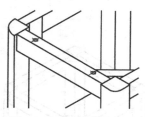

图4-133　绘制等轴测圆

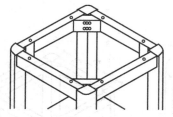

图4-134　绘制完成的等轴测圆

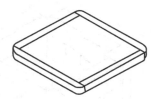

图4-135　留下茶几面板

至此，第二步安装图绘制完成。

23）选择最开始复制的第二个轴测图，执行"删除（E）"命令，将下部线段删除掉，只留下茶几面板，如图4-135所示。

24）执行"复制（CO）"命令，将第二步安装图复制到此面板的下方，结果如图4-136所示。

25）执行"修剪（TR)"、"删除（E)"命令，将不可见部分剪除掉，结果如图 4-137 所示，至此，第三步安装图绘制完成。

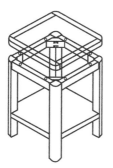

图 4-136　将第二步安装图复制到面板的下方

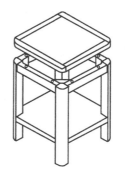

图 4-137　第三步安装图

26）执行"移动（M)"命令，将前述绘制的图形依次排列好，形成完整的茶几安装图，如图 4-138 所示。对图形进行保存。

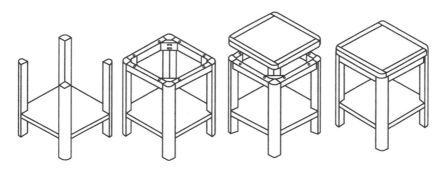

图 4-138　茶几完整安装图

4.3.5　茶几整体模型图的绘制

前面已经绘制好了茶几各个部件的模型图，在此绘制茶几整体模型图时就可在前面绘制的基础上进行，而不需要做重复的工作。

1）启动 AutoCAD 2014，打开前面保存的"家具设计样板".dwt 文件，将其另存为"茶几整体模型图".dwg 文件。

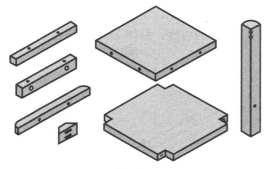

图 4-139　茶几各部件模型图

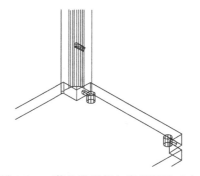

图 4-140　茶几腿下端与底板下端对齐

2）在"三维建模"空间下，将视图切换为"西南等轴测"，视觉样式调整为"灰度"。

3）将已绘制好的茶几各个部件的模型复制并粘贴到此文件中，如图 4-139 所示。

4）将视觉样式调整为"二维线框"，执行"对齐（AL）"命令，根据孔位相配情况，将茶几腿下端与底板下端对齐，注意茶几腿的两直角面宽度为 40，而底板缺口处尺寸为 35，故对齐后茶几腿向外突出 5，结果如图 4-140 所示。

5）执行"移动（M）"命令，将底板垂直向上移动，移动距离为 99.5，以使茶几腿与底板的孔位正好相对，结果如图 4-141 所示。

6）对茶几腿执行"镜像（MI）"命令，经过连续两次镜像，结果如图 4-142 所示。

7）执行"组（G）"命令，将此部分合并成组，以便于随后进行整体组装，如图 4-143 所示。

8）执行"对齐（AL）"命令，根据孔位相对情况，将直角面板条与面板对齐，结果如图 4-144 所示。

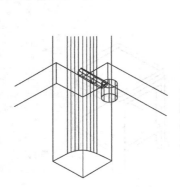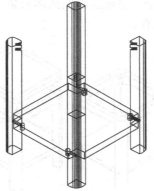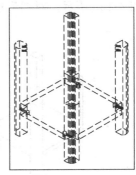

图 4-141　底板向上移动　　　　图 4-142　茶几腿镜像　　　　图 4-143　合并成组

9）执行"镜像（MI）"命令，将直角面板条镜像至对侧，如图 4-145 所示。

10）同样执行"对齐（AL）"命令，将弧形面板条对齐于面板一侧，然后执行"镜像（MI）"命令，将其镜像至对侧，结果如图 4-146 所示。

11）执行"组（G）"命令，将此部分合并成组，以便于进行整体组装。

12）切换至"辅助线"图层，执行"矩形（REC）"命令，绘制 260×260 的矩形，如图 4-147 所示。

13）执行"移动（M）"命令，将茶几拉板移动至距离矩形角点 10 的位置，如图 4-148 所示。

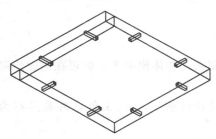

图 4-144　直角面板条与面板对齐

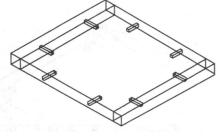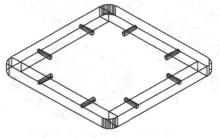

图 4-145　直角面板条镜像　　　　图 4-146　弧形面板条对齐并镜像

建筑室内设计制图与CAD

242

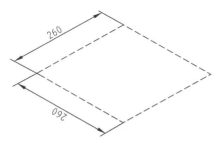

图 4-147　绘制 260×260 的矩形

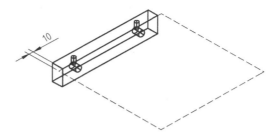

图 4-148　移动至距角点 10 的位置

14）执行"阵列（AR）"命令，按照"极轴"模式，设置项目数设为"4"，对拉板进行阵列，结果如图 4-149 所示。

15）视觉模式切换为"灰度"，执行"多段线（PL）"命令，捕捉垫脚块顶面端点绘制多段线，然后执行"倒角（CHA）"命令，将倒角距离均设为"0"，将多段线倒角为如图 4-150 所示直角三角形。

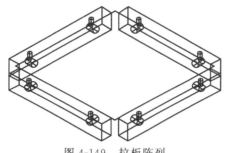

图 4-149　拉板阵列

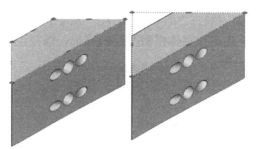

图 4-150　绘制多段线并将其倒角为三角形

16）执行"旋转（RO）"命令，同时选取垫条与直角三角形，一起旋转 45°，结果如图 4-151 所示。

17）切换至"西南等轴测"视图，执行"移动（M）"命令，同时选取垫条与直角三角形，以直角顶点为参照点，结合"对象捕捉-端点"，将它们移动至如图 4-152 所示位置。

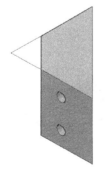

图 4-151　旋转 45°

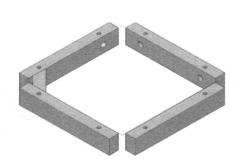

图 4-152　移动垫脚块

图 4-153　阵列垫脚块

18）执行"删除（E）"命令，将直角三角形删除；执行"阵列（AR）"命令，选取垫脚块，按照"极轴"模式，以项目数 4 对垫脚进行阵列；然后执行"组（GROUP）"命令，将 4 个垫脚合并成组，结果如图 4-153 所示。

19）执行"移动（M）"命令，将前面绘制好的茶几下部按照结构组成移至垫条处，结果如图 4-154 所示。

20) 执行"组（G）"命令，将这两部分合并成组。

21) 执行"移动（M）"命令，将茶几面板组移至茶几底座上，如图 4-155 所示，注意应捕捉相应点以保证移动准确。

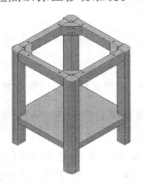

图 4-154　上、下部移动在一起

图 4-155　面板与底座结合

22) 执行"组（GROUP）"命令，将所有部分合并成组。

至此茶几整体模型图绘制完毕，保存。

思考与练习

1. 家具 CAD 制图中如何应用好图层？
2. 绘制家具三维模型图时应注意哪些问题？
3. UCS 在家具三维模型图绘制中有何作用？
4. 绘制家具轴测图时需进行哪些设置？
5. 绘制木凳三视图，然后绘制其三维模型图。

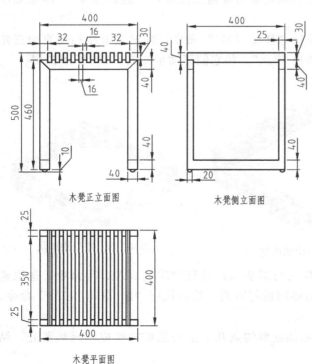

木凳正立面图

木凳侧立面图

木凳平面图

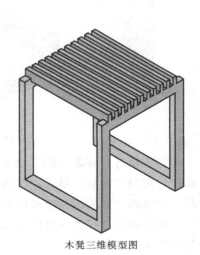

木凳三维模型图

6. 绘制单人床三视图并进行图案填充及注释，然后绘制其三维模型图。

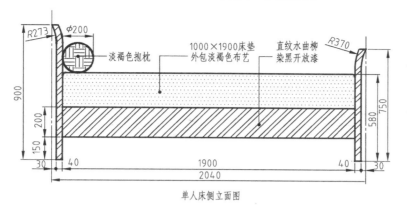

单人床侧立面图

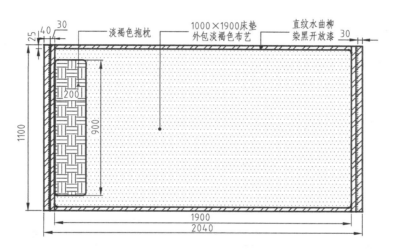

单人床平面图

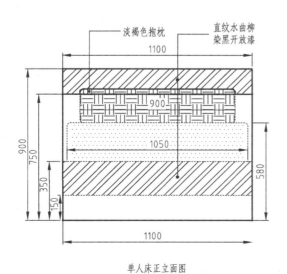

单人床正立面图

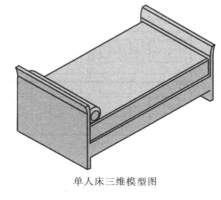

单人床三维模型图

5 室内装饰施工图综合实训

5.1

建筑施工图实训

　　本案例介绍宿舍楼的建筑立面图画法，以图 5-1～图 5-4 为例，根据实际案例来了解 AutoCAD2014 的绘图技巧，建筑立面图的绘制以其平面图为基础，以平面图做辅助线，然后从一层逐层向上依次绘制门窗等建筑的细部构件。

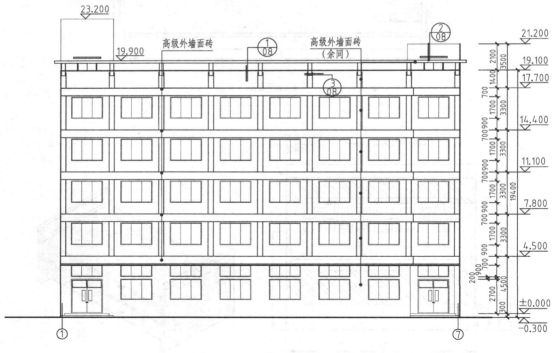

①～⑦轴立面图 1:100

图 5-1　宿舍楼①～⑦轴立面图展示

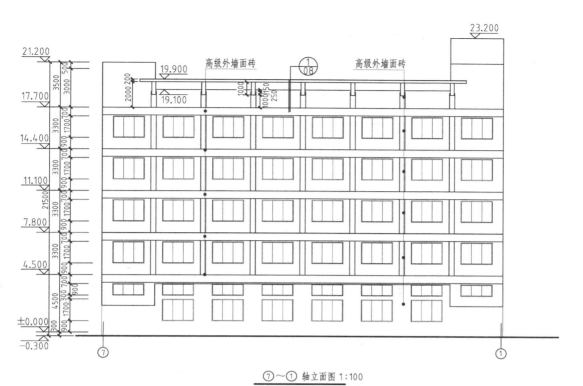

⑦～① 轴立面图 1:100

图 5-2 宿舍楼⑦～①轴立面图展示

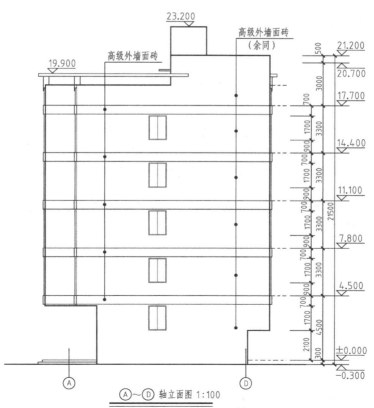

Ⓐ～Ⓓ 轴立面图 1:100

图 5-3 宿舍楼Ⓐ～Ⓓ轴立面图展示

仔细分析每一层平面上面门窗及细部构件，用作辅助线的方法，来确定其位置；当确定并绘制好这些部件的外轮廓线后，再绘制内部细节部分。

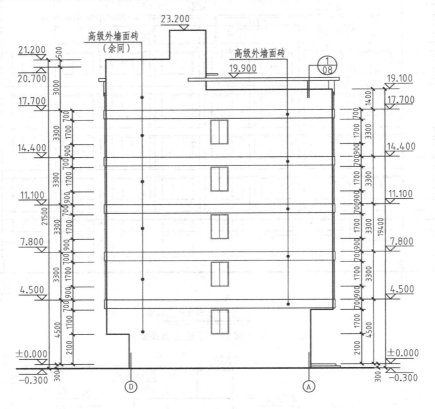

D ~ A 轴立面图 1:100

图 5-4　宿舍楼⒟~Ⓐ轴立面图展示

立面图的绘制必须以平面图为基准，以中轴线和墙体线作为参照引出立面图中墙体的边线，并结合墙的层高线绘制墙体的外轮廓线，然后绘制门窗及门套、装饰线条、栏杆和装饰部件等，下面以图 5-1 宿舍楼①~⑦轴立面图为例介绍宿舍楼立面图绘制的具体步骤。

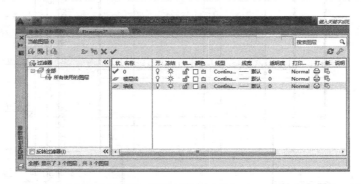

图 5-5　图层设置

（1）单击"图层特性管理器"按钮，打开"图层特性管理器"对话框，在该对话框中新建"楼层线"图层和"墙线"图层，其设置如图 5-5 所示，并将"楼层线"图层设置为当前层。

（2）绘制楼层标高线，打开宿舍平面图.dwg文件，在该平面图中复制一个标高放在本案例的绘图区域中。再使用多段线命令 PL 和偏移命令 O 绘制楼层标高线，完成如图 5-6 所示。

	21.200
	19.100
	17.700
	14.400
	11.100
	7.800
	4.800
	±0.000
	-0.300

图 5-6　设置楼层标高线

（3）绘制墙体线，复制宿舍楼一层平面图并把平面图和标高线上下对应（图 5-7）。

（4）绘制窗套、门，根据宿舍楼平面图尺寸可知：窗的大小为 2400mm×1700mm、窗框为 50mm，窗的样式为三扇推拉窗。单个窗户绘制如图 5-8 所示。

宿舍楼每个房间窗的大小一致，窗台高度为 1200mm。因此绘制一个标准窗户，确定其他窗户插入的基准点，复制即可绘制出一层其余窗户，如图 5-9、图 5-10 所示。

以同样的方法绘制宿舍楼一层的门，门的高度为 2700mm，门框位置从宿舍楼平面图向下做辅助线，绘制出宿舍楼一层的门。同时绘制两层台阶，其高为 150mm。宿舍楼两个门样式相同，找基准点，将门复制至右边，如图 5-11 所示。

（5）绘制宿舍楼 2～5 层窗户，将宿舍楼一层的窗户复制（找准基准点插入），如图 5-12 所示。

（6）绘制宿舍楼 2～5 层墙体线，如图 5-13 所示。

（7）整理宿舍楼 2～5 层墙体线，删除辅助线并剪切其他多余废线，如图 5-14 所示。

（8）绘制宿舍楼 6 层墙体线，如图 5-15 所示。

（9）整理图纸，删除/剪切其他辅助线，如图 5-16 所示。

（10）宿舍楼墙体绘制完成后标注其立面尺寸，如图 5-17 所示。

（11）使用同样的方式，绘制图 5-2 宿舍楼⑦～①轴立面图；图 5-3 宿舍楼 A～D 轴立面图，图 5-4 宿舍楼 D～A 轴立面图。

（12）通过以上立面图的绘制，不仅要掌握绘制立面图的基本方法和技巧，还进一步熟悉 AutoCAD2014 相关命令的使用方法和技巧。所以宿舍楼⑦～①轴立面图、宿舍楼 A～D 轴立面图、宿舍楼 D～A 轴立面图的绘制，以宿舍楼①～⑦轴立面图绘制方法和步骤来进行绘制，以相应的平面图为基础，仔细分析建筑的结构以及建筑立面与平面的关系，如门窗的位置，楼梯的位置，墙与墙的层次关系，以及它们在立面图上的表现方式。在绘制过程中应注意建筑的外立面图只是墙体的外观效果，所以被建筑外墙或建筑其他部件挡住的部分都不要绘制出来，并且将相应的辅助线剪切或者删除掉。

　　在绘制建筑立面图时要仔细分析每一楼层之间的相互关系，绘制过程中相互参照，尤其要注意楼层的标高。

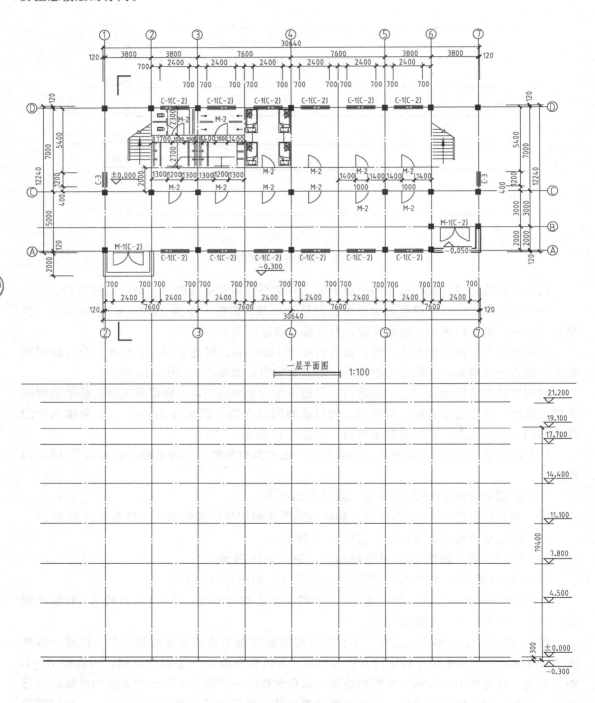

一层平面图　1:100

图 5-7　绘制墙体线

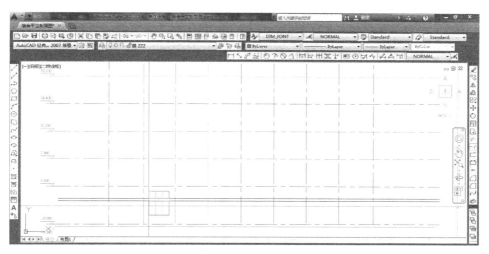

图 5-8　绘制窗套、门

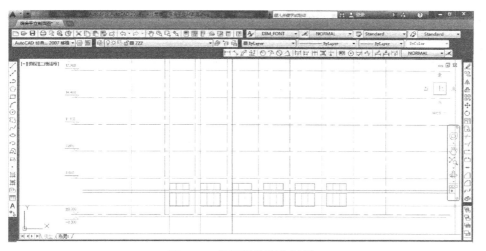

图 5-9　绘制窗户

图 5-10　将同样的窗户复制

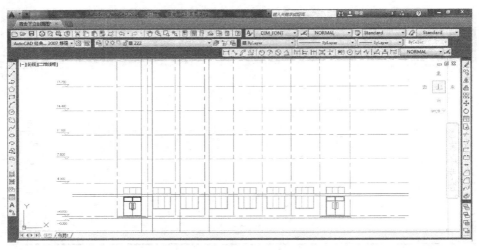

图 5-11　门的绘制

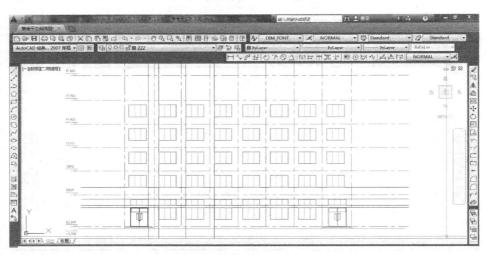

图 5-12　绘制 2～5 层窗户

图 5-13　绘制 2～5 层墙体线

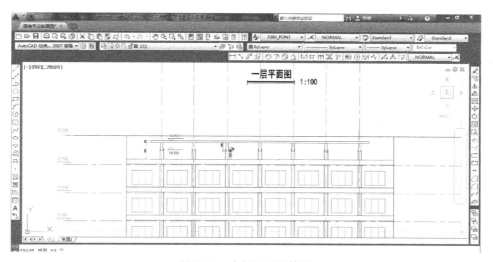

图 5-14　整理墙体线

图 5-15　绘制六层墙体线

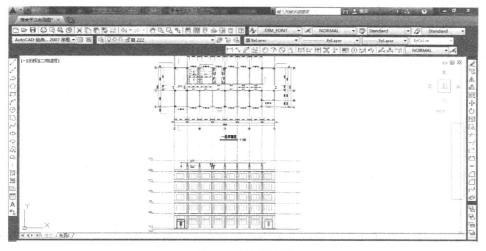

图 5-16　整理图纸

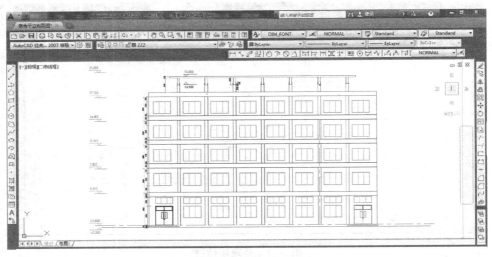

图 5-17　尺寸标注

5.2
室内装饰施工图实训

5.2.1　A 户型（如图 5-18 所示）平面图、顶棚图的绘制

（1）案例介绍：A 户型家装平面图绘制。本案例打破一般设计使用的空间划分方式，让客厅 45°旋转布置于房间正中间，以客厅为中心链接其他功能区域，主次结构明显，功能布局明确，形成几个三角形房间，分别布置其他功能区，厨房、钢琴房、餐厅阳台等。由于房间是不规则分布，所以房间门全部使用隐藏式推拉门，进入房间，到处洋溢着独特、别致、优雅的空间效果。

把客厅家具 45°旋转来摆放，旋转（命令 RO）-选择要旋转的对象-空格-输入旋转角度-空格（要顺时针方向旋转输入角度为＋0°～360°，逆时针方向旋转输入角度为－0°～360°）。可做辅助线以便于旋转。

（2）在绘图过程中，旋转不一定是一个整数的角度，因此可以旋转（命令 RO）-空格-选择要旋转的对象-空格-输入 R（参照）-空格-选择基点-选择旋转对象终点来完成旋转。

空间旋转后的平面布局，如图 5-19 所示。

（3）天花吊顶图绘制，着重注意其标高，注意吊顶高差，高度越高，标高越大，高度越低，标高越小。在天花吊顶图的绘制过程中还要标明吊顶材质和施工方式，如图 5-20 所示。

（4）照明、装饰灯距离及位置标注，要求标注至墙体，也就是以墙体为参照物，这样才能在施工操作过程中，准确地定位灯具位置，如图 5-21 所示。照明、装饰灯布置，要充分考虑其照明范围，以及灯与灯之间的相互关系，以便达到理想的照明效果。

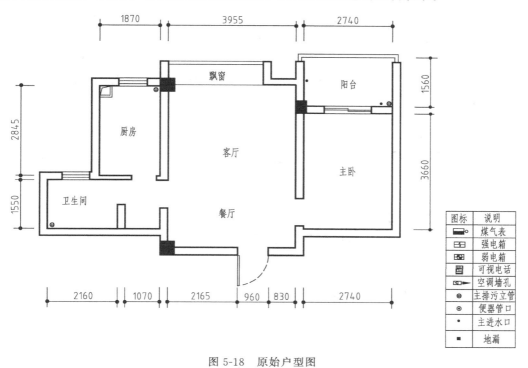

图标	说明
	煤气表
	强电箱
	弱电箱
	可视电话
	空调墙孔
	主排污立管
	便器管口
	主进水口
	地漏

图 5-18　原始户型图

图 5-19　平面布置图

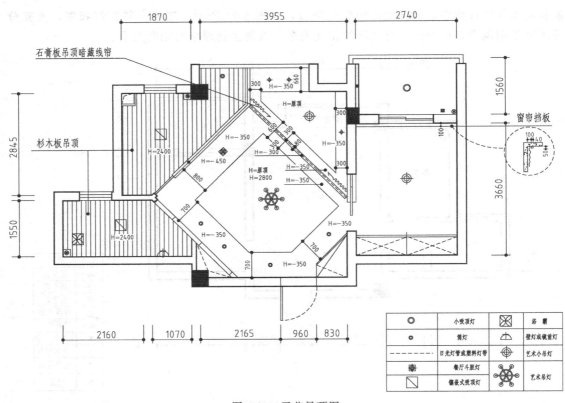

⊙	小吸顶灯	⊠	浴霸
⊙	筒灯	△	壁灯或镜前灯
- - -	日光灯管或塑料灯带	⊕	艺术小吊灯
⊞	餐厅斗胆灯	✳	艺术吊灯
◻	镶嵌式吸顶灯		

图 5-20 天花吊顶图

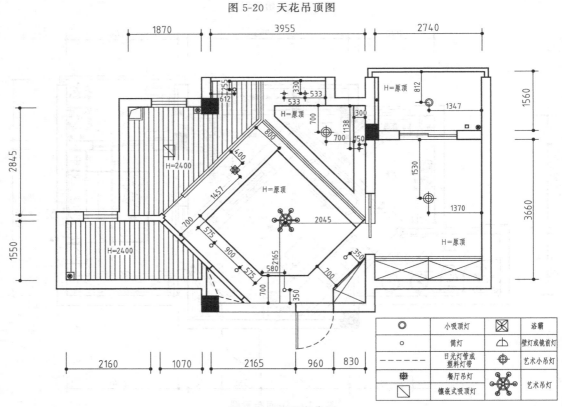

⊙	小吸顶灯	⊠	浴霸
⊙	筒灯	△	壁灯或镜前灯
- - -	日光灯管或塑料灯带	⊕	艺术小吊灯
⊞	餐厅吊灯	✳	艺术吊灯
◻	镶嵌式吸顶灯		

图 5-21 灯具定位图

5.2.2　茶餐厅平面、立面图绘制

（1）茶餐厅二层平面设计图绘制，以图 5-22 为例。

下面主要介绍二层平面布置图的画法，茶餐厅大堂立面图的绘制方法。其他图纸如三层平面、立面、大样图等，和茶餐厅二层平面图及茶餐厅大堂立面图画法一致，不再重复介绍。

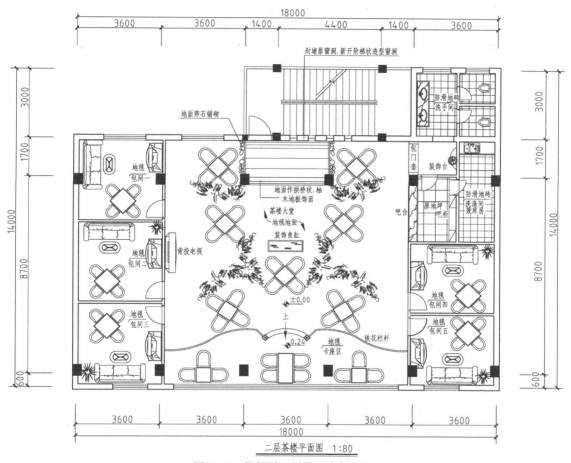

图 5-22　茶餐厅二层平面案例展示

首先从茶餐厅的户型图绘制开始，如图 5-23 所示。

图 5-24 为立面图索引符号，圆内 C2-06 为图号名称，黑色箭头为立面图方向，也就是视角方向，其所在的位置就是人或者相机所在位置，向着箭头方向所看到或者拍摄到的立面就是立面图所呈现的内容。在制图的过程中要对空间位置有准确的把握和理解。

（2）黑色的小方块为平面图中柱子所在位置，填充为黑色说明是实心的混凝土柱子或者砖柱，这些是茶餐厅建筑部分的主要承重构件，在设计、施工过程中是不允许随意改动的，其他部分为非承重墙体，如图 5-25 所示。

图 5-26 为标高坐标，±0.00 表示茶餐厅二层地面高度的 0.00 位置。

图 5-27 为图纸索引符号，表示此处的设计详图在整个图集中的图纸编号。

（3）画法步骤：根据实地测量得到的茶餐厅二层平面数据绘制的轴网如图 5-28 所示。

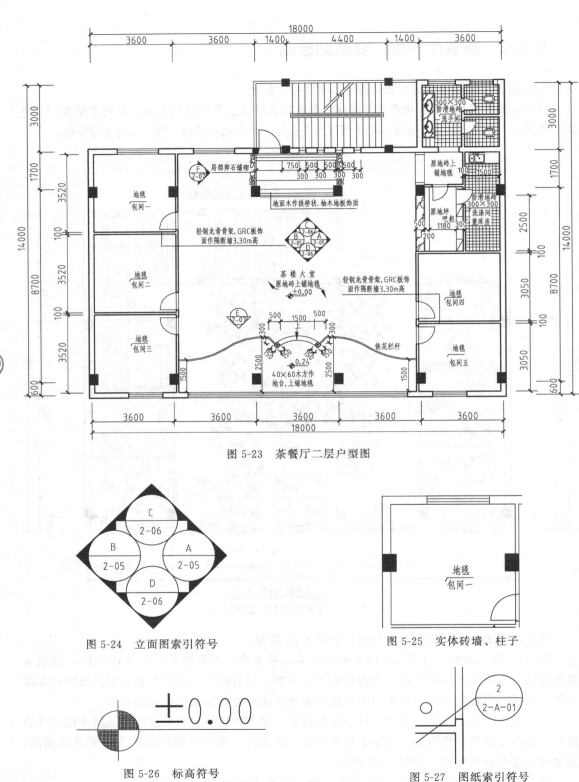

图 5-23　茶餐厅二层户型图

图 5-24　立面图索引符号

图 5-25　实体砖墙、柱子

图 5-26　标高符号

图 5-27　图纸索引符号

根据图 5-28 绘制的轴网绘制墙体、门窗、楼梯等，如图 5-29 所示。

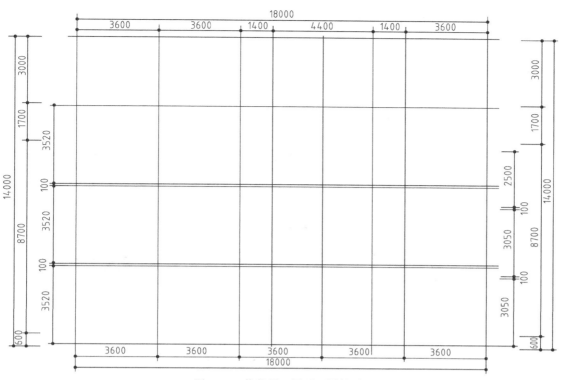

图 5-28　茶餐厅二层平面图轴网

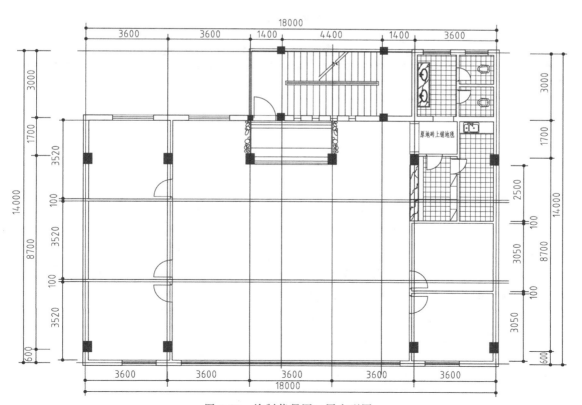

图 5-29　绘制茶餐厅二层户型图

（4）茶餐厅二层户型图绘制完成后将其他索引标注如图 5-30 所示。

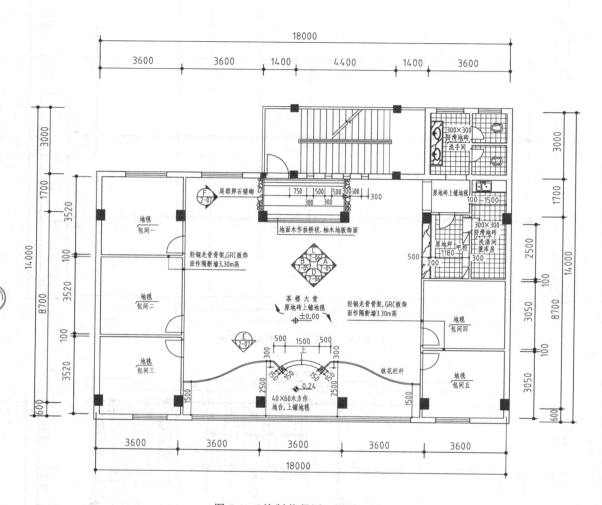

图 5-30　绘制茶餐厅二层平面图

（5）根据图 5-30 所示绘制的平面图完成茶餐厅二层平面布置图，如图 5-31 所示。

（6）茶餐厅大堂立面图绘制，大堂立面主要有墙裙、窗户、门、工艺窗帘、文化石贴面、柚木踢脚等内容，如图 5-32 所示。

（7）根据图 5-31 中尺寸绘制二层 C2-06 如图 5-33 所示（绘制过程中要把握住平面图、立面图、侧面图相互之间的关系，即长相等、宽对正、高平齐原则）。

（8）下一步对完成的立面图标注，进行案例说明等。如图 5-34 所示。

（9）根据图 5-31 中尺寸绘制二层 D2-06 如图 5-35 所示。

（10）下一步对完成的立面图标注，进行案例说明等。如图 5-36 所示。

以同样的方法绘制其他图纸如图 5-37、图 5-38 所示（三层茶楼平面图、三层天棚平面详图及三层各立面图）。

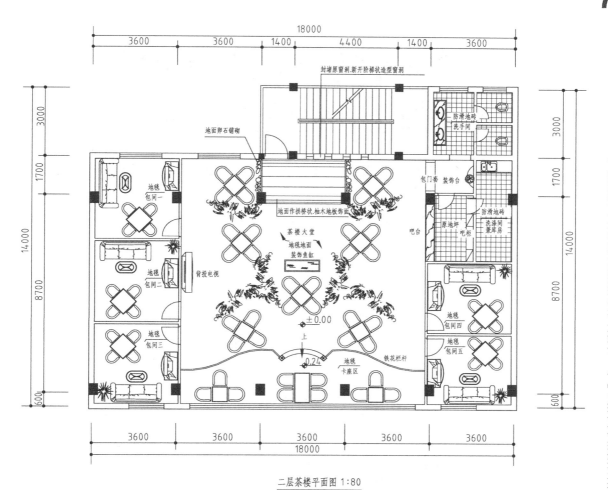

二层茶楼平面图 1:80

图 5-31　茶餐厅二层平面布置图

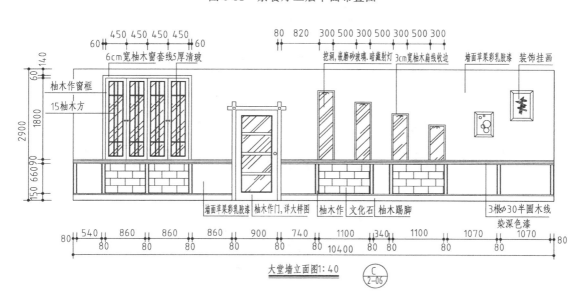

大堂墙立面图1:40

图 5-32

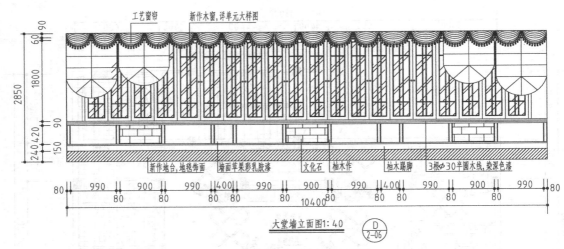

图 5-32　茶餐厅二层大堂立面图

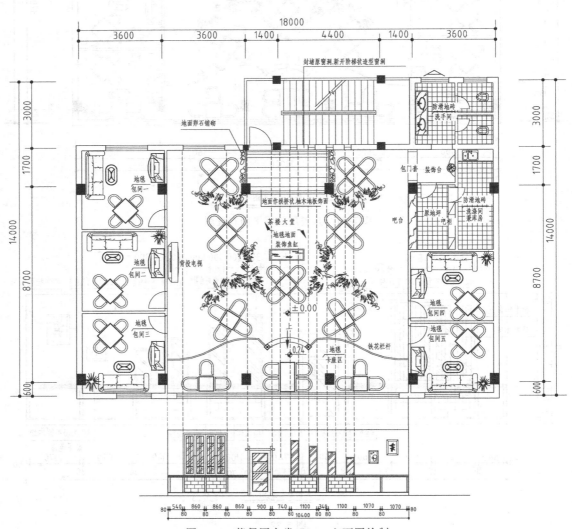

图 5-33　茶餐厅大堂 C2-06 立面图绘制

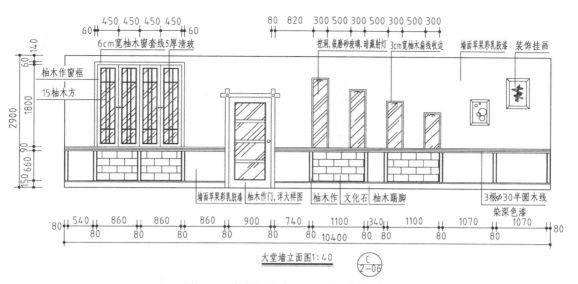

图 5-34 茶餐厅大堂 C2-06 立面图标注

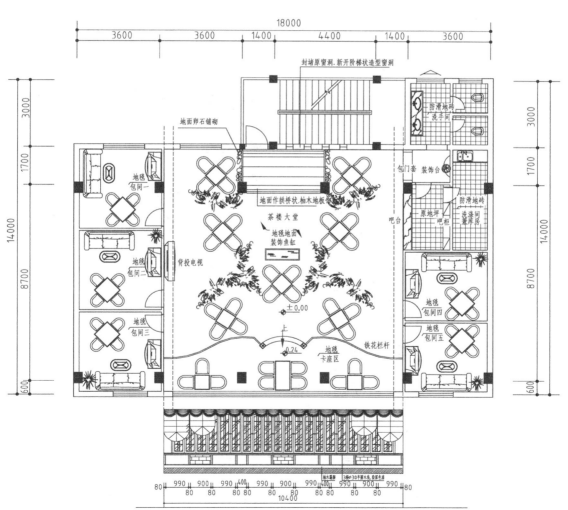

图 5-35 茶餐厅大堂 D2-06 立面图

263

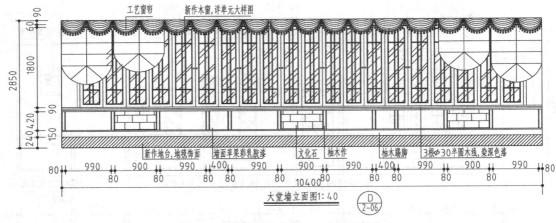

工艺窗帘　　新作木窗,详单元大样图

新作地台,地毯饰面　墙面苹果彩乳胶漆　文化石　柚木作　柚木踢脚　3根φ30半圆大线,染深色漆

大堂墙立面图1:40　(D / 2-06)

图 5-36　茶餐厅大堂 D2-06 立面图标注

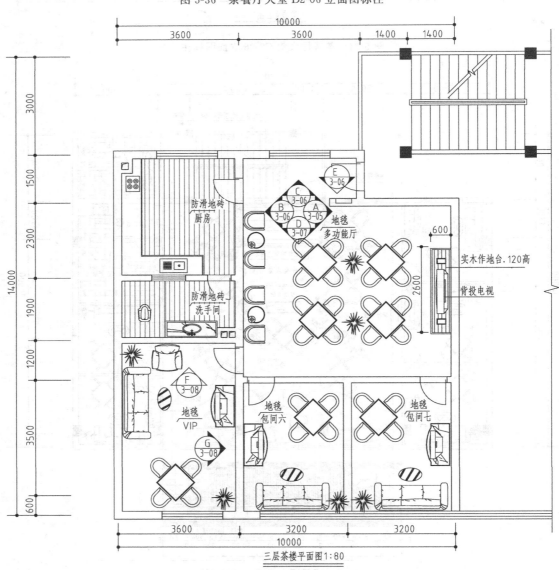

防滑地砖
厨房

防滑地砖
洗手间

E
3-06

C
3-06

B
3-06

A
3-05

D
3-07

地毯
多功能厅

实木作地台.120高

背投电视

F
3-08

地毯
VIP

G
3-08

地毯
包间六

地毯
包间七

三层茶楼平面图1:80

图 5-37　三层茶楼平面图

建筑室内设计制图与CAD

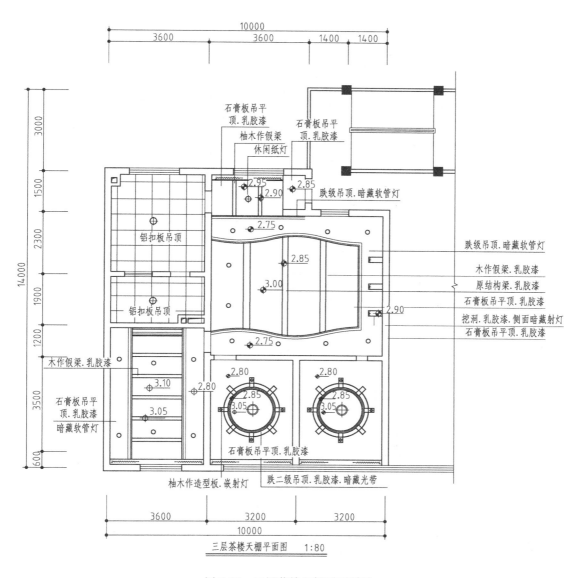

图 5-38　三层茶楼天棚平面详图

5.2.3　跃层复式平面铺贴示意图、主人房立面图绘制

（1）以图 5-39 为例，绘制地面铺装图。需注意以下几点：

1）同一种地面铺装填充同一图案（如客厅、餐厅、卧室、书房都使用复合木地板，卫生间、阳台使用防滑木地砖，休闲阳台使用仿古地砖，尺寸根据空间的实际情况选择合适的大小）。

2）一般情况下制图过程中基本线条是闭合的，所以填充选择添加拾取点，选择所需要的图案，输入比例，就可以填充。如果在绘制过程中图纸多次复制或移动，可能导致部分线条连接出现断线，填充拾取点就不能使用，当出现无法填充拾取点的情况需仔细检查图纸，

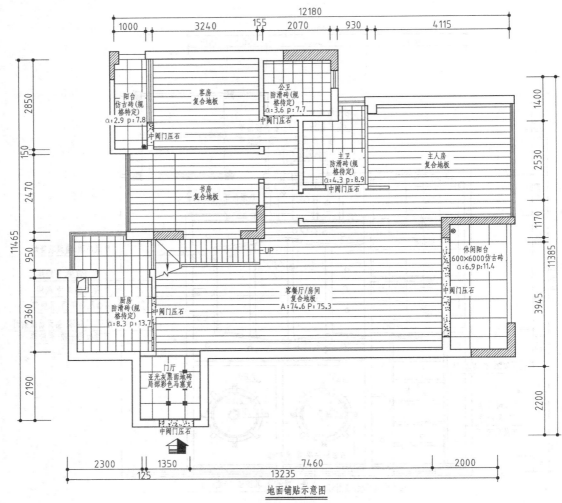

地面铺贴示意图

（a）跃层复式平面铺贴示意图

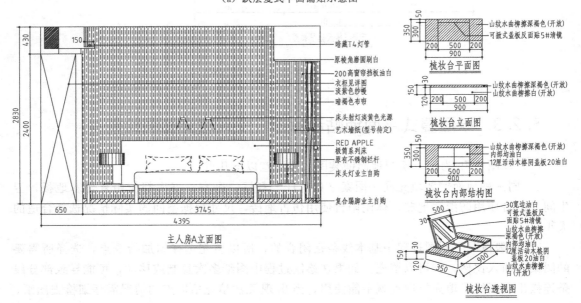

主人房A立面图

梳妆台平面图

梳妆台立面图

梳妆台内部结构图

梳妆台透视图

暗藏T4灯管
直径80筒灯
砌砖平左边墙找平刷墙漆
房门开启轨迹
多乐士五合一雪中梨花
出挑350出纹水曲柳擦
深褐色(开放)
出挑350外盒抽屉山纹水曲柳
擦白(开放)(下面暗藏抠手处)
梳妆台见详图
复合踢脚业主自购

主人房C立面图

（b）跃层复式主人房立面图

图 5-39　跃层复式图

图 5-40　图案填充和渐变色

闭合线条。闭合时点击【C】键然后空格-回车键，完成闭合操作。然后填充图案-选择对象-输入比例-点击预览-空格-确定。完成整个填充过程。

3）填充图案比例，显示铺装实际大小即可，可以多次调整，然后使用标注测量，调整比例大小，不要求完全符合铺装尺寸，但是要基本符合空间比例大小，如图 5-40 所示。

（2）处理原始平面图，并将所设计的铺装内容在图纸中注明。如图 5-41（a）所示。

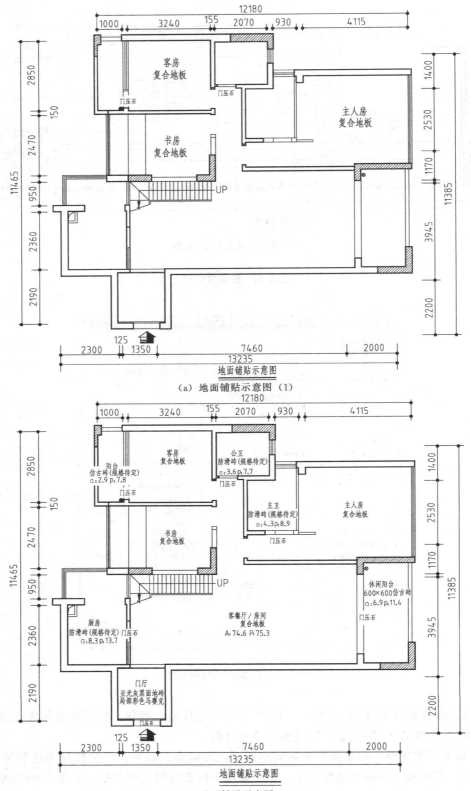

（a）地面铺贴示意图（1）

（b）地面铺贴示意图（2）

图 5-41 地面铺贴示意图

（3）在平面图中标注每个房间所要使用的铺砖材质。如图 5-41（b）所示。

（4）最后填充材质，调整比例，如图 5-42 所示。

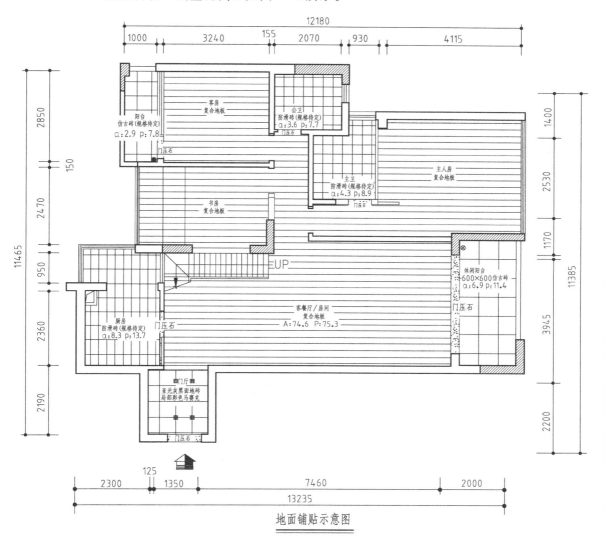

地面铺贴示意图

图 5-42　地面铺贴示意图

（5）主人房 A 立面、C 立面和梳妆台详图绘制。

立面图主要作为设计分析，反映竖向高低位置关系，其比例尺寸一定要符合人体工程学基本原理，这样设计使用能够达到人体比较舒服的感觉，相反，会给人压抑、空间不合理等其他不舒服的感受。

墙面材质一般使用填充，填充图案基本为壁纸图案，填充比例大小要符合实际尺寸，误差不能太大。

对材料的注解，一般放在图的右侧，每一项引出，靠一侧对齐，在实际绘制过程中多使用辅助线。图左侧为尺寸标注。

主人房立面图（略）、梳妆台详图绘制如图 5-43 所示。

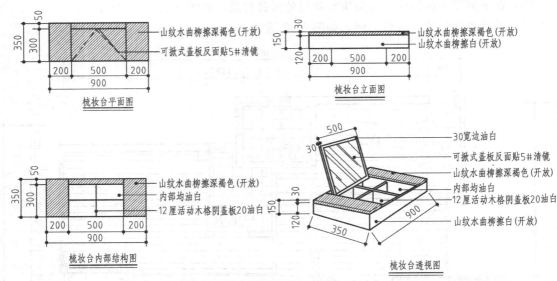

图 5-43　梳妆台的平面图、立面图、内部结构图、透视图

5.2.4　酒店自助式豪华套间平面布置图绘制

豪华酒店套间由卧室、客厅、餐厅、厨房、卫生间等空间组成。以下为酒店套间的设计图纸（图 5-44～图 5-53）。通过以上几个案例的讲解，相信大家都能够自主完成该酒店套间的室内设计制图工作，本案例主要介绍设计思路和功能布局安排。

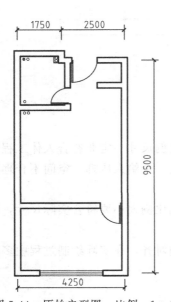

图 5-44　原始户型图　比例：1：40

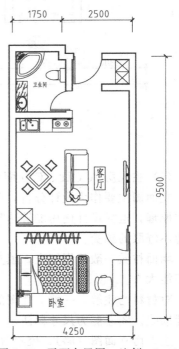

图 5-45　平面布置图　比例：1：40

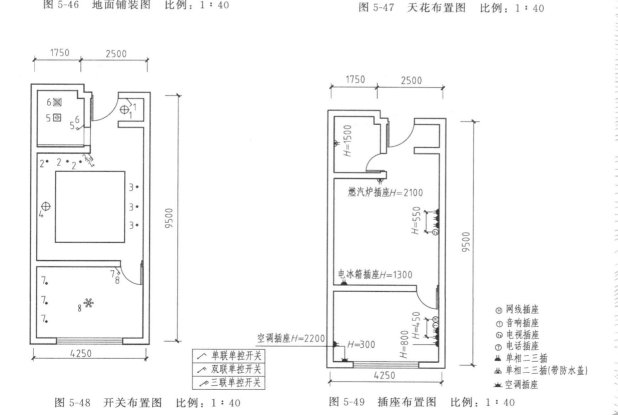

图 5-46　地面铺装图　比例：1∶40

图 5-46 labels:
1750　2500
卫生间
300×300防滑瓷砖
S=3.8m²
门槛铺大理石
客厅
800×800抛光砖
S=16.4m²
12cm波打线
卧室
地面铺木地板
S=11.1m²
9500
4250

图 5-47　天花布置图　比例：1∶40

图 5-47 labels:
1750　2500
300×300铝扣板
硅钙板扫白
原天花扫白
原天花扫白
9500
4250

图例
筒灯
艺术吸顶灯
排气扇
吸顶灯
艺术吊灯

图 5-48　开关布置图　比例：1∶40

图 5-48 labels:
1750　2500
6
5
5 6
1
1
2 2 2
3
3
3
4
7
7 8
7
8
9500
4250

单联单控开关
双联单控开关
三联单控开关

图 5-49　插座布置图　比例：1∶40

图 5-49 labels:
1750　2500
H=1500
燃汽炉插座H=2100
H=550
电冰箱插座H=1300
H=450
H=800
空调插座H=2200
H=300
9500
4250

网线插座
音响插座
电视插座
电话插座
单相二三插
单相二三插(带防水盖)
空调插座

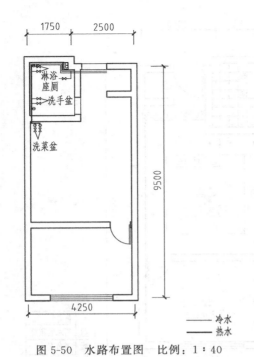

图 5-50　水路布置图　比例：1∶40

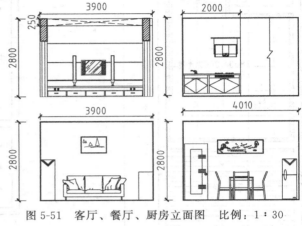

图 5-51　客厅、餐厅、厨房立面图　比例：1∶30

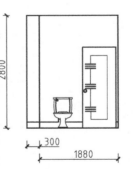

图 5-52　卧室立面设计图　比例：1∶30

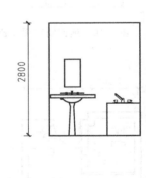

图 5-53　卫生间立面设计图　比例：1∶30

图纸输出的方法与技巧

对于室内装饰设计施工图而言，其输出的对象主要为打印机，打印输出的图纸将成为施工人员进行室内装饰施工的主要依据。

室内装饰设计施工图输出打印时一般采用 A3 纸，也可以根据需要选用其他大小的纸张。打印时，需确定纸张大小、输出比例以及打印线宽、颜色等相关内容。

在最终打印输出之前进行打印预览，对图形进行认真检查、核对，确定正确无误之后进行打印图纸。

6.1
模型空间打印

施工图打印有模型空间打印和图纸空间打印两种。模型空间打印指的是在模型窗口进行相关设置并打印图纸；图纸空间打印是指在布局窗口中进行相关设置并打印图纸。

当打开或新建 AutoCAD 文档时，系统默认的是模型窗口。但是如当前工作区域已经显示为布局窗口，可以单击状态栏"模型"标签（AutoCAD "二维草图与注释"工作空间）或绘图窗口左下角"模型"标签（"AutoCAD 经典"工作空间），从布局窗口切换到模型窗口。

本节以茶餐厅的平面布置图为例，介绍模型空间的打印方法。

6.1.1 调用图框

（1）打开第 5 章绘制的"茶餐厅二层平面布置图.dwg"文件。

（2）施工图在打印输出时，需要为其加上图框。图框可以根据需要进行绘制并创建为图块，也可以直接调用早已创建好的制式图框，在这里直接调用即可。调用 INSERT/I 命令。插入"A3 图框"图块到当前图形，如图 6-1 所示。

（3）由于图框是按照 1∶1 的比例绘制的，即图框的图幅大小为 420×297（A3 图纸）而平面布置图的绘图比例同样是 1∶1，其图形尺寸约为 18000×14000。为了使图形能够打印在图框之内，需要将图框放大，或者把图形缩小，缩放比例为 1∶80（与该图的尺寸标注

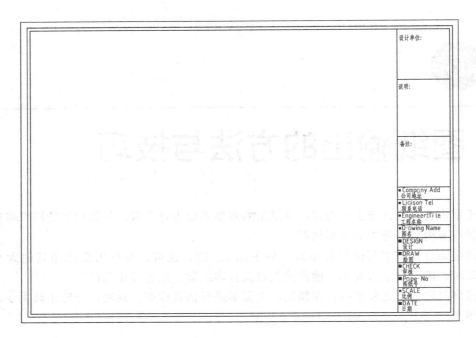

图 6-1　插入的图框

比例相同)。为了保持图形的实际尺寸不变，这里将图框放大，放大比例为 80 倍。

（4）调用 SCALE/SC 命令将图框放大 80 倍。

（5）图框放大之后，便可将图形置于图框之内。调用 MOVE/M 命令，移动图框至平面布置图上方，如图 6-2 所示。

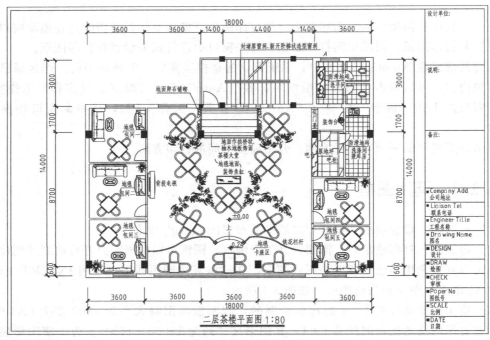

图 6-2　加入图框后的效果

6.1.2　页面设置

页面设置是出图准备过程中的最后一个步骤。页面设置是包括打印设备、纸张、打印区域、打印样式、打印方向等影响最终图纸外观和格式的所有设置的集合。页面设置可以命名、保存并可以将一个命名的页面设置应用到多个布局中，下面介绍页面设置的创建和设置的方法。

（1）在命令窗口中输入 PAGESETUP 并按回车键，或执行【文件】｜【页面设置管理器】命令，打开"页面设置管理器"对话框，如图 6-3 所示。

（2）单击【新建】按钮，打开如图 6-4 所示"新建页面设置"对话框，在对话框中新页面设置名"A3 图纸打印设置"，单击【确定】按钮，即创建了新的页面设置"A3 图纸打印设置"。

图 6-3　"页面设置管理器"对话框

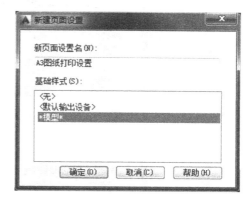

图 6-4　"新建页面设置"对话框

（3）系统弹出"页面设置"对话框，如图 6-5 所示。在"页面设置"对话框"打印机/绘图仪"选项中选择用于打印当前图纸的打印机。在"图纸尺寸"选项组中选择 A3 大小图纸。

（4）在"打印样式表"列表中选择样板中已设置好的打印样式"A3 纸打印样式表"，如图 6-6 所示。在随后弹出的"问题"对话框中单击【是】按钮，将指定的打印样式指定给所有布局。

图 6-5　"页面设置"对话框

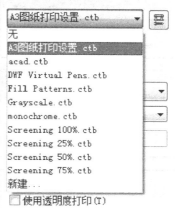

图 6-6　选择打印样式

（5）勾选"打印选项"选项组"按样式打印"复选框，如图 6-5 所示，使打印样式生效，否则图形将按照其自身特性进行打印。

（6）勾选"打印比例"选项组"布满图纸"复选框，图形将根据图纸尺寸缩放打印图形，使打印图形布满图纸。

（7）在"图形方向"一栏勾选【横向打印】。

（8）完成设置后单击【预览】按钮，检查打印效果。

（9）单击【确定】按钮返回"页面设置管理器"对话框，在页面设置列表中可以看到刚才新建的页面设置"A3 图纸打印设置"，选择该页面设置，单击【置为当前】按钮，如图 6-7 所示。

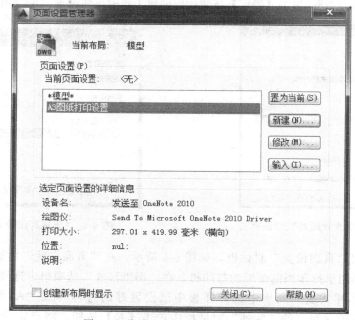

图 6-7 将设置好的页面"置为当前"

（10）单击【关闭】按钮，关闭对话框。

图 6-8 "打印"对话框

6.1.3 打印

（1）执行【文件】|【打印】命令，或按快捷键 Ctrl＋P，打开"打印"对话框，如图 6-8 所示。

（2）在"页面设置"选项组"名称"列表中选择前面创建的"A3 图纸打印设置"。

（3）在"打印区域"选项组"打印范围"列表中选择"窗口"选项，如图 6-9 所示。

单击【窗口】按钮，"页面设置对话框"暂时隐藏，在绘图窗口分别拾取所加图框的两个对角点确定一个矩形范围，该范围即为打印范围。

（4）完成设置后，确认打印机与计算机已正确连接，单击【确定】按钮开始打印。打印进度显示在"打印作业进度"对话框中，如图 6-10 所示。

图 6-9　设置打印范围

图 6-10　"打印作业进度"对话框

6.2 图纸空间打印

模型空间打印方式只适用于单比例图形打印，当需要在一张图纸中打印输出不同比例的图形时，可以使用图纸空间打印方式。本节以剖面图大样图为例，介绍图纸空间的视口布局和打印方法。

6.2.1　进入空间布局

按 Ctrl＋O 键，打开本书第 5 章绘制的"茶餐厅室内设计图.dwg"文件，将"三层多功能厅电视墙"以外的图纸全部删除。要在图纸空间打印图形，必须在布局中对图形进行设置。在"AutoCAD 经典"工作空间下，在单击绘图窗口左下角"布局 1"或"布局 2"选项卡即可以进入图纸空间。在任意"布局"选项上单击鼠标右键，从弹出的快捷菜单中选择"新建布局"命令，可以创建新的布局。

单击图形窗口左下角的"布局 1"选项进入图纸空间。当第一次进入布局时，系统会自动创建一个视口，该视口一般不符合要求，可以将其删除，删除后的效果如图 6-11 所示。

6.2.2　页面打印设置

在图纸空间打印，需要重新进行页面设置。

（1）在"布局 1"选项上单击鼠标右键，从弹出的快捷菜单上选择【页面设置管理器】命令，如图 6-12 所示。在弹出的"页面设置管理器"对话框中单击【新建】按钮创建"A3图纸打印设置-图纸空间"新页面设置。

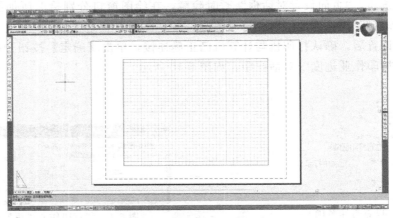

图 6-11　布局空间

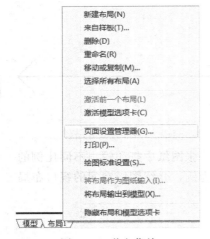

图 6-12　弹出菜单

图 6-13　"页面设置"对话框

　　（2）进入"页面设置"对话框后，在"打印范围"列表中选择"布局"，在"比例"列表中选择 1∶1，其他参数设置如图 6-13 所示。

　　（3）设置完成后单击【确定】按钮并关闭"页面设置"对话框，在"页面设置管理器"对话框中选择新建的"A3 图纸打印设置-图纸空间"页面设置，单击【置为当前】按钮，将该页面设置应用到当前布局。

6.2.3　创建视口

　　通过创建视口，可将多个图形以不同的打印比例布置在同一张图纸空间中。创建视口的命令有 VPORTS 和 SOLVIEW，下面介绍使用 VPORTS 命令创建视口的方法。

　　（1）创建一个新图层"VPORTS"，并设置为当前图层。

　　（2）创建一个视口。调用 VPORTS 命令打开"视口"对话框，如图 6-14 所示。

　　（3）在"标准视口"框中选择"单个"选项，单击【确定】按钮，在布局内拖动鼠标创建一个视口，如图 6-15 所示，该视口用于显示"三层多功能厅墙立面图"。

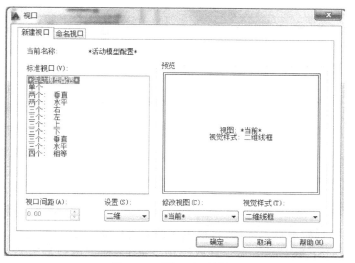

图 6-14　"视口"对话框

（4）在创建的视口中双击鼠标进入模型空间，或在命令窗口中输入 MSPACE/MS 并按回车键。处于模型空间的视口边框以粗线显示。

（5）在状态栏右下角设置当前注释比例为 1：30，如图 6-16 所示。调用 PAN 命令平移视图，使"三层多功能厅墙立面图"在视口中显示出来。注意视口的比例应根据图纸的

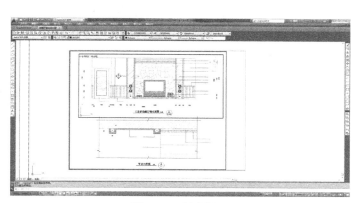

图 6-15　创建视口

尺寸适当设置，在这里设置为 1：30 以适合 A3 图纸，如果是其他尺寸图纸，应做相应调整。

图 6-16　设置比例

视口比例应与该视口内的图形的尺寸标注比例相同，这样同一张图纸内不同的视口就不会有不同大小的文字或尺寸标注出现。

AutoCAD 从 2008 版开始新增了一个自动匹配功能，即视口中的"可注释性"对象（如文字、尺寸标注等）可随视口的变化而变化。假如图形尺寸标注比例为 1：100，当视口比例设置为 1：30 时，尺寸的标注比例也会自动调整为 1：30。单击启用该功能后，可以随意设置视口比例，无需手动修改图形标注比例，如图 6-17 所示。

图 6-17　开启添加比例功能

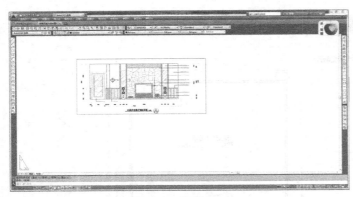

图 6-18　调整视口

（6）在视口外双击鼠标，或在命令窗口中输入 PSPACE/PS 并按回车键，返回到图纸空间。

（7）选择视口，使用夹点法适当调整视口大小，使视口内只显示"三层多功能厅墙立面图"，如图 6-18 所示。

（8）创建第二个视口。选择第一个视口，调用 COPY/CO 命令复制出第二个视口，该视口用于显示"电视墙节点大样图"，输出比例为 1：30，调用 PAN/P 命令平移视口（需要双击视口或使用 MSPACE/MS 命令进入模型空间），使"电视墙节点大样图"在视口中显示出来，并适当调整视口大小，如图 6-19 所示（在图纸空间中可以使用 MOVE 命令调整视口的位置）。视口创建完成。"三层多功能厅墙立面图"和"电视墙节点大样图"将以 1：30的比例进行打印。设置好比例视口后，在模型空间内应不宜使用 ZOOM 命令或鼠标中键改变视口显示比例。

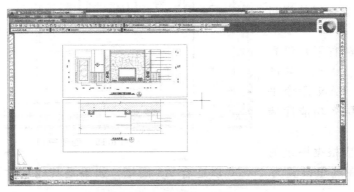

图 6-19　创建第二个视口

6.2.4　插入图框

在图纸空间中，调用 INSERT 命令插入图框图块，操作步骤如下：

（1）调用 PASPAE/PS 命令进入图纸空间。

（2）调用 INSERT/I 命令，在打开的"插入"对话框中选择图块"A3 图框"，单击【确定】按钮关闭"插入"对话框，在图形窗口中拾取一点确定图框位置，插入图框后效果如图 6-20 所示。

6.2.5　打印

创建好视口并加入图框后，接下来就可以开始打印了。在打印之前，执行【文件】

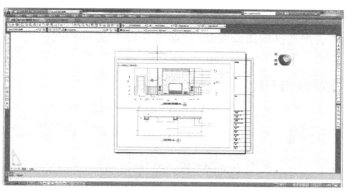

图 6-20　插入图框

【打印预览】命令预览当前的打印效果，如图 6-21 所示。

从图 6-21 所示的打印效果可以看出，图签部分不能完全打印，这是因为图签大小超越了图纸可打印区域的缘故。图 6-20 所示的虚线表示了图纸的可打印区域。

解决方法：通过"绘图仪配置编辑器"对话框中的"修改标准图纸尺寸（可打印区域）"选项重新设置图纸的可打印区域，具体操作方法如下：

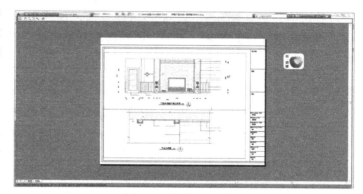

图 6-21　打印预览效果

（1）执行【文件】｜【绘图仪管理器】命令，打开"Plotters"文件夹，如图6-22所示。

（2）在对话框中双击当前使用的打印机名称（即在"页面设置"对话框"打印选项"选项卡中选择的打印机），打开"绘图仪配置编辑器"对话框。选择"设备和文档设置"选项卡，在上方的目录中选择"修改标准图纸尺寸（可打印区域）"选项，如图 6-23 所示。

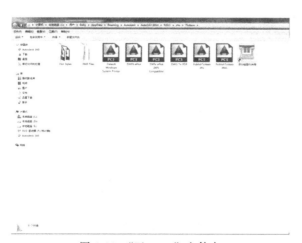

图 6-22　"Plotters"文件夹

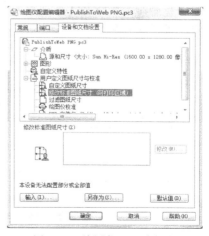

图 6-23　绘图仪配置编辑器

（3）在"修改标准图纸尺寸"栏中选择当前使用的图纸类型（即在"页面设置"对话框中的"图纸尺寸"列表中选择的图纸类型），如图 6-24 中光标所在位置（不同打印机有不同的显示）。

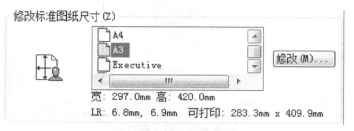

图 6-24　选择图纸类型

（4）单击【修改】按钮弹出"自定义图纸尺寸"对话框，如图 6-25 所示，将上、下、左、右的边距分别设置为 5、5、6、7（使打印范围略大于图框即可），单击两次【下一步】按钮，再单击【完成】按钮，返回"绘图仪配置编辑器"对话框，单击【确定】按钮关闭对话框。

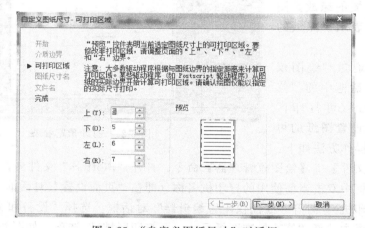

图 6-25　"自定义图纸尺寸"对话框

（5）调用 LAYER/LA 命令打开"图层特性管理器"对话框，将图层"VPORTS"设置为不可打印，如图 6-26 所示视口边框将不会打印。

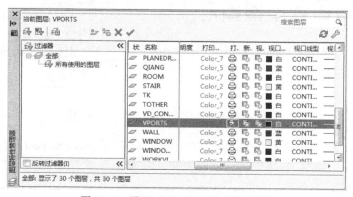

图 6-26　设置"VPORTS"图层属性

（6）预览边框效果，图框已能正确打印。按 Ctrl＋P 即可开始正式打印输出。

6.3

其他格式打印

在室内设计制图的过程中，有时还会用到如 JPG、PNG、PDF 等格式的电子版图纸，下面以 PDF 图纸格式为例讲解其具体操作步骤：

（1）执行【文件】｜【打印】命令，或按快捷键 Ctrl＋P，打开"打印"对话框，在"打印机/绘图仪"的下拉菜单中选择要打印的电子图纸格式 PDF，如图 6-27 所示。

图 6-27　选择要打印的图纸格式

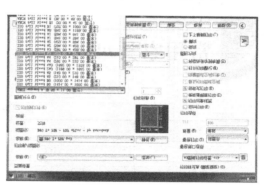

图 6-28　选择图纸尺寸

（2）在图纸尺寸一栏的下拉菜单中选择要打印的 A3 图纸尺寸，如图 6-28 所示。

（3）在"打印区域｜打印范围"下拉菜单中选择"窗口"，如图 6-29 所示。

（4）在"打印区域"选项组"打印范围"列表中选择"窗口"选项，单击【窗口】按钮，"页面设置对话框"暂时隐藏，在绘图窗口分别拾取所加图框的两个对角点确定一个矩形范围，该范围即为打印范围。

（5）选定打印范围可单击【打印预览】按钮，预览打印效果，如图 6-30 所示。

图 6-29　选择打印范围

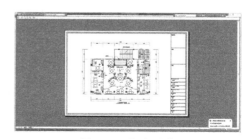

图 6-30　打印预览

（6）预览图纸无误后，单击【确定】按钮开始打印。打印进度显示在"打印作业进度"对话框中。

附录

附录 1
常用家具尺寸

常用家具尺寸表

名称	长度/mm	宽度/mm	高度/mm
茶几	920～1100	400～500	400～500
床头柜	380～420	340～460	600～700
高脚凳	350	350	1100～1200
靠背椅	350～380	400～430	800～870
带扶手靠背椅	500～550	600～640	780～850
藤椅	660～780	660～780	760～840
摇椅	580～850	950～1100	850～900
转椅	520～600	560～650	850～900
单人沙发	680～860	650～880	750～820
双人沙发	1600～1850	650～880	750～820
三人沙发	1900～2100	780～880	850～900
躺椅	650～750	1050～1200	800～980
鞋架	700～1000	250～300	1050～1200
电视柜	2000～2200	400～460	650～720
矮组合柜	1100～1500	430～450	800～1000
高组合柜	2400～3600	450～550	1800～2400
双门衣柜	950～1200	550～600	1800～1900
三门衣柜	1300～1500	550～600	1800～1900
单翼桌	1000～1300	600～700	750～780
双翼桌	1300～1600	750～900	780～800

名称	长度/mm	宽度/mm	高度/mm
小圆凳	260～320(直径)		400～450
小方凳	320～380	230～300	400～450
长餐桌	800～1250	550～650	750～780
方餐桌	700～900	700～900	760～800
圆餐桌	700～1500(直径)		760～800
单人床	1980～2100	850～1000	800～950 床面高(450～550)
双人床	2000	1200～2000	800～950 床面高(450～550)
写字台	1100～150	450～600	700～750

附录 2

客厅、卧室、餐厅、厨房、卫生间、书房、办公室等设计要点

1. 客厅设计要点

◆ 客厅是家庭居住环境最大的生活空间，也是接待客人、家庭娱乐、艺术品陈列等活动的中心，客厅还是家庭公共的空间。它的设计既要满足起居室多功能的需要，还要注意整个起居室的协调统一。

◆ 设计时应充分考虑环境空间弹性利用，突出重点装修部位。

◆ 设计大方、气派，有一定的人情味，应根据主人的心理、收入、爱好、文化水平与经历等来制订设计方案。

◆ 设计中可以利用部分家具的分布重新组合空间，让其起到隔断作用。也可利用部分设施与陈列有机地结合起来，创造室内"移步一景"的效果。在空间感觉方面，家具的高矮与陈列的密度、天花板高低、隔断的形式等能直接影响人们对室内空间的感觉，这点在设计中显得格外重要。

◆ 室内可以使用绿化植物来点缀，可给人一种清静与野趣横生之感。

◆ 设计时要考虑灯光色彩的搭配，根据功能需要选择合适的灯光，使其达到理想的装饰效果。

2. 卧室设计要点

◆ 卧室设计以简单为主，卧室是人们休息、睡眠的地方，布局上应注意安静和隐秘的特点，由于卧室属于个人空间，在设计上完全可以按照自己的喜好更好地表现自我，但不应过度追求强烈的对比效果，以免破坏宁静的氛围。

◆ 房间的一角放一个个性的花盆架，种上吊兰，既美观又可以调节空气。

◆ 一般情况下，墙壁、家具以及灯光的颜色是暖色调的。使用单色的涂料令卧室更具现代感，墙上只需挂一两张照片或者现代画。卧室的灯光应当选用可调节的。

◆ 窗帘一般选择落地且质地较厚的，不透光也不会被大风吹起。

◆ 在布局上要注意面积的利用，合理地安排每个空间，使之发挥最大的作用。

3. 餐厅设计要点

◆ 餐厅的风格是由餐具决定的。所以在装修前期，就应对餐桌餐椅的风格定夺好。其中最容易冲突的是色彩、天花造型和墙面装饰品。一般来说，它们的风格对应是这样的：

① 玻璃餐桌对应现代风格、简约风格。

② 深色木餐桌对应中式风格、简约风格。

③ 浅色木餐桌对应自然风格、北欧风格。

④ 金属雕花餐桌对应传统欧式（西欧）。

⑤ 简练金属餐桌对应现代风格、简约风格、金属主义风格。

◆ 对于开敞式餐厅，在客厅与餐厅间放置屏风是实用与艺术兼具的做法，但须注意屏风格调与整体风格的协调统一。

◆ 独立式餐厅，其门的形式、风格、色彩应与餐厅内部，乃至整个居室的风格一致；餐厅地板的形状、色彩、图案和质料则最好同其他区域有所区别，以此表明功能的不同，区域的不同。

◆ 有的居室餐厅较小，可以在墙面上安装一定面积的镜面，以调节视觉，造成空间增大的效果。

◆ 餐厅家具宜选择调和的色彩，尤以天然木色、咖啡色、黑色等稳重的色彩为佳，尽量避免使用过于刺激的颜色。墙面的颜色应以明亮、轻快的颜色为主。宜采用暖色系，因为从色彩心理学上来讲，暖色有利于促进食欲，这也就是为什么很多餐厅采用黄、红系统的原因。

4. 厨房设计要点

◆ 设计厨房时顶部和墙面要有保洁功能，地面应具备防滑功能。

◆ 布置应遵循方便顺手的原则避免走动过多。

◆ 依照人体工程学原理合理安排厨房用具的方位、尺寸，还应提供物品收纳、存储等功能。

◆ 色彩的选择，高雅的紫兰、清新的果绿、纯净的木色、精致的银灰等都是近来时尚的颜色。

5. 卫生间设计要点

◆ 卫生间的设计基本上以方便、安全、易于清洗及美观得体为主。

◆ 地面要注意防水防滑，顶部要防潮，由于卫生间的水汽很重，内部用料必须以防水材料为主。

◆ 卫生间的照明宜选白炽灯，以柔和的亮度就够了，但化妆镜旁必须设置独立的照明灯做局部灯光补充。

◆ 色彩处理应自上而下、由浅到深。

6. 书房设计要点

◆ 设计书房时，要注意把情趣充分融入书房的装饰中，书柜上可摆放一两个小盆景，来增加书房的宁静感，墙壁上挂点艺术品或几幅绘画、照片、鲜花，形成幽静的环境。

◆ 书房的主体照明可选用乳白色罩的白炽吊灯，安装在中央。还要设有台灯和书柜用射灯，光线要柔和、明亮，避免眩光。

◆ 装修书房时要尽量选用隔音、吸音效果好的装饰材料，窗帘要选择较厚的材料，以阻隔窗外的噪声。

◆ 在装饰色彩方面，书房环境的颜色和家具颜色中使用冷色调者比较多，这有助于人的心境平稳、气血通畅。

◆ 家具和摆设的本色，可以与四壁的颜色使用同一个调子，在其中点缀一些和谐的色彩。如书柜里的小工艺品，墙上的装饰画。

7. 办公室设计要点

◆ 传统的普通办公室空间比较固定，如为个人使用则主要考虑各种功能的分区，既要分区合理又应避免过多走动。

◆ 如为多人使用的办公室，在布置上则首先应考虑按工作的顺序来安排每个人的位置及办公设备的位置。

◆ 应避免相互干扰，其次，室内的通道应布局合理，避免来回穿插及走动过多等问题出现。

附录 3
AutoCAD 2014 常用快捷命令

快捷命令	执行命令	功　　能
A	ARC	创建圆弧
B	BLOCK	创建块
C	CIRCLE	创建圆
F	FILLET	倒圆角
H	HATCH	利用填充图案、实体填充或渐变填充封闭区域或选定对象
I	INSERT	将命名块或图形插入到当前图形中
L	LINE	创建直线段
T	TEXT	创建单行文字对象
W	WBLOCK	将对象或块写入新的图形文件中
DO	DONUT	绘制填充的圆或环
DIV	DIVIDE	定数等分
EL	ELLIPSE	创建椭圆或椭圆弧
PL	PLINE	创建二维多段线
XL	XLINE	创建无限长直线（即构造线）
PO	POINT	创建点对象
ML	MLINE	创建多线
POL	POLYGON	创建闭合的等边多段线
REC	RECTANGLE	绘制矩形

快捷命令	执行命令	功　能
REG	REGION	将封闭区域的对象转换为面域
SPL	SPLINE	绘制样条曲线
E	ERASE	从图形中删除对象
M	MOVE	在指定方向上按指定距离移动对象
O	OFFSET	偏移命令，用于创建同心圆、平行线
X	EXPLOPE	将复合对象分解为部件对象
CO	COPY	复制对象
MI	MIRROR	创建对象的镜像副本
AR	ARRAY	阵列
RO	ROTATE	绕基点旋转对象
TR	TRIM	利用其他对象定义的剪切边修剪对象
EX	EXTEND	延伸对象
SC	SCALE	按比例放大或缩小对象
BR	BREAK	在两点间打断选定对象
PE	PEDIT	多段线编辑
ED	DDEDIT	编辑文字、标注文字、属性定义和特性控制框
LEN	LENGTHEN	拉长对象
CHA	CHAMFER	为对象的边加倒角
D	DIMSTYLE	创建和修改标注样式
DLI	DIMLINEAR	线性标注
DRA	DIMRADIUS	为圆或圆弧创建半径标注
DAL	DIMALIGNED	对其线性标注
DDI	DIMDIAMETER	为圆或圆弧创建直径标注
DAN	DIMANGULAR	角度标注
DCE	DIMCENTER	创建圆或圆弧的中心标记或中心线
DOR	DIMORDINATE	坐标点标注
TOL	TOLERANCE	创建行位公差
LE	LENDER	快速引出标注
DBA	DIMBASELINE	基线标注
DCO	DIMCONTINUE	连续标注
DED	DIMEDIT	编辑标注
DOV	DIMOVERRIDE	替换标注系统变量
ADC	ADCENTER	打开"设计中心"选项板
CH	PROPERTIES	显示对象特性
MA	MATCHPROP	属性匹配
ST	STYLE	创建、修改或设置文字样式
COL	COLOR	设置新对象的颜色
LA	XLAYER	管理图层和图层特性

建筑室内设计制图与CAD

快捷命令	执行命令	功　能
LT	LINETYPE	加载、设置和修改线性
LTS	LTSCALE	设置线性比例因子
LW	LWEIGHT	设置当前线宽、线宽显示选项和线宽单位
UN	UNITS	控制坐标和角度的显示格式并确定精度
ATT	ATTDEIF	创建属性定义
ATE	ATTDEF	改变块的属性信息
BO	BOUNDARY	从封闭区域创建面域或多段线
AL	ALIGN	在二维或三维空间中将某对象与其他对象对齐
EXIT	QUIT	退出程序
EXP	EXPORT	输出其他格式文件
IMP	IMPORT	将不同格式的文件输入到当前图形中
OP	OPTIONS	选项显示设置
PRINT	PLOT	输出文件(打印)
PU	PURGE	删除图形中未使用的项目
R	REDRAW	刷新当前视口中的显示
REN	RENAME	修改对象名称
SN	SNAP	规定光标按指定的间距移动
DS	DSETTINGS	打开"草图设置"对话框
OS	OSNAP	设置对象捕捉模式
PRE	PREVIEW	打印预览

参 考 文 献

[1] 孙元山．室内设计制图．沈阳：辽宁美术出版社，2011.

[2] 李吉祥，黄仕君，何世勇编著．AutoCAD2006 应用教程．北京：北京师范大学出版社，2006.

[3] 孙明编著．AutoCAD 2012 与天正 TArch 8.5 建筑设计从入门到精通．北京：清华大学出版社，2009.

[4] 李亮辉，张青编著．AutoCAD 2012 中文版家具设计从入门到精通．北京：清华大学出版社，2010.

[5] 李波编著．AutoCAD2013 家具设计绘图笔记．北京：机械工业出版社，2013.

[6] 陈志民编著．AutoCAD2014 中文版建筑设计与施工图绘制实例教程．北京：机械工业出版社，2014.

[7] 李波．AutoCAD2013 家具设计绘图笔记．北京：机械工业出版社，2013.

[8] 范瑛，谢铭瑶．详解 AutoCAD 中文版家具设计．北京：中国铁道出版社，2013.

[9] 陶毓博．家具与室内计算机辅助设计技术．北京：科学出版社，2012.

[10] 汪仁斌．家具 AutoCAD 辅助设计．北京：中国林业出版社，2007.

[11] CAM/CAE 技术联盟．AutoCAD 2012 中文版家具设计从入门到精通．北京：清华大学出版社，2012.

[12] 王恒．AutoCAD 建筑设计师装潢施工设计篇．北京：中国青年出版社，2012.